高职高专给水排水工程专业系列教材

给水排水自动控制与仪表

刘自放　龙北生　李长友　编

崔福义　主审

中国建筑工业出版社

图书在版编目（CIP）数据

给水排水自动控制与仪表/刘自放等编 .-北京：中国建筑工业出版社，2001.6
（高职高专给水排水工程专业系列教材）
ISBN 978-7-112-04398-9

Ⅰ.给 ... Ⅱ.刘 ... Ⅲ.①给排水系统：自动控制系统②给排水系统—仪表 Ⅳ.TU991

中国版本图书馆 CIP 数据核字（2001）第 033133 号

本书作为高职高专给水排水工程专业系列教材之一，以给水排水工程系统中所应用的参数测量技术与自动控制技术为主要内容，介绍了压力、温度、流量、液位、浊度、pH 值、溶解氧、余氯等参数的测量原理、测量方法与常用测量仪表；介绍了自动控制的基本概念、基本原理、控制系统的组成及过程的基本控制方法，以及自动控制系统的常用设备及给水排水工程常见工艺的自动控制方法。

本书可作为给水排水工程、环境工程及其他相关专业的教材或教学参考书，也可供从事给水排水工程建设、系统运行与管理的工程技术人员以及相关专业的工程技术人员参考。

高职高专给水排水工程专业系列教材
给水排水自动控制与仪表
刘自放　龙北生　李长友　编
崔福义　主审
*
中国建筑工业出版社出版、发行（北京西郊百万庄）
各地新华书店、建筑书店经销
北京建筑工业印刷厂印刷
*
开本：787×1092毫米　1/16　印张：11　字数：263千字
2001年6月第一版　2014年7月第七次印刷
定价：**16.00**元
ISBN 978-7-112-04398-9
(17693)

前　言

本书是高职高专给水排水工程专业系列教材之一。它根据全国高等学校给水排水工程学科专业指导委员会专科组1996年春季会议通过的《给水排水自动控制与仪表》课程教学基本要求，按40学时编写。

为适应给水排水工程自动化程度越来越高、自动控制系统应用越来越广泛的发展需要，根据目前的给水排水工程专业高职高专教育培养目标，在新教学思想体系的指导下，我们参考了自动控制与仪表的书籍及相近专业的有关教材，编写了本高职高专教材。

本书共分五个部分。绪论部分介绍了自动控制理论与技术的发展状况及其在本专业中的应用；第1章主要介绍自动控制的基础知识；第2章主要介绍过程参数检测仪表；第3章主要介绍自动控制系统中常用的控制设备；第4章内容为自动控制技术在给水排水工程典型工艺中的应用。

本书的绪论、第1章、第3章由长春工程学院刘自放编写；第2章1~5节由长春工程学院龙北生编写；第2章6~10节、第4章由长春工程学院李长友编写。

本书由哈尔滨工业大学崔福义教授主审；在本书的出版过程中，哈尔滨工业大学张杰院士、哈尔滨工业大学崔福义教授对本书初稿进行了详尽的审阅和修改，提出了许多宝贵的指导性意见与建议；全国高等学校给水排水工程学科专业指导委员会专科组对本书初稿进行了认真的评审；在此，对他们表示衷心地感谢！

由于编者水平有限，本书的编写难免存在一些缺陷和疏漏，在此，恳请广大读者不吝赐教。

编　者

目　录

绪 论

1. 自动控制技术

自动控制技术是21世纪高科技重要领域之一，也是我国科技强国战略中需要大力发展的领域。随着自动控制技术的不断发展，它已从单一装置自动控制发展为综合系统自动控制。目前，自动控制技术不仅可以替代人的部分体力劳动，而且已经在取代人的部分脑力劳动的尝试中取得了可喜的成绩。目前，自动控制技术不仅在工业、农业、国防、科学技术等方面取得了巨大的成功，而且已经渗透到了人们生活与社会活动的各个领域。

在现今的大型设备与装置中，自动控制系统已成为不可缺少的重要组成部分。可以说，如果不配置合适的自动控制系统，目前很多现代化的生产过程，如飞机、船舶、汽车、计算机、彩色电视机等产品的生产将无法进行。实际上，自动控制技术研究开发与应用水平的高低，已成为衡量一个国家发达程度的重要标志。与之类似，一个行业自动控制技术的发展程度如何，无疑是其现代化水平的重要标志。因此，作为21世纪的工程技术人员，了解和掌握一些自动控制的基本知识是非常必要的。

自动控制技术推动工业生产的飞速发展，对促进产业革命起着十分重要的作用。1787年瓦特发明了离心式调速器，实现了蒸汽机转速的自动调节，使蒸汽机作为转速稳定、安全可控的动力机，并得到了广泛应用，从而引发了第一次工业革命。

现代生产过程自动控制技术的出现被认为是第二次工业革命的重要标志。美国福特汽车公司为提高生产率和降低汽车成本，首先研制出能自动将发动机气缸组送进和移出的传送机，以及从冲压机中取出大量的冲压件的自动控制生产流水线，在国际上开创了大批量制造机械产品的现代自动控制技术。福特汽车公司应用这种自动生产流水线创立了单一品种的大批量生产方式，大大提高了生产率，从而使汽车进入了普通家庭。

汽车工业的发展，又进一步带动了冶金、化工、石油等工业相继有了新的发展。采用自动控制技术和大规模自动控制系统，进行连续的自动化规模生产，大大提高了钢铁、化工、石油的产量和质量。

20世纪70年代以来，随着超大规模集成电路及微处理器的出现，为自动控制技术提供了先进的装备，使自动控制技术在工业中的应用范围越来越广，同时也使综合自动控制技术得到了很大程度的发展。机械制造业在单机自动控制的基础上，进一步采用了综合自动控制技术，开发出了柔性制造系统和计算机集成制造系统。这种采用综合自动控制技术的制造系统所产生的社会经济效益，大大超过了单机自动控制系统所产生的效益。据统计，从1936~1976年的40年间，由于自动控制技术的发展，使劳动生产率提高了3.8倍。而预期1978~2018年的40年间，全世界劳动生产率将提高8倍。当今发达国家在制造业中的竞争十分激烈，纷纷加强、加速综合自动化技术应用的投入，以求进一步提高产品的质量和数量，从而适应市场快速变化的需要。1988年美国工厂自动控制设备的市场规模是600亿美元，1992年扩展到1000亿美元。据估计，过去10年中，美国、西欧和日本投入工厂自动控制方面的资金超过1.5万亿美元。1989年工业自动控制设备的世界总销售额为444亿美元，而1991年则达到了571亿美元，今后仍将以每年8.3%的速率递增。以美国通用汽车公司为例，1986~1990年它投入了600亿美元推动工厂设备的自动化，至1990年该公司已使用了20万台微型计算机和6000台机器人。

自动控制技术不仅在制造业中起到关键性作用，在其他工业部门也同样使劳动生产率大大提高。例如日本的钢产量20世纪50年代只有几百万吨，由于广泛采用自动控制技术，目前日本的钢产量已达1亿多吨，而且质量很高。日本鹿岛制铁所采用34台计算机实现了生产过程控制和管理的最优化，使其产量提高了30%，减少多余板坯30%，减少职工700~900人。

现代农业正在向高科技农业的方向发展，在这方面自动控制技术也同样起着重要的作用。以现代种植业和养殖业为例，就需要依靠现代控制技术和自动化技术，以形成一个适合于现代种植业和养殖业发展的人造环境和工厂。日本九州电力公司从1990年起同三菱重工工业公司和熊本技术财团共同开发了自动控制蔬菜工厂，使蔬菜生长不受季节和场所的影响，既大幅度地节省了人力，又可实现不使用农药的蔬菜生产。据九州电力公司估算，自动控制蔬菜工厂与露天栽培相比，生产率可提高8倍，蔬菜生长速度可提高3倍。另据报道，西方将在饲养业中采用机器人，以此为基础的无人饲养场将很快会出现。

军备竞赛推动着军事自动化技术的高速发展。现代武器正好像是科幻小说中幻想的真实再现。1992年海湾战争使世人对现代军用自动控制技术的奇效惊愕不已。用自动控制技术武装起来的炮弹就像有了"头脑"、长了"眼睛"，能自动搜寻目标并有极高的命中精度。现代"灵巧"炸弹由飞机投出后，利用激光束制导可自动寻找目标，几乎百发百中。现代巡航导弹由几百公里以外发射后，可接近地面飞行，依靠导弹上的控制设备随时随地观测地形，可自动躲避山峰、高楼等障碍物，按预定航线飞行，直至命中目标。为了摧毁一个建筑物中的地下工事，可先用一枚导弹在建筑物上炸开一个洞，第二枚导弹从此洞穿入攻击地下目标。导弹之所以能达到如此高的精确程度，全靠其自身安装的自动控制系统。这些武器上的控制系统有很高的自主能力，它能观察环境，做出判断并采取正确的行动。这是综合利用包括计算机在内的各种自动控制技术的结果。除上述应用于武器的自动控制技术外，还必须强调综合自动控制在军事中的重要作用。现代战争是海、陆、空立体战争，战场上情况瞬息万变，所以要具有能运筹于万里之外、决策于瞬息之间的超常规能力，就必须依靠具有高度自动控制技术水平的指挥、通信、控制和情报综合控制系统。

自动控制技术的发展，极大地推动了现代科学的研究与技术的进步。现代控制技术为现代科学技术加速发展的创造了优越的环境和有利的条件。许多科学仪器离不开自动控制技术。现代大规模的实验研究所用的装备非常复杂，其本身就是一个十分庞大的系统。要使这种设备能够正常运行并完成任务，全要靠自动控制技术。举例来说，美国人实现了登月计划，全靠精密的控制。1983年，前苏联的"宇宙-1443"号卫星在轨道上与运行的"礼炮-7"航天站成功地实行对接，在茫茫太空之中完成这样的操作，没有高超的自动控制技术是不可能办到的。我国曾在1999年11月成功地发射了第一艘模拟载人太空飞船——"神州一号"，这标志着我国自动控制理论与控制技术在航天领域方面的应用，已经达到世界先进水平。

自动控制技术也在日常工作和家庭生活中发挥着重要的作用。各种自动化的办公设备及家用电器都装有自动控制系统，它们减轻了人们在办公与家务中的劳动，改善了办公与生活的环境。目前办公与家用自动控制技术正朝着“智能化”、“网络化”方向发展。在我国，越来越多的“智能大厦”出现在全国各地，其内采用计算机自动控制系统进行着楼宇各系统的智能控制与日常管理，为人们提供了更为安全可靠、舒适方便的办公与生活环境。从长远和经济的角度来看，发展办公与家庭自动化是大势所趋。这种趋势对未来的办公设备与家用电器的更新换代将产生深远的影响。

工农业生产中的自动控制、科学技术研究与国防现代化中的自动控制、办公乃至家庭自动化已成为现代化社会的标志。目前，自动控制技术正在人们的一切社会活动中起着越来越重要的作用，而且这种发展趋势越来越快。各行各业所采用的自动控制系统虽然有所不同，但概括起来说，自动控制系统具有以下一些重要特点，一是自动控制系统的应用范围不断扩大、控制精度不断提高、智能化程度日益增加；另一个是自动控制技术不仅仅能代替人无法完成的体力劳动，而且在大量地代替着人的脑力劳动；对于后者，其发展的空间将会更为广阔。

自动控制技术向着综合化的方向发展，其社会经济效益越来越大，应用的领域也越来越大，因此，在自动控制系统中引用系统工程的观点，是十分必要的。自动控制技术发展的本身，显示出知识密集化、高技术集中化的特点，它是许多种技术科学、多种工程技术结合的产物。

发展自动控制技术会不会造成大量失业，这种疑虑在国外曾经出现过。美国在20世纪50年代就有不少人反对发展自动控制，这些人认为到1970年将使700万人失业。而事实相反，随着自动控制的发展，许多企业得到飞速发展，到1970年前后，美国反而增加了700万人的就业机会。在发达国家中，日本机器人最多，但失业率却最低。这说明自动控制与失业没有必然的联系，更没有因果关系。在中国，发展适用的自动控制技术，可以大大提高劳动生产率，促进经济发展，从而给更多的企业创造机遇，使大量的劳动力有新的就业机会。同时，社会经济的发展与进步，将促使更多的劳动者去提高自身的科学文化素质，也将进一步繁荣科学文化教育事业，这将形成一个劳动力素质提高的良性循环。

过程参数检测与控制仪表是自动控制系统中重要的组成部分。尤其是在工业生产过程的自动控制系统中，如果没有过程参数检测与控制仪表的不断更新换代及其所形成的标准化、系列化产品，过程自动控制系统与技术的广泛应用将是不可能的。随着自动控制技术的不断发展和领域不断拓宽，过程参数检测与控制仪表也必将会有更大的发展。当前，计算机技术的发展为智能化仪表的发展提供了强有力的技术支持，越来越多的智能型仪表在自动控制系统中运用，充分显示了他们的适应性强、使用灵活、安全可靠的优点。

近些年来，过程参数检测仪表发展迅速，新的检测手段与方法不断被研究开发成功，如光纤传感器、表面弹性波传感器、离子敏感场效应管传感器、生物传感器等等。新的检测方法与手段的出现，不仅扩大了检测仪表能够检测的参数类型范围、还提高了参数检测的精度与可靠性、同时还为参数的综合检测开辟了新的途径。随着新理论，新方法、新材料的不断出现，尤其是纳米技术、计算机技术、网络技术的日新月异，必将促使过程参数检测仪表趋向微型化、智能化、网络化。

2. 自动控制技术的发展概况

回顾自动控制技术的发展史可以看到，它与生产过程本身的大发展有着密切的联系，是一个从简单形式到复杂形式，从局部自动控制到全局自动控制，从低级智能到高级智能的发展过程。自动控制技术的发展，大致经历了三个阶段。

20世纪50年代以前，可以归结为自动控制技术发展的第一阶段。在这一时期，自动控制的理论基础是使用传递函数对控制过程进行数学描述，其控制理论以根轨迹法和频率法为基本方法，因而带有明显地依靠人工和经验进行分析和综合的色彩。在设计过程中，一般是将复杂的生产过程人为地分解成若干个简单的过程，最终实现单输入单输出的控制系统。其控制目标也就只能满足于保持生产的平稳和安全，属于局部自动控制的范畴。当时，也出现了一些如串级、前馈补偿等十分有效的复杂系统，相应的控制仪表也从基地式发展到单元组合式。但总的来说自动控制的技术水平还处于低级阶段。

20世纪50~60年代，是自动控制技术发展的第二个阶段。50年代末，由于生产过程迅速向大型化、连续化的方向发展，原有的简单控制系统已经不能满足要求，自动控制技术面临着工业生产的严重挑战。幸运的是，为适应空间探索的需要而发展起来的现代控制理论已经产生，并已在某些尖端技术领域取得了惊人的成就。值得注意的是，现代控制理论在综合和分析系统时，已经从局部控制进入到在一定意义下的全局最优控制，而且在结构上已从单环控制扩展到多环控制，其功能也从单一因素控制向多因素控制的方向发展，可以说现代控制理论是人们对控制技术在认识上的一次质的飞跃，为实现高水平的自动控制奠定了理论基础。与此同时，电子数字计算机技术的发展与普及为现代控制理论的应用开辟了新的途径，为进一步推进工业自动化提供了十分有效的技术手段。在60年代中期，已出现了用计算机代替模拟调节器的直接数字控制（Direct Digital Control，DDC）和由计算机确定模拟调节器或DDC回路最优设定值的监督控制（Supervisory Computer Control，SCC），并有一些成功的报道。在我国，也曾在发电厂和炼油厂进行了计算机控制的试验研究。当时，由于电子计算机不但体积大、价格昂贵，而且在可靠性和功能方面还存在着不少问题，致使这种自动控制的研究基本停留在试验阶段。此外，由于生产过程极其复杂、被控对象的性能指标不易确定，控制模型建立困难、控制策略相对缺乏，现代控制理论与工程实际之间还存在着一定的差距，使得现代控制理论一时还难以大量应用于生产过程。尽管如此，在这一时期，无论是在现代控制理论的应用，还是在工业过程控制系统中引入计算机，都使得自动控制技术有了新的开端和有益的尝试。

进入20世纪70年代，工业自动化的发展表现出两个明显的特点，这正是工业过程控制进入第三个阶段的标志。

其一，70年代初，大规模集成电路的成功制造和微处理器的问世，使计算机的功能丰富多彩，可靠性大为提高，而价格却大幅度下降，极大地促进了适用于工业自动控制的控制计算机系列商品面世。尤其是工业用控制器，在采用了冗余技术，软硬件的自诊断功能等措施后，其可靠性已提高到基本上能够满足工业控制要求的程度。值得指出的是，从70年代中期开始，针对工业生产规模大、过程参数和控制回路多的特点，为了满足工业用过程控制计算机应具有高度可靠性和灵活性的要求，出现了一种分布式控制系统（Distributed Control System，DCS），又称集散式控制系统。它是集计算机技术、控制技术、通信技术和图形显示技术于一体的计算机控制系统。该系统一经问世，就受到了工业界的青睐。目前，世界上已有60余家公司先后推出了各自开发的自动控制用计算机系统。在我国，一些单位也在研制自己的计算机系统。这种分布式控制系统结构分散，将控制计算机分布到车间和装置一级，不仅大大减少了引起全局性故障的节点，分散了系统的危险性，增加了系统的可靠性，而且还可以灵活方便地实现各种新型控制规律和算法，便于系统的分期调试、投运和功能改型。显然，这种分布式系统的出现，为实现高水平的自动控制提供了强有力的技术支持，给生产过程自动控制的发展带来了深远的影响。可以说，从70年代开始，工业生产自动控制已进入了计算机时代。

其二，控制理论与其他学科相互交叉、相互渗透，向着纵深方向发展，从而开始形成了第三代控制理论，即大系统理论和智能控制理论。众所周知，一类复杂的工艺过程，如反应过程、冶炼过程和生化过程等，本身机理十分复杂，还没有被人们充分认识，而且这类过程往往还受到众多随机因素的干扰和影响，难以建立精确的数学模型以满足闭环最优控制的要求。同时，这类过程的控制策略亦有待进一步研究。就目前已有的策略而言，或是过于复杂难以实行在线控制，或者过于粗糙不能满足高水平的控制。解决这类问题的重要途径之一就是将人工智能、控制理论和运筹学三者相结合的智能控制。在我国，已出实现了利用控制系统所纳入的知识和系统的推理判断能力进行实时控制的专家控制系统，该系统可在控制过程中自动进行系统的诊断、预报、决策和控制。

另外，70年代以来，由于世界范围内出现的能源危机和剧烈的市场竞争，工业生产的规模更趋庞大，一些超大型生产系统相继建成。设备的更新换代，虽能较大地提高了生产率，但要进一步提高产量，降低成本，节约原材料和减少能源消耗并非易事，必须在分散控制的基础上，从全局最优的观点出发对整个大系统进行综合协调。可以说，工业生产实际提出的以优质、高产、低消耗为目标的控制要求，从客观上促进了第三代控制理论的形成和发展。尽管到目前为止，它还处在发展和完善的过程中，但已受到了极大的重视和关注，并取得了很大的进展。在现代控制理论中，非线性系统、分布参数系统、学习控制、容错控制等控制问题在理论上和实践中均得到了发展。总之，在这个阶段中，工业自动控制正在发生着巨大的变革，它已突破了局部控制的模式，进入到了全局控制。这种全局控制既包含了若干子系统的闭环控制，又有大系统协调控制、最优控制以及决策管理，即人们称之为控制管理一体化的新模式。它的出现，使工业自动控制系统在大量获取生产过程和市场信息的基础上，科学合理地安排调度生产，以最佳的方式发挥设备的生产能力，最终达到优质、高产、低消耗的控制目标。

从工业自动化的发展进程中，可以得出如下结论：

(1) 工业自动控制的发展与工业生产过程本身的发展有着极为密切的联系。工业生产本身的发展，如工艺流程的变革、设备的更新换代、生产规模的不断扩大等促进了自动控制技术的发展进程，而自动控制技术在控制理论和控制手段方面的新成就，又进一步保证了现代工业生产在安全平稳的前提下高效运行，充分地发挥了设备的潜力，提高了生产效率，获取了最大限度的经济和社会效益。

(2) 自动控制技术已进入计算机时代。面对琳琅满目的计算机系统，尽管有不少现成的先进的控制理论，却缺乏行之有效的控制方法以满足工业生产不断提出的更高要求，因此，加强控制理论与生产实际的密切结合，注意引入智能控制、专家系统，逐步形成不同形式的既简单又实用的控制结构和算法，是今后过程控制领域的主要研究内容。

3. 自动控制技术在给水排水工程中的应用

20 世纪 70 年代以来，随着自动化技术、计算机控制与网络技术、水质与水系统工程理论与应用技术的不断发展，给水排水工程的各个领域越来越多地引进了这些先进技术，使自身的自动化程度较之过去有了很大的发展，各种先进的自动监测、自动控制设备已在给水排水工程中得到了较为广泛的应用。如在建筑给水工程中，水泵水箱联合供水系统几乎全部采用了自动控制；各种给水排水系统中，水泵变频调速控制系统的应用也越来越普遍；消防给水系统的自动控制已跨入系统化、智能化的时代；水处理厂中水质的自动监测，给水处理过程中混凝剂、消毒剂的自动投加，水厂运行控制的微机化与信息管理的网络化，已成为当今水厂建设与运行管理的主流趋势；城市给水管网运行的优化控制，需要最现代的控制理论、控制技术与控制系统；自动化纯水制备装置；小区与楼宇的中水处理与供给系统的自动控制；水环境的自动监测等等。可以预言，21 世纪给水排水工程自动控制技术将会得到更为广泛的应用。作为 21 世纪的专业技术人员，不可避免地会在工程中遇到有关过程自动控制方面的问题。因此，了解自动控制的基本原理，懂得实现过程自动控制的基本方法，掌握自动控制技术在本专业范围内应用的基本知识，是十分必要的。

第1章　自动控制基础

1.1 自动控制系统及其分类

1.1.1　自动控制系统及其作用

一般的产品生产都要经过一系列工艺才能最终完成，其中每一个工艺的完成，都必须有一个过程，我们称之为生产过程。与产品的生产类似，为了保持室内的温度能够在一定的范围内，一个空气调节系统所进行的温度调节工作，也可以称之为空气调节过程；为了保证室内的给水系统水压能够满足用户的使用压力，一个室内给水系统所进行的水压控制工作，同样也可以称之为水压控制过程；与之类似，还可例举出很多相似的过程。如果某一设备装置系统，为了某一目的而完成了一系列的动作，都可以类似的将这一系列的动作称为某一过程。众所周知，在产品的生产过程中，其生产工艺过程进行状态的好坏，将直接影响产品生产的数量与质量。如果能够对生产工艺过程进行控制调节，使其始终处于正常的工作状态，就能够保证所生产产品的数量与质量。同样，对任何一个过程，进行必要的控制和调节，就是要使该过程运行的结果达到预期的目的。

对一个过程进行控制，可以采用手动操作的方法完成，也可以依靠由仪器设备装置组成的系统自动进行操作来完成。由手动操作完成的过程控制，称为人工过程控制；由仪器设备系统自行完成的过程控制，则称为自动过程控制。在对一个过程进行控制时，无论是人工控制还是自动控制，都要从能反映过程状态变化的某些特征量中，及时了解过程状态是否处于正常。如果特征量值出现异常，则可针对过程当前的状态采取相应的控制操作，对过程状态进行控制和调整，以使整个过程重新回到人们所希望的状态。这些能反映过程状态或需要及时进行调整的特征量值，往往被称为过程参数。要及时了解生产过程的运行状态，就需要从正在运行的生产过程中快速、准确、连续地检测这些特征量的值，即从过程中提取过程参数，这就是过程参数的实时监测。如果能使用某些操作人为地改变过程中的某些特征量，使过程按照预期的状态正常进行，这就是过程参数控制，也称作过程参数调节。在一个生产过程自动控制系统中，用于完成生产任务且需要进行控制的设备装置，称为受控对象；用于参数监测和过程状态控制调整的设备装置，称为控制系统。

如在净水厂的给水处理过程中，经常需要对水在各工艺环节中的浊度、流量、液位等过程参数进行检测，并根据水质情况对水处理过程加以控制，使其最终达到规定的水质标准。如果当浊度、流量、液位的变化偏离了所允许的正常值时，使用手动方法对过程参数进行调整，使其恢复正常值，则该过程为人工过程控制；若上述过程是由仪器仪表装置系统自行控制并使其恢复到正常值，则该过程为自动过程控制；水处理过程就是受控过程，用于对水处理过程进行自动控制的浊度、流量、液位等一整套仪表与控制设备装置，称为自动控制系统。

自动控制系统就是用仪表与控制设备装置来代替人的感官、大脑与动作的功能，完成对生产过程进行控制的系统。由于自动控制系统具有准确，可靠、快速，不易产生主观误差等优点，所以得到了广泛地应用。采用自动控制技术，不但减轻了人的劳动强度，改善了工作环境，而且还能提高产品质量，降低生产成本，增加经济效益。因此，自动控制理论及其技术得到了广泛的应用。

举例来说，对于一个由自动控制系统控制的室内温度调节系统，同样可以将整个系统分为受控对象和自动控制系统两大部分。一是受控对象，就是指可以使室内温度升高的加热装置或使室内温度降低的制冷装置，它们的作用主要是升高或降低室内温度；二是自动控制系统，就是指主要由监测室内温度的传感器、比较室内实际温度与所需控制温度并给出调节命令的控制器、接受调节命令并使电热装置或制冷装置动作的执行器所组成的控制系统。

图 1.1 所示，为蒸汽加热容积式热交换器热水出口水温人工控制系统。现以该系统为例，介绍过程控制的基本概念。图中的受控过程是保持热水出口温度在一定范围内的控制过程；受控对象是热交换器；受控参数是容积式热交换器热水出口的热水温度，受控过程的影响因素有：冷水进水温度；热水、冷水流量；热媒蒸汽进口压力、流量；热交换器表面散热等。自动控制系统的任务，是保证热水出口的热水温度在某规定温度范围内，其中需要监测的主要过程参数是热水出口水温，需要控制的主要过程参数是蒸汽流量。

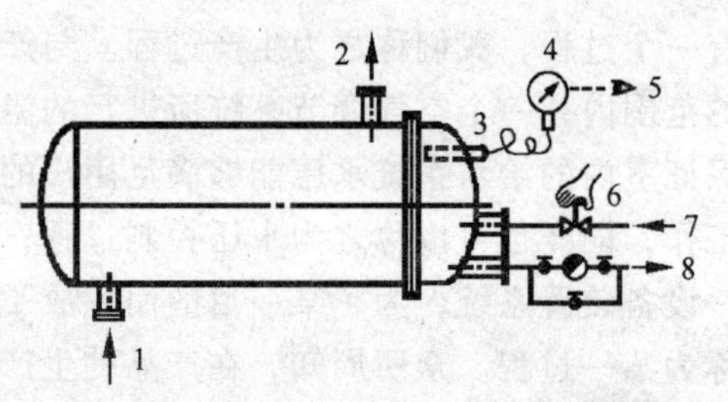

图 1.1　蒸汽加热容积式热交换器热水出口水温人工控制系统

1—冷水进口；2—热水出口；3—温度传感器；4—温度显示表；5—人眼；6—手动蒸汽调节调；7—热媒蒸汽进口；8—蒸汽回水出口

容积式热交换器的工作过程是：蒸汽作为热媒进入容积式热交换器的加热盘管，其携带的热量通过加热盘管管壁间接传递给管壁外的冷水使其温度升高，释放了热量的蒸汽凝结为热水，然后通过疏水器流出加热盘管；在不断的换热过程中，进入容积式热交换器的冷水逐渐升温成为热水，然后从容积式热交换器的热水出口送出。容积式热交换器工作时，一般要求其热水出口的水温必须满足在一定的温度范围内，水温高于或低于所要求的温度范围都不能满足使用要求，这种供水方式可以称之为恒温热水供应方式。在恒温热水的供应过程中，假如进入热交换器的冷水流量、冷水进口温度以及加热蒸汽的压力、流量等过程参数都保持恒定不变，根据热平衡原理可知，热交换器热水出口的热水温度也将保持恒定不变。但实际上，以上所述的过程参数往往是不断变化的。如冷水进口温度的变化、热水出口流量的变化、加热蒸汽压力与流量大小的波动等，都会直接影响热交换器热水出口的热水温度。为了保证热交换器热水出口的热水温度稳定在既定范围内，就必须根据热交换器热水出口实际水温与既定水温的偏差情况，随时开大或者是关小蒸汽进口阀门，改变热媒蒸汽的流量，使热交换器热水出口温度满足既定范围的限值要求。这就是蒸汽加热容积式热交换器热水出口温度的控制过程。从热交换器热水出口温度的检测，热交换器热水出口水温与既定水温的比较，控制指令的发出，到控制蒸汽阀的开度，这中间所涉及的设备装置都属于容积式热交换器的温度控制系统。以上热交换器蒸汽进口阀门的控制如果由手动操作来完成，则称为人工控制（或手动控制）；如果由仪表及必要的自动控制设备来完成，则称为自动控制。

图 1.1 即为人工控制的实例。首先由人的眼睛去观察加热器热水出口附近的温度显示表并读出热水温度值；接着温度信息传入大脑，由大脑将观测温度与既定温度进行比较，然后计算偏差量；再由大脑根据温度偏差的大小及可能的变化趋势，做出应把热媒蒸汽阀门的开度作何种调整的决定；最后由大脑发出控制命令，指挥手去开大和关小阀门，将热交换器热水出口的水温控制到所要求的既定温度范围内；这就是容积式热交换器热水出口水温恒温过程的人工控制。

虽然很多过程的控制可以依靠人工去完成，但是，人工控制在很多方面有难以克服的缺陷。例如，在一些状态变化频繁的过程中，控制调节者的劳动强度过大，有时控制的速度往往难以达到过程控制的要求；再如，如果生产过程处于高温、高压、有毒等恶劣环境下，这就可能危及操作者的身体健康；又如，有些过程的控制调节操作地点，甚至让操作者根本无法接近；还有，由于人所能提供的操作量有限，导致有一定规模的过程需要操作者的人数很多，这样不仅占用大量劳动力，对过程的整体经济效益并无好处，而且有可能由于人为因素比例增大，使得过程的安全可靠性降低。于是，人们尝试着采用各种仪表和设备装置来减轻或替代人的部分劳动，并逐渐将控制水平加以提高。最终这种技术发展为：在很多方面人们可以借助于仪表与设备装置系统，完全替代人的眼、脑、手进行的人工操作，自动对过程进行控制，这就形成了过程控制技术。过程控制技术专门研究如何采用过程自动控制系统完成对受控过程的控制，也可称作过程的自动化。

蒸汽加热容积式热交换器热水出口水温自动控制系统如图 1.2 所示。图中热交换器热水出口水温采用自动控制系统进行控制，该系统采用温度传感器来测量并传递热水出口水温信号，以此代替温度显示仪表与人眼的作用；接着将测得的温度信号送至自动控制设备，由自动控制设备把得到的温度测量信号与要求的温度范围值作比较，计算出偏差的大小、方向、变化趋势并发出控制指令，起着人脑的作用；最后用一个控制执行机构，这里是一种电动调节阀门，它接受自动控制设备发出的控制指令，自动按控制指令去开大和关小蒸气调节阀，控制进入热交换器的蒸汽量，代替人手的作用；各环节紧密联系，最终完成对容积式热交换器热水出口水温恒温供水的自动控制。

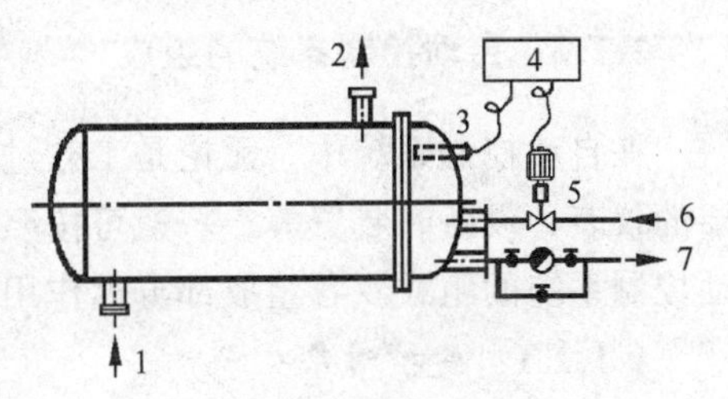

图 1.2 蒸汽加热容积式热交换器热水出口水温自动控制系统

1—冷水进口；2—热水出口；3—温度传感器；4—自动控制设备；5—电动蒸汽调节阀；6—热媒蒸汽进口；7—蒸汽回水出口

上述自动控制系统的工作过程可用框图形式表示，如图 1.3。其控制流程为：容积式加热器热水出口温度变化——温度传感器将变化情况转变为相应的电信号——来自温度传感器的电信号与反映温度既定值的电信号（给定值）进行比较——将温度传感器信号与给定值相比的偏差信号送入温度调节器——由温度调节器根据偏差信号的大小及其变化情况计算得出输出量并向执行器发出调节指令——位移执行器根据温度调节器的指令进行位移操作——蒸汽调节阀按照位移执行器给出的位移量改变阀门的开启度——在蒸汽调节阀的调节下热媒蒸汽量改变——进入容积式热交换器的热量改变——出口热水温度得到控制。在上述控制过程中，热媒蒸汽及其回水流量作为受控对象温度改变的调控物质，是受控对象的输入量；热水温度作为调控目标是受控对象的输出量；冷水温度变化、热水流量变化、蒸汽压力波动等为受控对象控制过程中的主要干扰量。

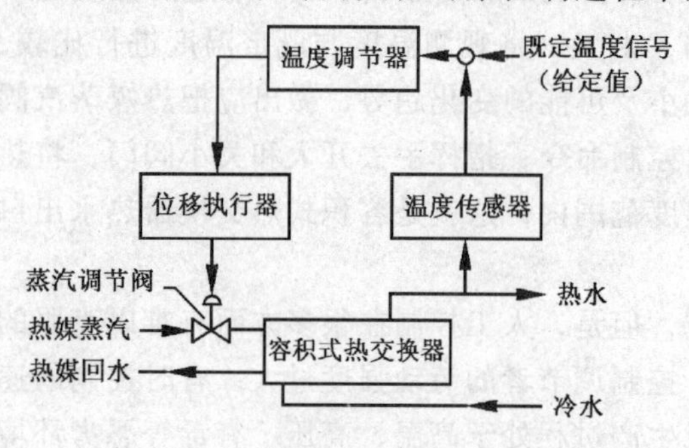

图 1.3 容积式加热器热水出口水温自动控制系统工作原理框图

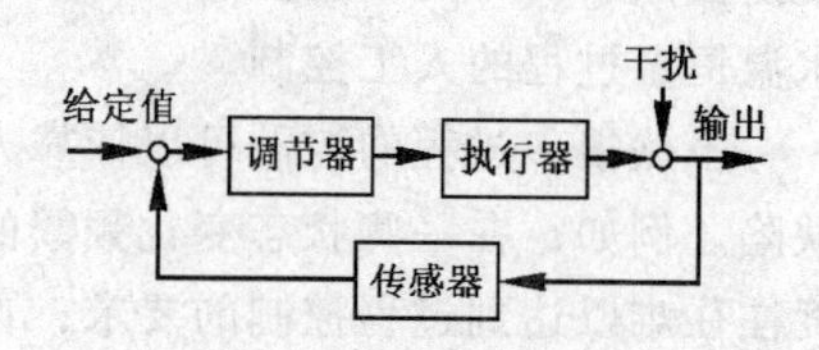

图 1.4 自动控制系统工作基本原理

对于一般的自动控制系统，虽然所采用的仪器、仪表、设备等不尽相同，但它们的工作原理基本相同，如图 1.4 所示。图 1.4 中，传感器从受控过程中提取状态参数并将其反馈至调节器；调节器比较反馈信号与给定值的偏差然后根据调节规律计算给出调节指令；执行器根据调节指令调整受控对象的状态，最终使得受控对象的受控参数输出值在所允许的范围内。

1.1.2 自动控制系统的组成

在自动控制系统中，无论是工艺过程中需要被控制的设备，还是自动控制系统中所需要的仪表、设备、装置等，一般可按照它们在系统中的功能分为几部分，下面分别介绍自动控制系统的组成及各组成部分的作用。

1.1.2.1 受控对象

在自动控制系统中，完成特定的工艺过程且需要被控制的设备称为受控对象，简称对象。例如，净水厂中各种水处理设备、建筑给水排水工程中的水泵及其管道系统等都可称作受控对象。

受控对象的运行状态，可以通过反映运行状态的过程参数的变化来了解。过程参数中，一些过程参数的改变可决定受控对象的运行状态。因此，要想控制受控对象的运行状态，可以通过调整受控过程中的过程参数来实现，以达到使受控过程按照人们的意愿正常运行的目的。在给水排水工程中，经常需要对液体的温度、压力、流量、液位等过程参数进行控制，以使给水排水工程系统按照人们的意愿运行。一个自动控制系统能够控制的对象，可以是某一工艺过程中需要控制的所有设备，也可以是该中工艺过程中需要控制的某一局部的设备，还可以具体到一个设备需要控制的某个局部环节。一般情况下，受控对象是指一个独立的自动控制系统所控制的对象。

1.1.2.2 传感器

能够感受过程参数的变化，并能将变化情况转变成可传递信号的仪器称为传感器。传感器用于提取受控过程中所需的过程参数的变化信息。传感器常以所提取过程参数对象的名称命名。例如：用于测量温度参数变化情况的传感器称为温度传感器；用于测量压力参数变化情况的传感器称为压力传感器；以此类推，可以有流速传感器、流量传感器、液位传感器、磁传感器、光传感器、声传感器、烟传感器等等。此外，传感器还常用其作用原理、使用介质名称等命名。如超声波传感器、生物传感器等。常用传感器往往将控制过程中各种参数的变化情况用便于传递和接收的信号送出。由于便于传送、接收与处理的原因，传感器送出的信号往往是能反映参数变化的电压、电流、频率等电信号。

1.1.2.3　变送器

将传感器送来的测量信号转变为可传递的标准信号的仪表，称为变送器。由传感器送出的信号一般较弱而且信号的种类不统一，这种不统一的信号不便进一步向下一个环节的控制仪表传递，因此必须设法将其放大并进一步转换成为统一的标准信号，才可方便地继续传递或送去进一步处理。尤其是目前开发和使用的自动控制仪表，要求彼此相互传递信号时采用标准的电压与电流信号，这更需要将感受到的信号变换为统一的标准信号进行传递。所以，在需要进行信号的转换时，使用变送器完成这一任务。

为使用方便，传感器和变送器往往一体化进行设计与制造，成为单体仪表，故传感器与变送器不再严格划分。

1.1.2.4　调节器

调节器的任务，是把变送器送来的反映过程状态的过程参数变化信号与受控过程中需要保持参数的给定值相比较，然后根据偏差的情况按所设计的运算规律进行运算，得出相应的控制指令，并将与控制指令相应的信号送至自动控制系统中的执行器。

1.1.2.5　执行器

执行器接受调节器发出的控制指令信号，将控制指令信号转变为相应的控制动作，对受控过程的某个参数进行控制，使受控过程重新回到所要求的平衡状态。

一个完整的自动控制系统除由以上几部分组成外，根据系统的性质与特点，还可以有一些其他的辅助组成部分。如给定装置、显示装置、报警装置等等，这些辅助组成部分虽然随着自动控制系统的不同而不同，但对于一个完整的自动控制系统来说，也是必不可少的。

在自动控制系统中，受控对象一般应保持在稳定的状态。要使系统稳定，往往需要向系统输入一个稳定的参照信号——给定值。给定值一般送往调节器，作为调节器的输入信号之一。在很多调节器中，为使用方便，往往自带内给定信号功能，而无须再由外部输入给定值。

凡能影响受控对象状态的因素，通称为干扰。干扰可以是有规律的，也可以是无规律的，而绝大多数干扰是随机发生的，是毫无规律的。干扰能对受控过程的稳定产生负面影响，也可能对受控过程的稳定产生正面影响。

1.1.3　自动控制系统的分类

在自动控制系统中，按系统控制过程是否闭合可分为开环控制与闭环控制；按系统给定值的给定方式不同可分为定值控制、随动控制和程序控制；按系统控制回路的多少可分为单环控制与多环控制；按系统的传递与处理信号是否为连续信号或数字信号可分为模拟控制与数字控制；按系统的复杂程度可分简单控制与复杂控制等等。其中，应用最广泛的是单环简单闭环反馈控制（反馈调节）系统。下面将自动控制系统的几种常见类型做一简要介绍。

1.1.3.1 开环控制

在受控过程中，受控对象过程参数的变化信号，与受控过程的控制无任何联系的控制系统,称为开环控制系统。如图 1.5 所示。例如在喷水水景池中，需要控制喷嘴处的出水压力，决定该压力的大小与受控对象（喷水管道系统及其阀门）中的任何过程参数无关，也无需从中提取参数信号，而是根据水柱高度的观赏要求给出压力控制信号，对受控对象进行控制，这类控制系统就是开环控制系统。

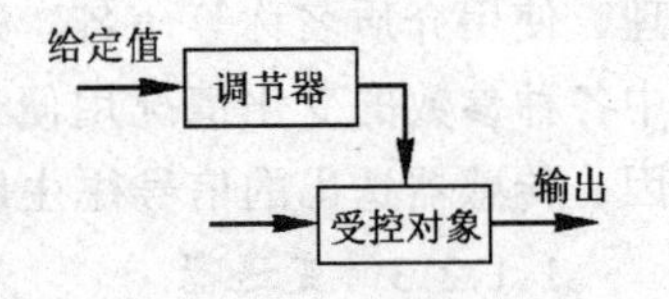

图 1.5 开环控制系统

1.1.3.2 闭环控制

在受控过程中，将受控对象过程参数变化的信号提取出来，经处理后作用于过程的控制系统，使受控对象按照所要求的状态发生变化，这种控制系统称为闭环控制系统。如图 1.6 所示。例如，图 1.2 所示的容积式加热器热水恒温控制系统就是一种闭环控制系统。所谓闭环，就是指从受控过程中提取过程参数信号，并根据该信号决定控制方式，而控制方式的实施，又能对受控对象的状态产生影响，进而影响过程参数的闭合控制环路。

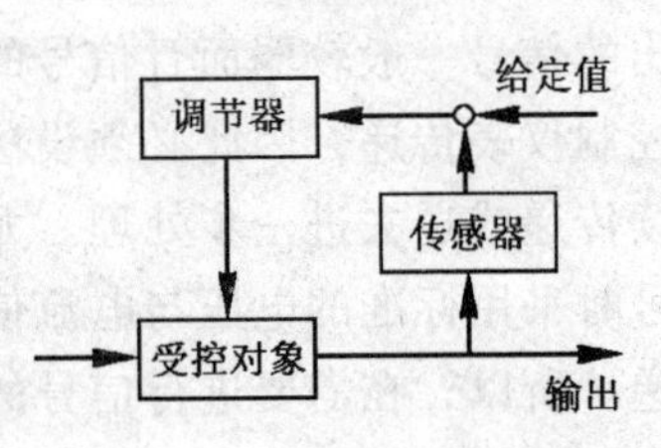

图 1.6 闭环控制系统

1.1.3.3 前馈控制

在受控过程中，如在受控对象的控制点前提取过程参数变化的信号，经处理后作用于受控对象，使受控对象按照所要求的状态进行变化，这种控制系统称为前馈控制系统。如图 1.7 所示。例如，提取原水水质参数变化的信号，对受控对象（混凝剂自动投加控制系统）进行控制，就是一种前馈控制系统。

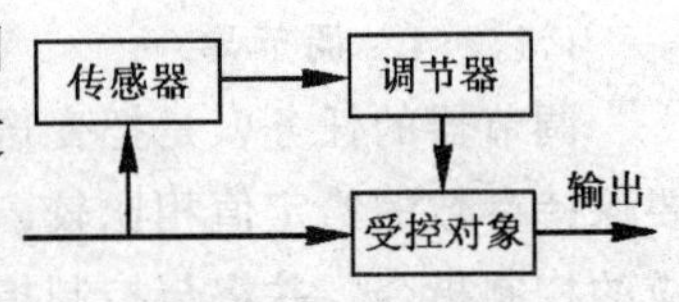

图 1.7 前馈控制系统

1.1.3.4 反馈控制

在受控过程中，如在控制受控对象的控制点后提取过程参数变化的信号，经处理后作用于受控对象，使受控对象按照所要求的状态进行变化，这种控制系统称为反馈控制系统。如图 1.6 所示的闭环控制系统同时也是一种反馈控制系统。例如，提取絮凝工艺后水样中流动电流这一过程参数的变化信号，由此计算给出混凝剂自动投加的控制指令，然后对混凝剂自动投加系统进行控制，并进一步观察流动电流的变化，对其实行实时控制，这就是一种反馈控制系统。

1.1.3.5 定值控制

在受控过程中，如在受控对象的控制系统中输入一个固定不变的基准信号（给定值、设定值），使控制系统依此基准信号对受控对象过程参数进行定值控制，以保持受控对象的输出不变，这种控制系统就称为定值控制系统。定值控制系统也是应用得最普遍的一种控制系统。这种系统根据控制过程的特点，要求系统稳定地运行在某种状态，其给定值为定值；当要求系统运行在另外的稳定状态时，其给定值虽有改变，但却为另一定值。也就是说，只要要求系统运行于某种稳定的状态，其给定值也一定为相应的定值。例如，当要求水泵向管路系统恒压给水时，就可采用定值给水系统。根据管路系统的不同需要，可要求系统的恒定压力分别稳定在 H_1 或 H_2 并在控制系统中给出相应的给定值 r_1 或 r_2。

1.1.3.6 随动控制

自动控制系统根据控制目标随机变化的控制需求，随时改变受控对象的运行状态，控制受控对象的输出作相应变化，这种根据随机变化的要求控制受控对象的系统称为随动控制系统。这是过程控制系统中较为常见的一种控制系统。在随动控制系统中，过程运行的状态随控制目标的随机变化而改变，其设定值也随随机变化的控制目标呈无规律变化，要求受控对象随时跟踪反映控制目标的给定值。例如，某管网用水规律是随机的，且要求水泵供水必须随时恰好满足管网的用水要求，则可采用变频调速供水系统向管网变压供水。变频调速供水系统中水泵机组的控制，是根据管网压力需求情况的变化，随时改变水泵电机的供电频率，以控制水泵的转速，达到满足管网用户用水的要求。这种控制方式，宜在城市或大型供水管网的供水泵站（二级泵站）中使用，可以取得较好的经济效益。

1.1.3.7 程序控制

在受控过程中，受控对象的控制系统按照既定的程序对受控对象进行控制，则称之为程序控制系统。程序控制系统往往以时间、事件是否满足预定条件，作为系统选择是否继续运行及其程序流向的标志。例如，定时给水系统就可以是按时间编制程序，控制水泵定时启闭的时间程序控制系统。

1.2 自动控制系统的过渡过程

1.2.1 系统的静态与动态

受控过程及其自动控制系统在运行中有两种状态：一种是静态（或称为稳态），此时受控过程没有因受到外来干扰的影响而改变已有的状态，或外界干扰对受控过程的影响可以忽略不计，同时自动控制系统也保持其相应的控制状态不变化，控制指令不随时间的改变而改变，整个系统处于稳定平衡的状态，此种状态即为系统的静态；另一种状态是动态，此时，受控过程受到外来干扰的影响或者自动控制系统的控制指令发生了变化，使受控过程原来的静态被破坏，受控过程及其自动控制系统中各过程参数或传递信号都相继发生变化，尤其是受控过程的受控参数也将偏离原来的静态值而随之发生改变，经过一段时间的控制调整后，如果系统在新的条件下处于新的平衡，受控过程的受控参数将会重新处于静态或保持在原有的静态数值上。这种从一个静态到另一个静态的过程称为过渡过程。图 1.8 所示为几种典型的动态过程曲线。

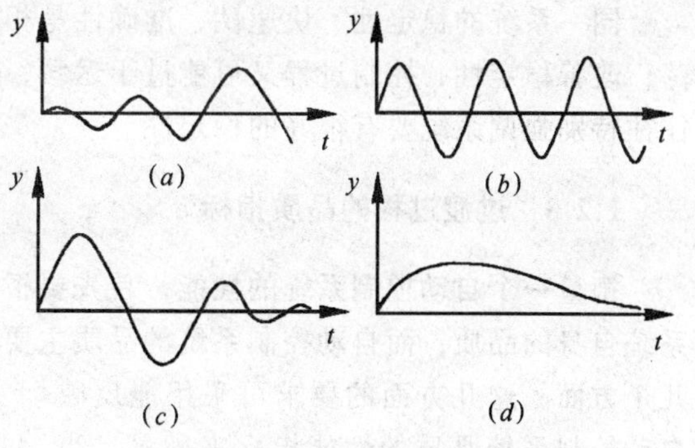

图 1.8 几种典型的动态过程曲线

(a) 发散振荡过程；(b) 等幅振荡过程；(c) 收敛振荡过程；(d) 单调振荡过程

由于受控过程所受到各种干扰是经常的而且是随机的，因此，受控过程及其自动控制系统会经常处于动态状态，但最终还是在自动控制系统的作用下回到新的稳态，以保证受控过程的正常运行，这正好说明了自动控制系统存在的意义。

1.2.2 对自动控制系统的基本要求

自动控制系统用于不同的过程控制时，对其系统自身的要求也将不同，这是由各类不同的受控过程所决定的。各类受控过程的不同，必然导致其自动控制系统性能的不同。但是，虽然各类的自动控制系统性能会不尽相同，而用于各类受控过程的自动控制系统却可以找到共同的控制规律。一个良好的自动控制系统，必须具备过程控制的稳定性好、反应快速、准确性高的控制特点。

稳定性：由于过程存在着各类干扰、受控对象自身还存在着惯性，当过程及其自动控制系统的各个参数控制不当时，将会引起过程及其自动控制系统因失控而进入过程的非稳定状态，不能完成受控过程的控制目标。稳定性就是指动态过程的过渡倾向和自动控制系统能够自动控制受控过程恢复到平衡状态的能力。当受控过程的输出量偏离平衡状态时，自动控制系统应该控制受控过程的状态随着时间的推移而逐渐收敛，并且进入新的平衡状态。一个缺乏稳定性的过程，几乎无法完成其预定的工作。因此，对一个受控过程及其自动控制系统的稳定性要求是其完成预定工作的首要条件。

快速性：这是在受控过程及其自动控制系统能处于稳定状态的前提下提出的。快速性是指受控过程的受控参数与期望值之间产生偏差时，其自动控制系统消除这种偏差过程的快速程度。

准确性：是指在调整过程结束后受控参数与期望值之间存在偏差的大小，或称为静态精度，这也是衡量受控过程及其自动控制系统工作性能的重要指标。

由于受控过程的具体情况不同，因此对自身及其自动控制系统的稳定性、快速性、准确性的要求也会有所不同。一般随动系统对快速性要求较高，而定值控制系统对稳定性要求较高。受控过程所完成的任务不同，要求自动控制系统的控制精度也会不同。

同一系统的稳定性、快速性、准确性是相互制约的。快速性好，可能会引起系统的振荡；改善稳定性，控制过程又可能过于迟缓，精度也可能发生变化。对一般的受控过程，往往特别强调系统要有很好的稳定性。

1.2.3 过渡过程的品质指标

衡量一个自动控制系统的性能，首先要根据受控过程及其受控参数的要求来衡量控制系统自身的品质，而自动控制系统的品质主要突现在过程控制的稳定性、快速性和准确性几个方面。这几方面的要求可采用能反映自动控制系统品质的性能指标来衡量。当有干扰出现时，受控过程的受控参数在自动控制系统的控制调整下，将随时间的推移而不断发生变化，这个变化过程又称为过渡过程。当控制系统正常工作时，过程控制的过渡过程可用受控参数的变化曲线来描述，如图 1.9 所示。变化曲线的主要特征，还可以概括为一些特征参数，这些

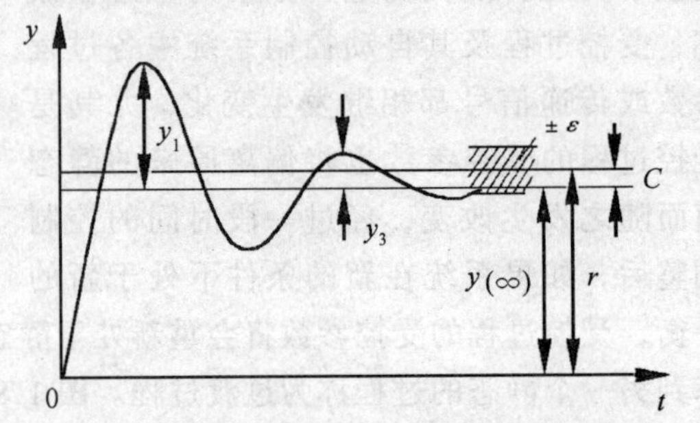

图 1.9 自动控制系统受控参数的过渡过程

参数又称为过渡过程的品质指标。

衰减比和衰减率 衰减比是衡量一个振荡过程衰减程度的指标，它等于两个相邻的同向波峰值（图 1.9）之比，用 n 表示，即

$$n = \frac{y_1}{y_3} \tag{1.1}$$

衡量振荡过程衰减程度的另一种指标是衰减率，它是指每经过一个周期后，波动幅度衰减的百分数，用 ψ 表示，即

$$\psi = \frac{y_1 - y_2}{y_3} \tag{1.2}$$

衰减比与衰减率两者间可以进行简单的换算，例如：衰减比为 4:1 就对应于衰减率 $\psi = 0.75$。为了保证控制系统有一定的稳定裕度，在过程控制中，一般要求衰减比为 4:1 到 10:1，这相当于衰减率为 75% 到 90%。这样，大约经过两个周期以后，受控过程就可趋于稳态，几乎看不出振荡。

最大动态偏差和超调量 最大动态偏差是指动态过程中受控参数的最大值与新稳态值之间的偏差（图 1.9），用 y_1 表示。

最大动态偏差占受控参数静态变化幅度的百分数称为超调量，超调量表明受控参数的最大动态偏差为静态振幅的百分比倍数。

残余偏差（静差） 残余偏差是指过渡过程结束后受控参数与其设定值之间的差值(如图 1.9)，用 C 表示，它是衡量受控过程进入稳态后的准确性指标。

调节时间和振荡频率 调节时间是指从受控过程的过渡过程开始到结束所需要的时间。在理论上，过渡过程需要无限长的时间，但一般认为当受控参数已进入其稳态值 $\pm\varepsilon$ 范围内，就可认为过渡过程已经结束（如图 1.9），一般可选 $\varepsilon = 5\%$。因此，调节时间就是从扰动开始到受控参数进入新稳态值 $\pm\varepsilon$ 范围内的时间。调节时间是衡量控制系统快速性的一个指标。

当过渡过程的衰减比相同或相近时，过渡过程的振荡频率也可以作为衡量控制系统快速性的指标。

1.3 受控对象的动态特性

一个完整的自动控制系统，必须存在有受控过程和自动控制系统两个方面，缺一不可。要求过程控制系统在控制受控过程时具有稳定性、准确性和快速性，就必须对受控过程自身可能对自动控制系统产生影响的各种因素进行分析研究，然后按照受控对象所特有的客观规律进行自动控制系统的设计，使其能够满足控制受控对象的需要。不同的受控对象，能够对自动控制系统产生影响的因素表现也各不相同。也就是说，对于自动控制系统它们表现出了不同的受控特性。如果对受控对象认真加以研究就会发现，许多常见的受控过程的受控特性往往具有相似性。只有认真分析研究这些特性在过程控制中的特定规律，加深对受控过程进行控制的理解和认识，才有可能全面掌握过程控制的基本规律。

1.3.1 概述

在过程控制中，如果把受控对象看作一个隔离体，则该隔离体界面处，一定有与过程

控制有关的物质或能量，通过界面进入或输出隔离体，或者说在界面处有物质或能量的出入流动。当且仅当物质或能量的流动达到平衡时，受控对象才会保持平衡稳定的过程状态。例如，水池水位的稳定，以流入及流出的水量达到平衡为前提；容积式加热器水温的稳定，一定以流入及流出的热量达到平衡为前提。一旦上述平衡被打破，想要依靠自动控制系统改变受控过程的状态，使其达到新的平衡，就必须对流入流出受控对象的物质或能量加以控制调整。

在过程控制中，受控过程从一个平衡状态到另一个平衡状态往往需要一定的时间，这就是说，一般受控参数的变化比较缓慢，时间往往以分钟甚至小时计算。这是因为受控对象往往具有很大的储蓄容量，而流入、流出的物质或能量的差额却往往有限。例如，对于某个受控过程的受控参数为温度时，流入、流出的热流量的差额累积起来可以储蓄在受控对象中，这时，受控对象表现为温度升高。此时受控对象的储蓄容量就是它的热容量。热容量大就意味着温度变化过程不可能很快。对于其他以压力、液位、pH 等为受控参数的受控对象进行分析，也可得出相类似的结果。

在过程控制中，受控对象的另一个特性是纯迟延，即传输迟延。这是指受控过程的受控参数信号在传输过程中表现出的迟延特性。例如，对于容积式热交换器热水出口水温恒定控制过程，温度计应尽可能安装在离换热器出口最近的位置，否则就造成了不必要的纯迟延，它直接会影响到过程控制的快速性和稳定性。

1.3.2 受控对象的容量特性

1.3.2.1 受控对象的容量

受控对象的容量是指在受控过程中，受控对象容纳流入流出调控物质或能量的能力。如图 1.10 所示，用同样流量灌注不同大小的水池，如图 1.10（*a*）、（*b*），若水池容积大，则灌满水池的时间就长；反之，若水池容积小，则灌满水池的时间就短。同时还发现，灌入同样的水量，大水池的容积充满程度变化甚微，对灌水反应迟钝；而小水池容积充满程度变化显著，对灌水反应敏感。因此，对于水箱这种受控对象，其容量与水箱的有效容积有关。仔细观察和分析图 1.10 还可得出这样的结论：在灌注流量相同时，同等有效容积的水箱，其水位变化与横截面积的大小有关，如图 1.10（*c*）、（*d*），若截面积大，水位上升或下降得慢；若截面积小，则水位上升或下降得快，因此，当受控过程的受控参数为水位时，受控对象的容量与截面积大小有关。

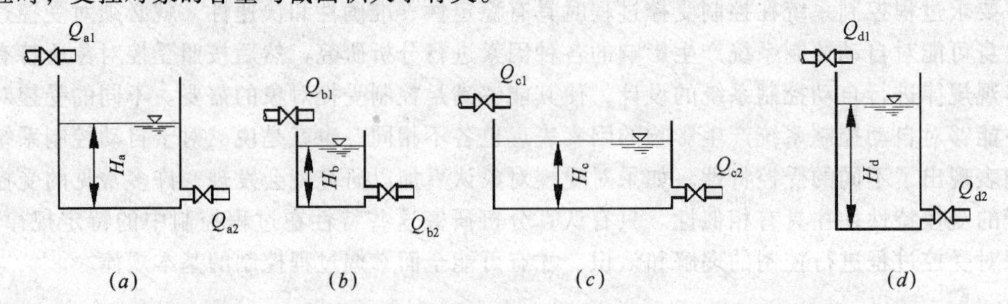

图 1.10 受控对象的容量与流入流出调控物质或能量的关系

（*a*）大容积水箱；（*b*）小容积水箱；（*c*）大截面积水箱；（*d*）小截面积水箱

从此例中可以初步定性地得出如下结论：受控对象的容量越大，对扰动的反应越慢，受控参数变化也越迟缓，这时相应的控制系统比较容易控制，即对控制器的要求相对简单。反之，受控对象的容量越小，对扰动的反应越灵敏，受控参数的变化越迅速，相应的控制系统就难控制，对控制器的要求越复杂。

前已述及，仅用“容量”的概念来表达受控对象的容量特性是不准确的。这是因为，如果两个受控对象仍为水池，尽管其容积相同，但其截面积却可以不同，当灌入的流量完全相同时，受控参数（水位）的变化快、慢却并不相同。显然，截面积小的水箱水位变化快，截面积大的水箱水位变化慢。因此，仅用容量的概念并不能确切地表达受控对象容纳调控物质或能量的能力大小。为此，必须引入一个新的概念——容量系数。

仍以图 1.10（a）的水箱为例来讨论容量系数的物理意义。当灌入流量（Q_{a1}）与流出流量（Q_{a2}）相等时，水箱的水位（H_a）处于平衡状态；当由于某种干扰使得灌入（$Q_{a1}=Q_r$）、与流出（$Q_{a2}=Q_c$）的流量不相等时，水箱水位就会发生变化（升高或降低），液位的变化率 dh/dt 与出入水箱流量的差额（Q_r-Q_c）成正比，即：

$$Q_r - Q_c = C\frac{dh}{dt} \tag{1.3}$$

式中　Q_r——水箱灌入流量；

Q_c——水箱流出流量；

C——比例常数；

$\frac{dh}{dt}$——液位的变化率。

上式还可表示为：

$$(Q_r - Q_c)dt = dV = Cdh \tag{1.4}$$

或

$$C = \frac{dV}{dh} \tag{1.5}$$

式中　dV——液体体积变化量；

其他符号同前。

如果把水箱内的水位作为受控参数，从上式可以看出，比例常数 C 实质上反映了受控参数——水位的变化要求液体体积变化量的大小，即单位水位上升所需灌入或流出水箱液体体积的多少，其物理意义恰好是水箱的截面积 F。C 值越大，水位变化一个单位所需灌入或流出水箱的液体体积越大；反之，C 值越小，水位变化一个单位所需灌入或流出水箱的液体体积也越小。这里的 C 值，反映了受控对象的容量特性，因此称之为容量系数。

推而广之，任何受控过程受控参数变化一个单位时，需要流进或流出调控物质或能量的变化量，称为该受控过程的容量系数。由于受控对象的各不相同，则受控过程需要流进或流出调控物质或能量的形式也不同，这就导致了不同受控对象的容量系数也有各自不同的含义。

容量系数 C 值越大，受控对象抗干扰能力越强，等量调控物质或能量对受控过程的影响越小；容量系数 C 值越小，受控对象抗干扰能力越弱，接受等量调控物质或能量的反应越灵敏。

1.3.2.2　受控对象的动态特性

以图 1.10（a）的水箱作为受控对象，并假设其已处于平衡状态，此时有 $Q_{a1} = Q_{a2}$，$H_a = h_0$。如果这时水箱的灌入流量 Q_{a1} 突然增大，必然有 $Q_{a1} > Q_{a2}$，导致水箱水位上升，H_a 值增加。随着水箱水位的升高，Q_{a2} 也会随之增大，并且逐渐接近 Q_{a1}，水箱水位 H_a 上升趋势逐渐变缓。当再次出现 $Q_{a1} = Q_{a2}$ 时，水箱水位 H_a 将会稳定在新的值 $H_a' = h_0 + \Delta h$。由于受控参数 H_a 只是受控对象水箱 a 的水位参数，且其变化只与水箱（a）的截面积有关，这种水箱称为单容水箱。单容水箱动态变化曲线如图 1.11。在进水阀门突然开启一个开度 $\Delta\mu$ 之后，对水箱水位形成一阶跃干扰，在干扰出现的同时，水箱进水量 Q_{a1} 增大而出水量 Q_{a2} 不变，水箱水位 H_a 开始上升。随着水箱水位 H_a 的逐渐上升，水箱出水口压力也逐渐增加，出水流量 Q_{a2} 逐渐变大。由于出水流量 Q_{a2} 逐渐增加而进水流量 Q_{a1} 不再改变，水箱水位 H_a 增加趋势变缓，当水箱进水量 Q_{a1} 与出水量 Q_{a2} 相差很小时，水箱水位的增加也将极为缓慢，这时可认为水箱水位已进入新的稳定状态。新稳态下的水箱水位与原稳态下的水箱水位之差，就是水位在阶跃干扰 $\Delta\mu$ 下的增量 ΔH。图 1.11 中的 T 为时间常数，时间常数的概念将在受控对象的时间特性（1.3.4 节）中继续介绍。

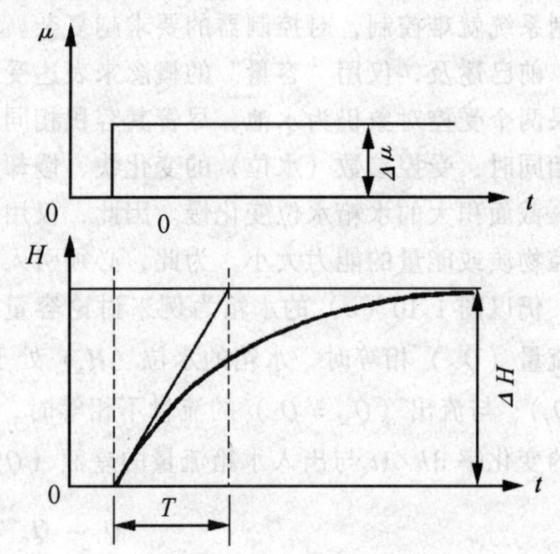

图 1.11　单容水箱水位阶跃干扰响应曲线

μ—进水阀门开度；t—过渡过程时间

H—水箱水位；T—时间常数

1.3.3　受控对象的平衡特性

1.3.3.1　受控对象的阻力特性

一般的受控过程，都存在着对受控对象的控制作用和受控对象对控制的阻力作用两个方面。不同的受控对象的受控过程，在同样的调控物质或调控能量作用下，有些受控过程变化大，而有些受控过程变化则较小，这就是说，受控过程变化的程度是不相同的。受控过程在同样的调控物质或调控能量作用下变化大的，可以认为该受控过程的调控阻力小；反之，受控过程在同样的调控物质或调控能量作用下变化较小的，可以认为该过程的调控阻力较大。

通常情况下，受控对象的调控阻力用阻力系数 R 表示，阻力系数的大小与输入受控对象的调控物质或调控能量的增量成正比，与受控过程在调控物质或调控能量作用下输出量的变化量成反比。仍然以图 1.10 水箱（a）为例，阻力系数 R 表示为：

$$R = \frac{\mathrm{d}h}{\mathrm{d}Q} \tag{1.6}$$

式中　R——阻力系数；

　　$\mathrm{d}h$——水箱水位增量；

dQ——水箱出流变化量。

由于水箱水位与水箱出流量之间的关系是非线性的，所以，阻力系数在水箱不同水位时其值也是不同的。

1.3.3.2 受控对象的自衡特性

在一些受控过程中，输入受控对象的调控物质或能量的变化将引起受控参数的变化，受控参数的变化又往往反过来作用于受控过程，影响受控过程的输出量并使其发生变化，且该变化有利于受控参数在新的位置上重新稳定。以图1.10（*a*）水箱为例，灌入流量Q_{a1}的改变将引起水箱水位H_a的变化，水箱水位H_a的变化又将作用于出水流量Q_{a2}，使Q_{a2}发生改变。出水流量Q_{a2}的变化，将减少灌入流量Q_{a1}与出流流量Q_{a2}的差，有利于水箱水位H_a在新的位置上重新稳定。这种自身能够重新获得新的平衡的受控对象，称为有自衡能力的受控对象。单容水箱就是有自衡能力的受控对象。

受控过程的变化程度，与受控过程的阻力系数有关。阻力系数越小，同样受控参数的改变量将导致越大的输出量的改变，越有利于系统的重新稳定。仍以图1.10（*a*）水箱为例，受控参数为水箱中的水位H_a，受控过程的输出量为水箱的出水流量Q_{a2}，受控过程的阻力主要来自于水箱出水阀门。出水阀门开度越大，受控过程阻力越小，较小的水位变化就可使水箱出水流量有较大变化，有利于受控对象的自衡；反之，出水阀门开启度越小，受控过程阻力越大，较大的水位变化才能使水箱出水流量有明显变化，不利于受控对象的自衡；出水阀门开启度为零，受控过程的阻力为无穷大，此时无论水位如何变化，都无法改变水箱出水流量的大小，受控过程无自衡能力。

在另一些受控过程中，输入受控对象的调控物质或能量的变化也将引起受控参数的变化，但是受控参数的变化却很少或不能影响受控过程输出量的变化。也就是说，受控对象依靠自身能力的变化无法使受控参数在新的数值上重新稳定。

以图1.12为例，图中水箱的出口是一个抽水量恒定的水泵（如计量泵），水泵的流量Q_O不随水箱水位H的变化而变化。当水箱入流量Q_I改变时，由于水箱的出水量Q_O恒定，水箱水位H随之发生变化，且水箱水位H的变化对受控过程毫无影响。要想水位H在新的位置重新获得平衡，就必须设法重新调整控制灌入水箱的流量Q_I。这种受控对象虽然始终出流量不为零$Q_O \neq 0$，但出流量Q_O不受受控参数H的影响，因此为无自衡能力的受控对象，其阻力系数R仍然很大或趋于无穷。

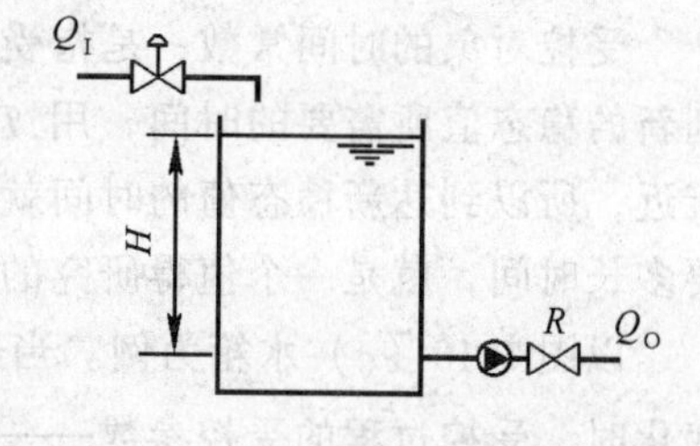

图1.12 恒定出流水箱

受控对象自衡能力的大小，可用受控对象的自平衡率来表示：

$$\rho = \frac{d\mu}{dl} \tag{1.7}$$

式中 ρ——自平衡率；

$d\mu$——干扰量；

dl——受控参数在阶跃干扰变化后的最终变化量。

上式表明，自平衡率的物理意义是每单位受控参数最终变化量所能克服的干扰量的大小。以上述水箱为例，其自平衡率可用下式表示：

$$\rho = \frac{d\mu}{dh} \tag{1.8}$$

式中 ρ——水箱自平衡率；

$d\mu$——进水阀门开启度的增量；

dh——水箱水位在进水阀门开启度变化后的最终变化量。

1.3.3.3 受控对象的通道放大系数

不论受控对象有怎样的受控过程，只要其过程中起调控作用或是起干扰作用的某一输入因素，对受控过程的最终输出能够产生影响，就可以认为该因素经过受控过程后，其作用被放大了。衡量输入因素对受控过程输出结果影响程度的大小，用受控过程的通道放大系数 K 表示：

$$K = \frac{dl}{d\mu} \tag{1.9}$$

式中 K——受控对象的通道放大系数；

$d\mu$——通道输入因素阶跃变化量；

dl——受控参数在输入因素阶跃变化后的最终变化量。

从上式可以看出，受控对象的通道放大系数 K 与自平衡率 ρ 有互为倒数的关系，即：

$$K = \frac{1}{\rho} \tag{1.10}$$

受控对象的通道放大系数根据通道的性质可分为调节通道放大系数和干扰通道放大系数。

1.3.4 受控对象的时间特性

1.3.4.1 受控对象的时间常数

受控对象的时间常数，是指受控对象在阶跃干扰作用后，受控参数以初始变化速度达到新的稳态值所需要的时间，用 T 表示，如图 1.11。理论上说，新稳态值只能是无限地接近，所以到达新稳态值的时间就是无限长。那么，如何衡量一个动态过程是否结束、需要多长时间，就是一个值得研究的问题。

以图 1.10（a）水箱为例。当进水流量 Q_{a1} 由于进水阀门开启度 μ 的突然改变而随之变化时，受控过程的受控参数——水箱水位 H_a 也要随之发生变化。虽然经过一段时间调控后，水箱水位 H_a 会趋于稳定，但水位 H_a 真正达到新的稳态水位值所需的时间却为无限长。如果受控过程无论何种干扰的影响都需要无限长的时间才能达到新的稳态，那么，受控过程的调控速度就无法以两个稳态之间所需的实际时间来衡量。但是，受控过程的调控的确有快有慢，尤其是受控过程的初期速度有明显的差别。初期速度快，接近最终稳定值的速度就快；反之，初期速度慢，接近最终稳定值的速度就慢。因此，可以用受控过程在阶跃干扰出现后的初期反应速度来衡量受控过程的调控速度。

如果用时间常数 T 来衡量受控过程的调控速度，按照其物理定义来理解，则 T 就表明：在干扰出现的瞬时，水箱水位 H_a 就有一个初始的变化速度，若水位 H_a 以此初始速度变化，则达到新的稳态水位所需要的时间 t 在数值上就等与时间常数 T。

实际上，大多数受控过程的受控参数的变化速度是越来越慢的，动态过程需要的实际

时间要大于 T。虽然时间常数并不代表动态过程所需要的时间，但是时间常数 T 却可以表明：在干扰发生后，受控过程的受控参数完成其变化过程所需时间的快慢。T 越大，受控过程的受控参数变化越慢，接近最终稳态值的速度越慢；反之，T 越小，受控过程的受控参数变化越快，接近最终稳态值的速度越快。

按照大多数受控对象的工程要求，不需要十分精确地计算受控参数的最终值，也不需要以此值为准认为实际动态过程应持续无限长时间。一般认为，当受控过程的受控参数完成本次动态过程应变化总量的95%时，受控参数的变化过程就已结束。动态过程就已经完结。也就是说，T 越大，受控过程的受控参数变化越慢，受控参数接近本次动态过程应变化总量的95%所需的时间越长；反之，T 越小，受控过程的受控参数变化越快，受控参数接近本次动态过程应变化总量的95%所需的时间越短。

1.3.4.2 受控对象的时间滞后

在研究受控对象的动态特性时，一般都假设调控或干扰因素与受控参数的变化同步发生，也就是希望调控或干扰因素发生时，受控参数立即发生变化。受控参数在新的数值上稳定下来所需的时间越短越好，这对提高调节质量有益。但是，往往当干扰发生后，由于各种各样的原因受控参数不能立即反应，要经过一段时间的延迟后受控参数才发生变化，这种现象称为受控对象的时间滞后。受控对象在动态过程中的时间滞后有两方面的原因：一是调控作用点到受控对象的传递距离较远，造成受控对象接受调控作用时间上的滞后，称为传递滞后；二是由于受控对象具有多个容积，当调控作用产生后，作用结果先对流程靠前的容积起作用，然后再对后续容积起作用，造成受控对象之间转接调控作用而引起的时间上的滞后，称为过渡滞后（或容积滞后）。

传递滞后又称为纯滞后，在实际生产过程中纯滞后的现象是普遍存在的。假如加热器等调控装置的安装位置与被加热体之间的距离比较远，热量的变化需要一段时间才能到达被加热体，则必然造成调控量的变化需要经过一些时间才能传递到受控对象，造成纯滞后。另外，受控参数的变化值需要经过一次或二次仪表传递或信息处理，信息的传递或处理也有一个时间滞后问题。

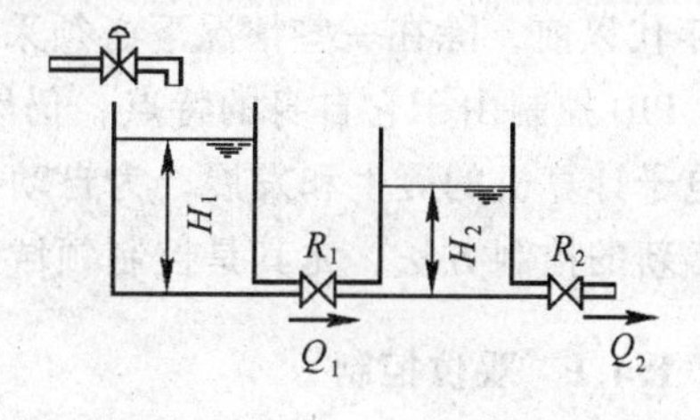

图 1.13 双容积串联水箱

对于由两个水箱串联而成的双容对象，其间用阀门相接，当水箱进水量突然增加时，前一水箱的水位 H_1 与后一水箱的水位 H_2 都要发生变化，如图 1.13 所示。经过一段时间后，两水箱水位重新获得稳定。前一水箱水位 H_1 的过渡过程就是单容对象的阶跃响应曲线，后一水箱水位 H_2 的过渡曲线如图 1.14 所示，开始斜率越来越大，经拐点 P 后，斜率变得越来越小。如果经拐点做曲线的切线与时间轴 t 相交，交点 t_1 与受控参数开始变化的起点 t_0 之间的时间差，就是过渡滞

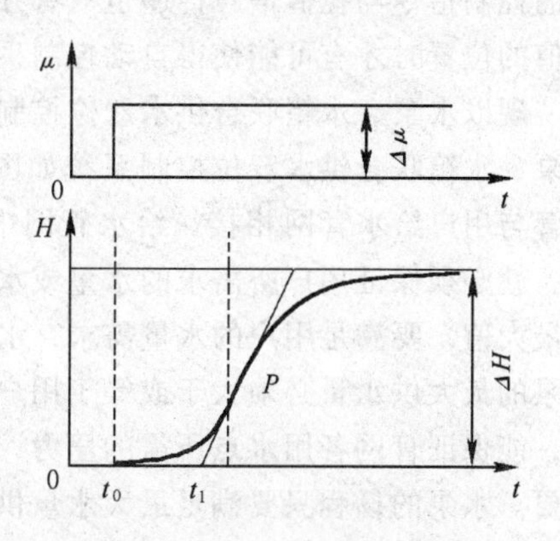

图 1.14 双容串联水箱过渡过程

后。一般情况下，受控对象的容积个数越多，则过渡滞后的时间就越长，过渡过程也就越缓慢。

在自动控制系统中，滞后的存在对控制是不利的。也就是说，干扰已经发生了，而自动控制系统却不能及时地响应，调节器仍然处于无动于衷的状态或反应极为迟钝，只有经过一段时间后，调节器才能有正常的控制信号输出；或者是调节器已经发出了调控信号，但调控信号却迟迟不能对受控过程产生应有的影响；以上现象的存在，都会使整个自动控制系统的控制质量受到严重地影响。所以，在设计和安装自动控制系统时，要尽量考虑把时间滞后减小到最低程度。

综上所述，了解和掌握受控对象的特性，对设计、安装、调试、管理受控过程及其自动控制系统，改善自动控制系统的控制质量是十分重要的。

1.4 过程控制基本规律

自动控制系统的控制过程，是按照受控对象的具体要求进行的。不同的受控对象，对自动控制系统的要求不同。要适应不同受控对象的不同控制要求，就必须采用不同的自动控制系统。自动控制系统虽各有所异，但很多自动控制系统的控制方式，仍遵循着一些基本的控制规律。

在过程控制的发展历史中，双位控制是自动控制基本规律中应用最早、最为简单、价廉、实用的控制方式。无论过去、现在、还是将来，都会大量采用这种控制方式构建自动控制系统。PID（比例积分微分）控制是历史悠久、生命力强的基本控制方式。在20世纪40年代以前，除在一些情况下必须采用双位控制外，PID控制是唯一的控制方式。直到现在，PID控制由于它自身的特点，仍然是得到了最广泛应用。随着科学技术的发展，特别是电子计算机的诞生和发展，为自动控制增添了崭新的领域——数字控制，并由此涌现出许多新的控制方法，尤其是控制领域内的智能控制的飞速发展，计算机技术功不可没。

1.4.1 双位控制

双位控制是指受控对象的状态只能用传感器以开关信号的形式送出，其自动控制系统中的控制指令与控值信号传递也只有开与关两种情况，受控对象的受控参数只能在某个确定值的位置时才有可能使得自动控制系统改变动作状态。

现以水泵、水箱联合供水双位控制系统为例，进一步说明双位控制系统的工作方式。水泵、水箱联合供水双位控制系统如图1.15所示，其中高位水箱进水管与水泵相接，出水管与用户给水管网相接。给水管网中的用户用水完全是随机的，要满足用户用水的要求，就必须保证用户所需求的水量或水压。当水箱水位在最低水位时，用户用水量可能出现最大值，要满足用户的水量需求，水箱进水管流量必须大于或等于出水管流量。因此，水泵的最大供水量必须大于或等于用户的最大用水量——设计秒流量。若水箱在最低水位时，能保证管网各用水点所需的压力，则只要水箱有水，系统的供水压力就可保证用户的需要。水泵的扬程只要满足最大水量供水时，能将水送入水箱即可。

系统中，在水箱上设置两个水位开关，一个在高水位时发出信号，一个在低水位时发出信号。自动控制系统的任务，是保证水箱里有水。水泵、水箱联合供水双位控制原理如

图 1.16 所示。控制系统的工作程序是：按下 SB_1 自动启动按钮，表示允许该系统自动运行；K_1 中间继电器吸合并自锁，在记忆环节中 K_1 触点闭合，指令水泵可以在条件满足时自动启动。当水箱中水位低于低水位开关 B 时，K_B 无水时闭合；K_2 中间继电器吸合并自锁，在记忆环节中 K_2 触点闭合，表示水泵启动条件满足；在表示指令与条件的触点 K_1、K_2 都闭合后，水泵 P 工作，水箱开始进水。水箱水位因进水而上升，当水位升至高于高水位开关 A 时，K_A 被水淹没时断开；K_2 释放，将水泵启动条件不满足的信号通知记忆环节；水泵 P 停泵，水箱停止进水；水泵停泵后，用户用水，水箱水位下降；当水位降至低水位开关 B 以下时，低水位开关 B 再次无水闭合；水泵 P 再次向水箱供水；水箱水位上升，此时系统进入下一个控制循环。

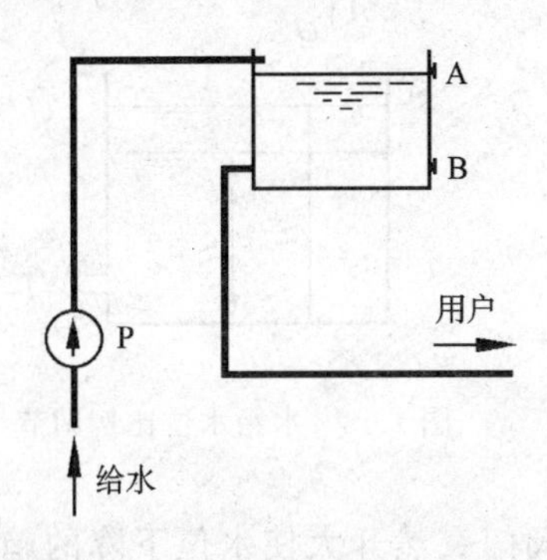

图 1.15 水泵水箱联合供水系统

A—高水位开关；B—低水位开关；P—给水泵

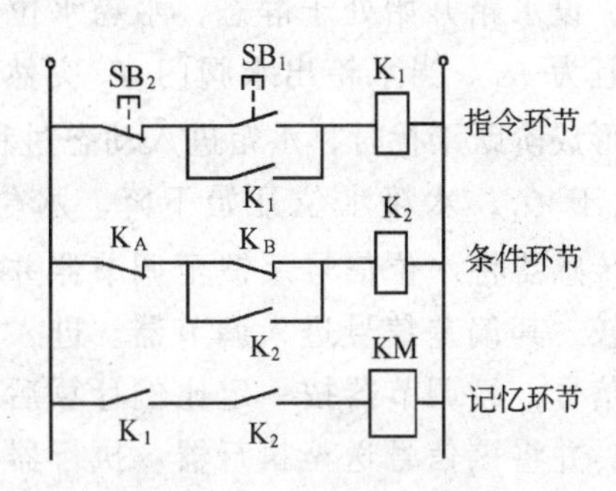

图 1.16 水泵水箱双位控制原理

上述水泵、水箱联合供水双位控制过程中，水位开关就是传感器，传感器送出的信号只有通、断两种情况。在其他一些双位控制系统中，过程的状态信息都是用开关信号传递的。因此，双位控制系统的自动控制一般可采用继电—接触器控制方式来完成。

1.4.2 比例调节

如果调节器的输入信号经调节器处理以后，其输出信号与输入信号成比例，则该种控制为比例调节（P 调节）。比例调节的输出信号 u 与输入的偏差信号 e 成比例，即

$$u = K_c e \tag{1.11}$$

式中 K_c 称为比例增益。比例增益 K_c 可以是正值，也可以是负值。式中的 u 实际上是起始值 u_0 的增量。当 $e=0$ 时，$u=0$，但此时调节器不等于没有输出，其输出应为 u_0。

比例调节阶跃响应曲线如图 1.17 所示。

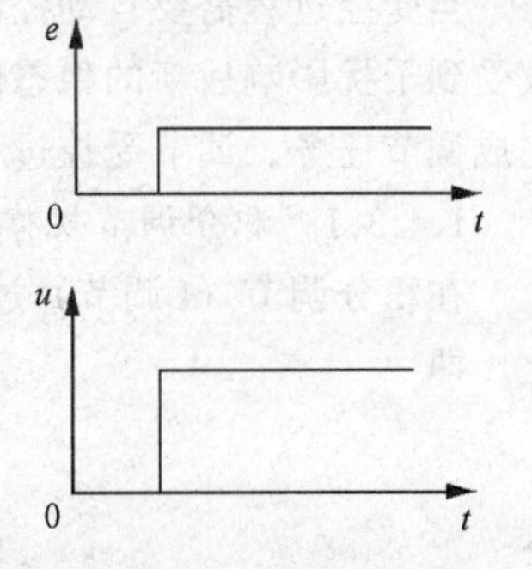

图 1.17 比例调节阶跃响应曲线

比例调节中，输出信号与输入信号的比例关系还可用比例增益 K_c 的倒数 δ 表示，即

$$u = \frac{1}{\delta}e \tag{1.12}$$

式中 δ 称为比例带，具有重要的物理意义。如果输出信号 u 的变化范围恰好等于执行器所要求的输入信号的变范围，且偏差量 e 的变化恰好能使 u 的变化从 0～100%，此时 δ 就表示 u 从 0～100% 变

化时需要 e 对应的变化范围。例如，$\delta=10\%$，就表示调节器输入信号 e 的变化为有效输出信号变化范围的10%时，输出信号 u 即可作 0～100%的变化；若 $\delta=50\%$，则表示调节器输入信号 e 的变化范围为有效输出信号 u 的变化范围的50%时，输出信号 u 的变化相应为 0～100%。

由以上分析可知，要想调节器的输出信号 u 有变化，调节器的输入端就必须有变化的信号 e。否则，若输入信号 e 变化为零，则输出信号 u 的变化也为零，执行器将无变化的信号输入，控制系统将不做任何调节。以上说明，系统调节动作的起因来自于一定的偏差信号。也就是说，有偏差，才有调节。

以图 1.18 为例，采用比例调节控制水箱中的水位，设水箱开始处于静态，水箱水位处于平衡位置且为 H_1。当水箱出水阀门 T_2 突然开大，对过程形成阶跃干扰时，水箱进入动态过程，此时，Q_2 大于 Q_1，水箱水位开始下降。水位下降后，水位传感器将水位信号反馈至调节器并与给定信号比较，其偏差信号进入调节器。进入调节器的偏差信号，经调节器按一定比例计算后得出输出信号，并将该信号送至执行器。执行器接到控制指令，相应开启水箱进水阀门 T_1，减弱了水箱出水阀门突然开大使水位下降的趋势。直到水位降至 H_2 时，足够大的偏差信号使得调节器有足够大的控制信号输出，才使得执行器有足够的行程将水箱进水阀门开得足够大，让水箱进水流量 Q_1 等于水箱出水流量 Q_2，水箱水位不再降低，进入新的稳态过程。分析以上过程不难发现，克服出水阀门 T_2 开大引起的干扰，水位必须有相应的降低，才能有足够的控制信号使进水阀门 T_1 开大到足以抵消干扰的影响。干扰的影响抵消了，但此时水位已经出现了水位差 $\Delta H=H_1-H_2$。所以，可以由此得出结论，比例调节是有差调节，这种受控参数与给定稳态值的差，称为残余偏差（静差）。

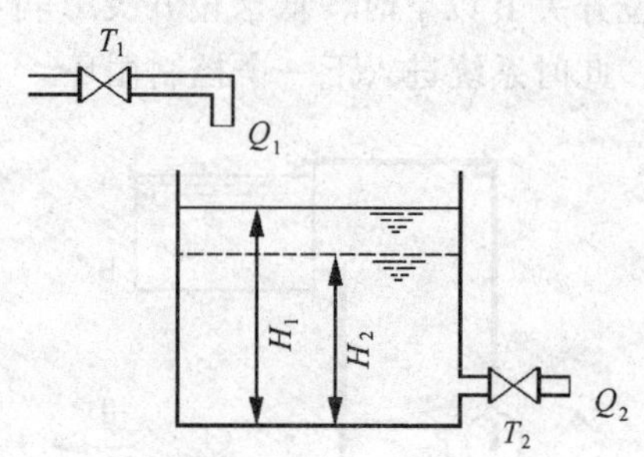

图 1.18　水箱水位比例调节

1.4.3　比例积分调节

当受控过程需要自动控制系统将受控参数稳定地控制在某一给定值，而且要求受控参数受到干扰影响后新的稳态值与给定值之间不再有静差存在时，仅采用比例调节就不可能完成调节任务，调节受控过程的受控参数就需要采用能够消除静差的调节方法。

1.4.3.1　积分调节规律

在积分调节（I 调节）过程中，调节器输出信号的变化速度 du/dt 与偏差信号 e 呈正比，即

$$\frac{du}{dt}=S_0e \tag{1.13}$$

或

$$u=S_0\int_0^t e\,dt \tag{1.14}$$

式中 S_0 称为积分速度，可视情况取正值或负值。S_0 越大，同样的阶跃干扰产生的偏

差 e 可使调节器的输出 u 值增长得越快。积分调节阶跃响应曲线如图（1.19）所示。

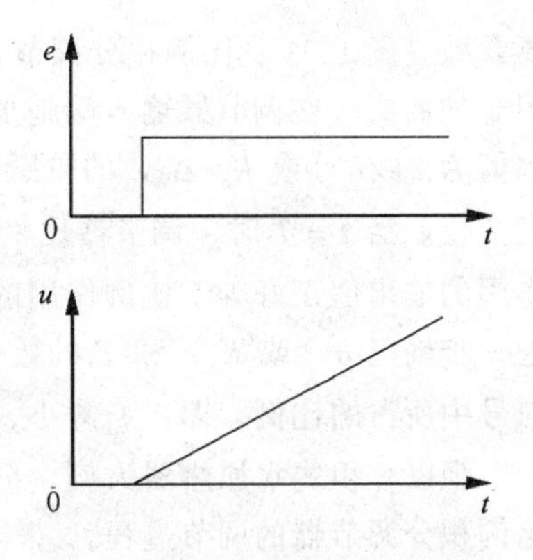

图 1.19　积分调节阶跃响应曲线

对式（1.13）进一步分析表明，只有当偏差 e 为零时，积分调节器的输出才会保持不变，或者说，控制过程只有使 e 为零才会终止。因此，积分调节最终的结果是无差调节。

应该注意到，式（1.14）清楚地表明，调节器的输出与偏差信号 e 的积分成正比。也就是说，从阶跃干扰出现时起，只要积分调节器的输入持续存在着单方向的（正或负）偏差信号 e，调节器的输出 u 就会持续增长，直至偏差 e 为零。采用积分调节时，执行器的动作幅度与当时受控参数的数值没有直接关系，而只与静差有关。

采用积分调节时，增大系统的积分速度 S_0 将会降低控制系统的稳定程度，甚至出现发散振荡过程。积分速度对调节过程的影响如图（1.20）所示。

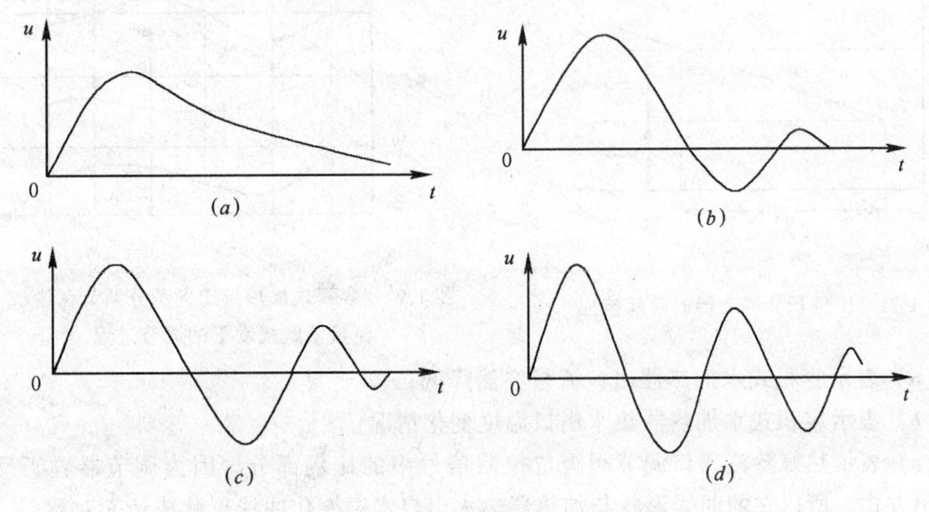

图 1.20　积分速度对调节过程的影响

（a）S_0 太小；（b）S_0 合适；（c）S_0 太大；（d）S_0 过大

1.4.3.2　比例积分调节过程

比例积分调节（PI 调节）是综合比例、积分两种调节的优点，利用比例（P）调节快速抵消干扰的影响，同时利用积分（I）调节消除静差。比例积分调节的控制规律如式(1.15)，即：

$$u = K_c e + S_0 \int_0^t e \mathrm{d}t \tag{1.15}$$

或

$$u = \frac{1}{\delta}\left(e + \frac{1}{T_1}\int_0^t e \mathrm{d}t \right) \tag{1.16}$$

式中 δ 可视情况取正值或负值，T_1 为积分时间。δ 和 T_1 是比例积分调节器的两个重要参数。图 1.21 是比例积分调节器的阶跃响应曲线，它由比例调节和积分调节两部分作用叠加而成。在调节器输入端施加阶跃信号的瞬间，调节器的输出端首先同时反应出一个幅值为 $\Delta e/\delta$（或 $K_c \cdot \Delta e$）的阶跃响应输出，然后以 $\Delta e/(\delta T_I)$（或 $K_c \cdot \Delta e/T_I$）的固定速度变化。当 $t=T_I$时，调节器比例积分作用的总输出为 $2\Delta e/\delta$（或 $K_c \cdot \Delta e$），其中纯积分作用的输出值正好等于比例作用的输出值。这样，就可以根据图 1.20 所描述的变化规律，进一步确定 δ（或 K_c）和 T_I的数值。由此可见，T_I 值的大小可以决定积分作用在总输出信号中所占的比例，即：T_I愈小，积分部分所占的比例愈大。

现以容积式水加热器为例，分析 PI 调节过程。图 1.22 给出了热水流量阶跃变小后，比例积分调节器的调节过程。

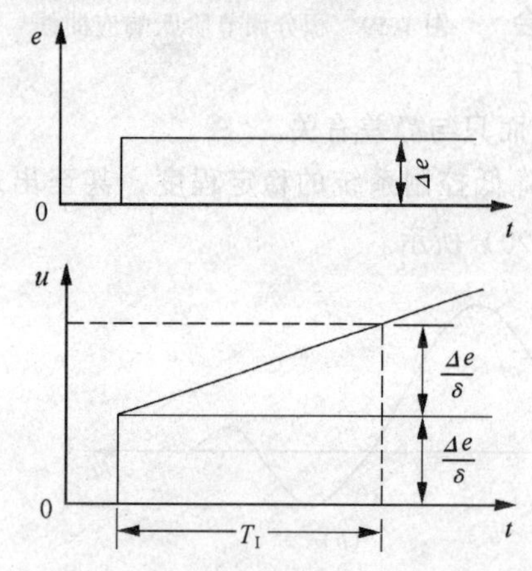

图 1.21　比例积分调节器的阶跃响应

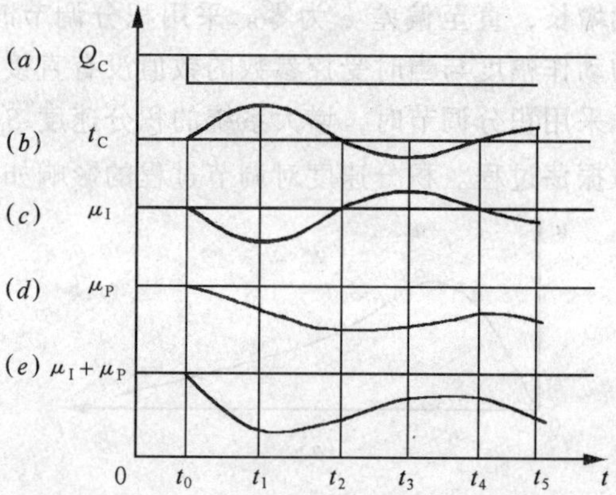

图 1.22　容积式加热器比例积分调节在热水流量阶跃扰动下的调节过程

（a）表示容积式水加热器出口流量突然降低；

（b）表示容积式水加热器热水出口温度变化情况；

（c）表示热媒蒸汽入口调节阀阀位控制信号中的比例部分。因为调节器置于反馈控制作用方式，所以它的曲线形状与加热器热水出口水温变化曲线形状成镜面对称；

（d）表示热媒蒸汽入口调节阀阀位控制信号中的积分部分。它是加热器出口以控制水温为基准时水温变化曲线的积分曲线。

（e）表示比例积分调节器控制信号的总输出，其曲线为（c）、（d）的叠加。

上述由比例积分调节器控制的容积式加热器，当 t_0 时刻加热器热水出口流量 Q 突然变小产生阶跃变化时，热水带出的热量也突然减少，这是由于带出热量与流量及其温度有关。此时，由于温度仅与累积热量的变化有关，所以热水出口温度不能突然改变，热量与累积流量 Q 成正比关系。又因为蒸汽调节阀的开启度 μ 与热水温度 t_c 的偏差有关，且此时并未产生偏差，所以此时蒸汽调节阀没有动作。由于热媒蒸汽带入容积式加热器的热量没有改变，所以造成了进热量大于出热量的现象。在热量差的作用下，容积式加热器的温度逐渐升高，慢慢偏离设定值。在逐渐增加的偏差 t_c 作用下，调节器输出控制信号中的比例作用与积分作用的强度同时都在增加，使蒸汽阀门开启度 μ 随温度偏差增加而减少，直至 t_1 时刻前，比例与积分作用的增长都为同向。由于调节阀的开启度 μ 值在不断地变小，进入容积式加热器的蒸汽量也逐渐减小，必然使得容积式加热器热水出口的温度升高速度减缓，至 t_1 时刻，温度偏差增长速度为零。

从 t_1 时刻起，由于蒸汽量携带的热量小于热水出口流量携带的热量，容积式加热器的温度才有可能逐渐降低，温度偏差 t_e 逐渐回落。与此同时，比例作用也逐渐减弱，而积分作用仍在增长，t_2 时刻，温度偏差等于零，比例作用等于零，积分作用为最大。在 t_2 时刻，虽然温度偏差已经为零，但由于此时进入容积式加热器的热量仍然小于热水出水流量携带的热量，否则此前容积式加热器温度不可能降低，因此，调节过程仍然需继续进行。

从 t_2 时刻起，调节进入了下半个周期。从 t_2 至 t_4 时段，由于温度偏差改变了方向，所以比例作用也改变了方向，积分作用逐渐减弱，蒸汽阀门开启度 μ 缓慢变大，直到进入容积式加热器蒸汽带入的进热量开始大于热水出水流量携带的热量，将偏离的温度重新调整回来，至 t_4 时刻，温度偏差为零，一个周期的调整结束，与 t_2 时刻类似，调节仍需继续。

从 t_4 时刻起，调节进入了下一个周期。由于经过一个周期的调整，蒸汽调节阀的开启度 μ 已经与 t_0 时刻不同，容积式加热器蒸汽带入的热量与热水出水流量携带的热量更为接近，所以，在经过几个周期的调整，就可使进出热量近似相等，直至消除静差。

应当指出，虽然比例积分调节中的积分作用可以带来消除系统静差的好处，但却降低了原有系统的稳定性。因此，为保持控制系统原来的衰减率，比例积分调节器的比例带必须适当加大。也可以说，比例积分调节器是以略微损失控制系统的动态品质为代价，以换取自动控制系统能消除受控过程静差的性能。

1.4.4 比例积分微分调节

1.4.4.1 微分调节的特点

以上讨论的比例调节和积分调节，都是根据当时偏差的大小和方向对受控对象进行调节的，而没有考虑在瞬时受控过程的受控参数将如何进行变化的变化趋势。由于受控参数大小和方向的变化速度可以反映当时或稍前一些时间干扰量的扰动强度，因此，如果调节器能够根据受控参数的变化速度对受控过程进行控制，而不要等到受控参数已经出现较大的偏差后才开始动作，那么，控制的效果将会更好。这样的控制过程等于赋予调节器以某种程度的预见性，以抵抗突变的较强干扰。微分调节就是具有这种特性的调节方式。此时调节器的输出与受控参数与给定值的偏差对于时间的导数成正比，即

$$u = S_2 \frac{\mathrm{d}e}{\mathrm{d}t} \tag{1.17}$$

需要注意的是，严格按式（1.17）的规律进行调节的调节器时没有的，该式仅为理论微分规律。式（1.17）中，若输入阶跃信号的变化率为无穷大，则调节器的输出也应为无穷大，这样的微分时不能再实际中应用的。此外，单一具有微分调节规律的调节器是不能工作的，如果受控参数只以调节器不能察觉的速度缓慢变化时，调节器并不动作，但是经过相当长时间以后，受控参数的偏差却可以积累到相当大而得不到校正，这种情况当然是不能容许的。所以，微分调节只能起辅助的调节作用。

实际中应用的微分调节均为实际微分调节，实际微分调节在输入阶跃信号时，输出一突然上升且有限的信号，然后缓慢下降至初始值，此后微分作用为零。

1.4.4.2 比例微分调节规律

比例微分调节器的作用规律可用式（1.18）表示：

$$u = K_c e + S_2 \frac{de}{dt} \tag{1.18}$$

或

$$u = \frac{1}{\delta}\left(e + T_D \frac{de}{dt}\right) \tag{1.19}$$

式中 δ 为比例带，T_D 称为微分时间。图 1.23、图 1.24 给出了相应的响应曲线。

根据比例微分调节器的斜坡响应也可以单独测定它的微分时间 T_D，如图 1.24 所示，如果 $T_D=0$，即没有微分调节，那么输出 u 将按 b 变化。可见，微分调节的引入使输出的变化提前一段时间发生，这段时间就等于 T_D。因此可以说，比例微分调节器有预见性调节作用，其预见提前作用时间即是微分时间 T_D。

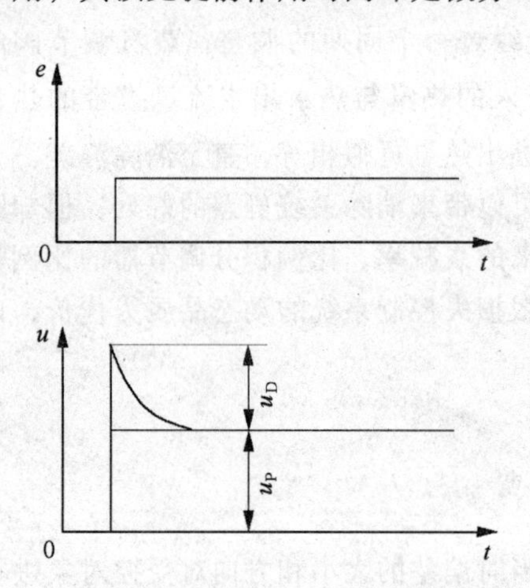

图 1.23 比例微分调节的阶跃响应曲线

u_D—微分作用；u_P—比例作用

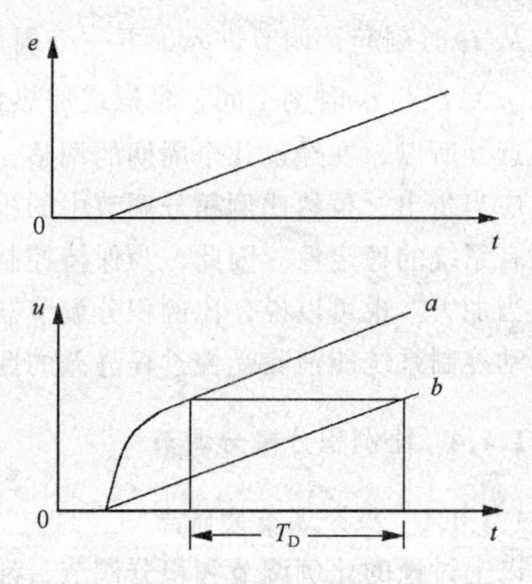

图 1.24 比例微分调节的斜坡响应曲线

a—比例微分作用；b—比例作用

1.4.4.3 比例微分调节的特点

在稳态下，$de/dt=0$，比例微分调节器的微分部分输出为零，因此比例微分调节也是有差调节，与比例调节相同。微分调节作用总是力图抑制过程的突然变化，适度引入微分作用可以允许稍许减小比例带。适度引入微分作用后，不但减小了静差，而且也减小了短期最大偏差。微分调节有提高自动控制系统的稳定性的作用。

微分调节的使用应注意以下问题：微分作用太强时容易导致执行器行程向两端饱和，因此在比例微分调节中总是以比例作用为主，微分作用为辅；比例微分调节器的抗干扰能力很差，只能应用于受控参数的变化非常平稳的过程，一般不用于流量和液位的控制系统；微分调节作用对于纯迟延过程是无效的；虽然在大多数比例微分控制系统随着微分时间 T_D 增大，其稳定性提高，但某些特殊系统也有例外，所以，引入微分作用要适度，当 T_D 超出某一上限值后，系统反而会变得不稳定。

1.4.5 比例积分微分调节规律

图 1.25 为比例积分微分控制系统调节器的阶跃响应曲线。

在相同的阶跃扰动下，采用不同的调节作用时，具有同样衰减率的响应过程，比例积分微分共同作用时控制效果最佳。但是，三种调节共同作用时，必须认真解决三作用调节器 3 个参数的整定问题，如果这些参数整定不合适，则不能充分发挥三作用调节器的功能，而且有可能适得其反。

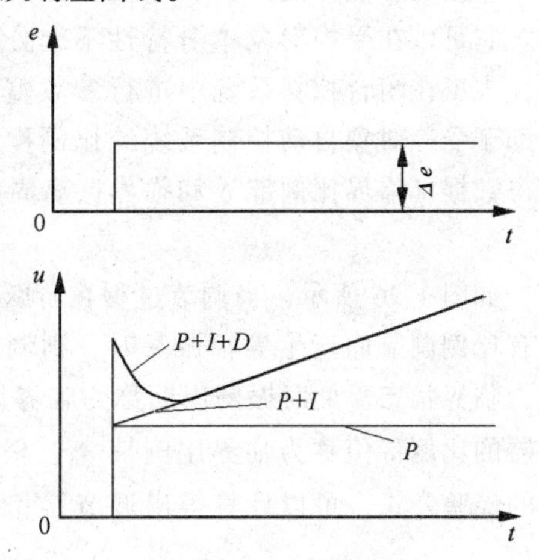

图 1.25 比例积分微分调节阶跃响应曲线

在实际工程中，选择何种作用规律的调节器以适合受控对象，是一个比较复杂的问题，需要综合考虑多方面的因素然后确定。一般情况下，可作如下考虑：

(1) 当控制对象作用时间短、负荷变化较小，工艺要求不高时，可选择比例作用，如贮箱压力、液位的控制。

(2) 当控制对象作用时间短、负荷变化不大，且工艺要求无静差时，可选择比例积分作用。如管道压力和流量的控制。

(3) 控制对象作用时间与容积迟延较大时，应引入微分作用。如工艺容许有静差，可选用比例微分作用；如工艺要求无静差时，则选用比例积分微分作用。如温度、成分、pH 值控制等。

1.4.6 比例积分微分调节参数的整定

在采用比例积分微分（PID）调节器的控制系统投入运行之前，首先应确定调节器的工作参数。确定调节器的工作参数的过程，称为调节器工作参数的整定。比例积分微分调节器的主要工作参数有比例调节放大系数 K 或比例带 δ，积分调节的积分时间 T_I，微分调节的微分时间 T_D。由于受控过程决定了受控对象对控制系统所提出的要求，因此，不同的受控对象对调节器的工作性能会提出不同的要求，调节器就需要根据受控对象的性能和要求调整工作参数，使其性能能够和受控对象的要求协调一致，取得最好的控制效果。

在工程实际中，调节器主要工作参数的整定常采用工程整定法来进行。将这些参数整定到多大才算合适，是需要认真研究的问题。例如，控制效果怎样才算达到最优，具体生产过程要求不同，标准也不同。但在一般情况下，可以根据控制系统在阶跃扰动下的控制过程，即受控参数的变化情况来判定控制效果。前已述及，要求控制系统是稳定的、准确的和快速的，其中，首先要解决控制系统的稳定性，在此之后，尽量满足准确性和快速性的要求。

到目前为止，整定调节器参数大致从理论和经验两个方面出发，其具体方法有很多种，但是大部分从理论出发研究的方法，在工程实际中应用还需加以修正，有些甚至不可能进行。基于上述原因，以下介绍两种在工程实际中常用的工程整定法。这些方法简单实用、容易掌握，但参数整定后的调节效果与操作人员的经验有一定的关系。

1.4.6.1　稳定边界法

稳定边界法，是一种调节器参数的工程整定方法。它可以在受控对象本身特性不十分清楚的条件下，人工在闭合控制系统中进行参数整定。它可以借助于受控对象自动控制系统纯比例控制振荡实验所得数据（临界比例带 δ 和临界振荡周期 T_0）而求取。

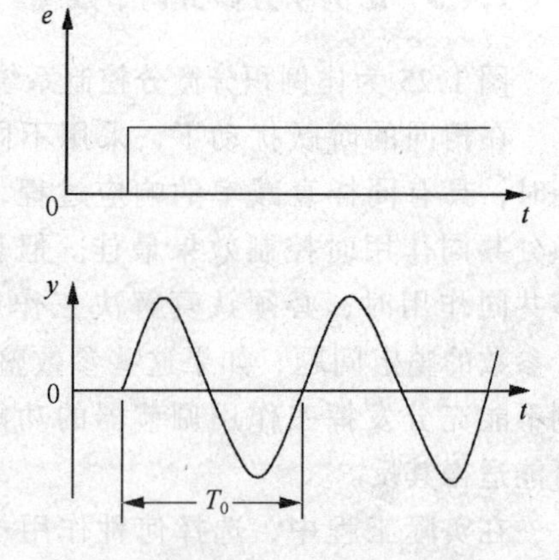

图 1.26　调节过程在阶跃干扰作用下仅有比例调节的等幅振范

如图 1.26 所示，当调节过程在阶跃干扰作用下仅有比例调节而产生等幅振荡时，则调节过程的状态为临界状态。此时振荡周期称为临界周期 T_0，调节器的比例带值称为临界比例带 δ_0。根据表 1.1 所列的经验公式，可以计算得出调节器相应的工作参数值。

稳定边界法参数整定计算公式　　**表 1.1**

调节规律	参数		
	比例带 δ（%）	积分时间 T_I	微分时间 T_D
P	$2\delta_0$		
PI	$2.2\delta_0$	$0.85T_0$	
PID	$1.67\delta_0$	$0.50T_0$	$0.125T_0$

稳定边界法整定调节器工作参数具体步骤如下：

1. 置调节器的积分时间 T_I 为最大值，微分时间 T_D 为最小值，比例带 δ 为较大值；使控制系统投入运行；

2. 待稳定一段时间后，逐步减小调节器的比例带 δ，细心观察受控对象的动态过程。如果动态过程是衰减的，则调低比例带 δ 的值；如果控制过程是发散的，则把比例带放大，直到持续出现等幅振荡为止。此时的比例带就是临界比例带 δ_0；振荡一次的时间就是临界周期 T_0。

3. 根据临界比例带 δ_0 与临界周期 T_0 的值，可根据表 1.1 的经验公式求出调节器的工作参数 δ、T_I、T_D；

4. 求得调节器的工作参数后，先把比例带放在比计算值稍大一些的数值上，然后把积分时间 T_I 放在求得的数值上，根据需要，再放上微分时间，最后，把比例带减小到计算值上。

由于受控对象特性的个性差异很大，按上方法整定的调节器工作参数，有时还不能获得令人满意的整定效果。为此，整定后的调节器工作参数，需要针对具体系统在实际运行过程中的实际情况做在线校正。

稳定边界法适用于许多过程控制系统。但对于有些不允许进行稳定边界试验的系统，是无法用稳定边界法来进行参数整定的。

1.4.6.2　衰减曲线法

衰减曲线法虽不需象稳定边界法那样得到临界振荡过程，但却同样需要作衰减振荡试验，从中获取实验数据，进而根据经验计算得出调节器的主要工作参数。衰减曲线法整定调节器工作参数计算公式见表 1.2。

衰减曲线法整定调节器工作参数计算公式表　　**表 1.2**

衰减率 ψ	调节规律	参数		
		比例带 δ（%）	积分时间 T_I	微分时间 T_D
0.75	P	δ_s		
	PI	$1.2\delta_s$	$0.5T_s$	
	PID	$0.8\delta_s$	$0.3T_s$	$0.1T_s$
0.9	P	δ_s		
	PI	$1.2\delta_s$	$2T_s$	
	PID	$0.8\delta_s$	$1.2T_s$	$0.4T_s$

4:1 衰减曲线法具体整定过程如下：

1. 置调节器的积分时间 T_I 为最大值，微分时间 T_D 为最小值，比例带 δ 为较大值；使控制系统投入运行；

2. 控制系统稳定后，逐步减小比例带，细心观察受控对象的动态过程。如果动态过程出现 4:1 衰减过程，则记下此时的比例带 δ_s 和振荡周期 T_s；

3. 根据 δ_s 和 T_s，按照表 1.2 所列的经验公式，求得调节器相应的工作参数。

采用衰减曲线法整定调节器参数时，应注意到人为所加给定值的扰动，要根据受控过程承受扰动的能力来确定人为扰动的限值。对于一般受控过程，可大致确定为给定值的 5%左右。

对于反应较快的系统，得到严格的 4:1 衰减曲线较困难，可将受控参数波动两次达到稳定值时的过渡过程状态，近似地认为达到了 4:1 衰减过程。

1.4.6.3　经验整定法

经验整定法，是现场工作人员根据自动控制理论和长年系统运行管理经验，现场整定调节器工作参数的一种经验方法。这种方法不需要进行计算和试验，而是根据自动控制理论和长年系统运行管理经验，先行确定一组调节器工作参数，让系统投入运行；然后人为加入给定阶跃干扰值，再根据受控过程响应曲线的形状，进一步调整初步整定的调节器工作参数，并观察系统的响应情况，如果响应曲线不理想，则再次整定调节器工作参数，反复进行对比，直到满意为止。表 1.3 和表 1.4 分别给出了经验整定法调节器工作参数经验值及给定值干扰情况下整定值对调节过程的影响。

经验法整定调节器参数经验值　　**表 1.3**

受控对象	参数		
	δ（%）	T_I（min）	T_D（min）
温　度	20～60	3～10	0.5～3
压　力	30～70	0.4～3	
流　量	40～100	0.1～1	
液　位	20～80		

给定值扰动下调节器参数对受控过程的影响　　表 1.4

性能指标	整定参数变化趋势		
	$\delta\downarrow$	$T_I\downarrow$	$T_D\uparrow$
最大动态偏差	↑	↑	↓
残　差	↓	—	—
衰减率	↓	↓	↑
振荡频率	↑	↑	↓

按经验整定法整定调节器工作参数时一般按照先 δ、再 T_I、最后 T_D 的顺序进行。

1.4.7 程序控制

前已述及，程序控制系统的控制动作是否进行，往往是以判断预定条件是否已得到满足为前提：如时间是否到达、事件是否发生，设定条件是否满足等，进而决定系统是否继续运行。因此，程序控制最大的特点就是事先必须能够明确自动控制系统控制转折的条件是什么，然后按照总的控制任务，以控制转折事件是否发生为主线，编制自动控制系统的运行程序，最终完成既定任务。

例如一个定时给水系统，计划每日早 5:00 至 7:00、午 11:00 至 14:00、晚 16:00 至 22:00 分时段供水，这就意味着它以时间是否到达为控制转折事件。每当预定时间到达，自动控制系统就按时启停水泵，完成给水自动控制这一既定任务。再如净水厂过滤工艺采用了移动罩式滤池，这就需要对更多的预定事件进行判断：如哪一格滤池需要清洗，滤池截留杂质是否已超出正常工作范围，反冲时间是否到达、其反冲洗水压条件是否满足，然后决定滤池反冲清洗程序如何进行；又如离子交换水处理系统，同样可以采用程序控制的方式，以监测树脂交换容量是否到达预期值，而决定是否让其进入再生程序，再利用再生终点的监测，决定是否让其进入正常水处理程序以完成水处理工作；如此等等。在给水排水工程中，许多自动控制系统都是以程序控制的方式进行工作的。

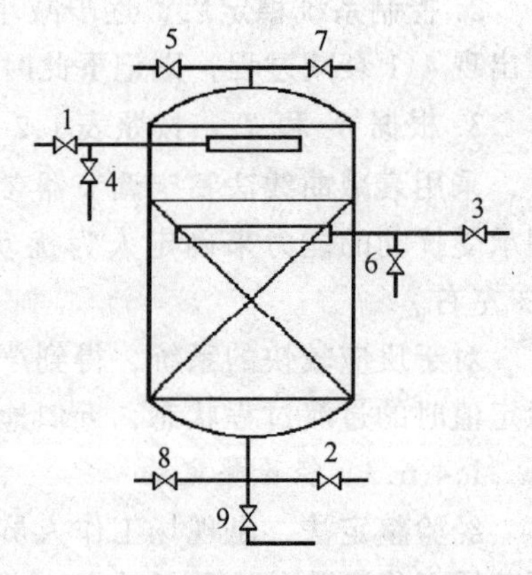

图 1.27　逆流再生固定床离子交换柱示意图

图 1.27 为一逆流再生固定床离子交换柱示意图。现根据用户水处理工艺的需要，编制了该离子交换柱运行与再生工艺的控制流程，如图 1.28 所示。

在此控制程序中，正常处理过程需要根据出水水质是否超过规定值来判正常处理过程是否到达终点，若终点到达，则进入再生控制程序，否则正常处理过程继续进行；当程序进入再生程序并运行结束后，进行装置是否需要停车的判断，若有停车指令，控制系统控制装置停止运行，若无停车指令，控制系统控制离子交换装置进入下一循环的正常处理程序；在再生子程序中，所有的控制环节都以操作时间作为程序衔接的判断要素，操作时间到，则转入下一操作程序。

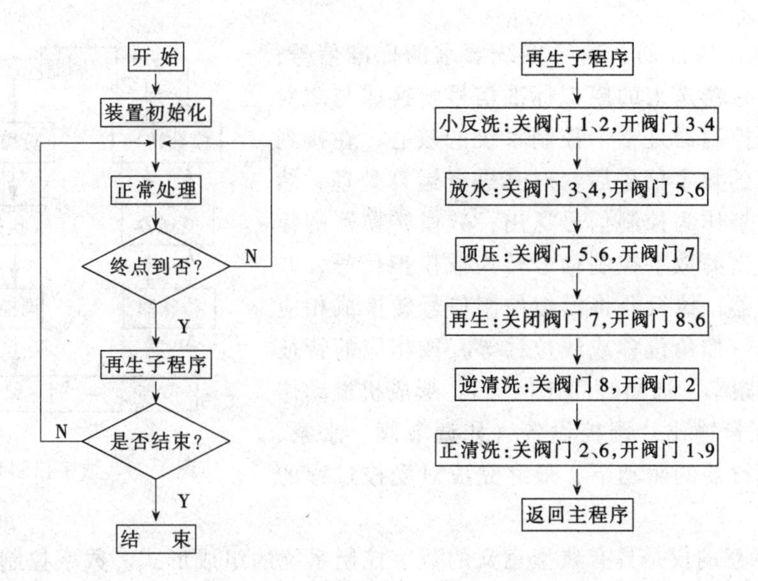

图1.28　离子交换柱运行与再生程序控制流程示意图

需要指出的是，程序控制系统执行程序的编制，应根据具体受控过程的实际要求进行，特别要注意根据控制系统的硬件条件，注意使控制程序有随时进行调整的余地，以便在控制系统运行过程中及时加以调整，使系统控制的受控过程的状态达到最优。

常用的程序控制方式有继电控制、可编程控制器（PLC）控制、微机控制等。

1.5　数字控制系统

在数字控制系统中，信号的传递与处理都采用数字方式进行。随着计算机技术的迅猛发展，数字控制系统被越来越广泛地运用于过程控制领域。

应用数字控制系统进行过程控制的最大特点，就是可以采用计算机作为控制系统的核心，利用计算机极强的数字运算能力，对数字输入信号灵活地进行各种复杂的运算与处理。尤其是在计算机控制系统中，控制系统可以根据预设条件对受控对象的运行状态进行判断，然后有选择地按照事先编制的控制程序运行，使控制系统能够很容易地实现控制转移，方便地进行多种控制规律地转换。正是数字控制的这种特点，大大增强了自动控制系统的控制能力，提高了控制系统的灵活性与实用性。

数字控制系统的另一个特点，就是可以采用数字处理程序（软件）代替以往的硬件，以此完成数据的处理工作。例如，在模拟仪表组成的控制系统中，对数据进行运算需要用到加法器或开方器，而在数字控制系统中，只需要编制相应的软件就能够完成相应的工作。由于编制或修改程序比起添加或更换硬件具有更大的灵活性，所以，数字控制系统的控制规律比较容易改变，这是模拟系统无法比拟的。

1.5.1　数字控制系统的组成

数字控制系统一般可由过程参数传感器、变送器、模数（A/D）转换器、控制器、数模（D/A）转换器、执行器、等组成，如图1.29所示。

图中，传感器将受控参数的变化情况转换成相应的信号；变送器将传感器送来的信号进一步处理成可以传递的、满足系统要求的标准信号；模数转换器将变送器送来的模拟标准信号转换成与之对应的数字信号；控制器是整个控制系统的核心，在接到模数转换器送来的数字信号后，对其进行运算处理，然后将运算处理结果作为控制信号送出；数模转换器的作用是将控制器送出的数字控制信号转换成模拟信号，并送至相应的执行器；执行器将模拟控制信号转换成相应的机械控制动作（如角位移或线位移等）或相应的特征变化量（如脉冲频率、通断时间比例等），形成机械动作输出或其他特征量输出；调控设备（如调节阀、水泵、加热器等）在执行器的驱动下，最终完成对受控过程的控制。

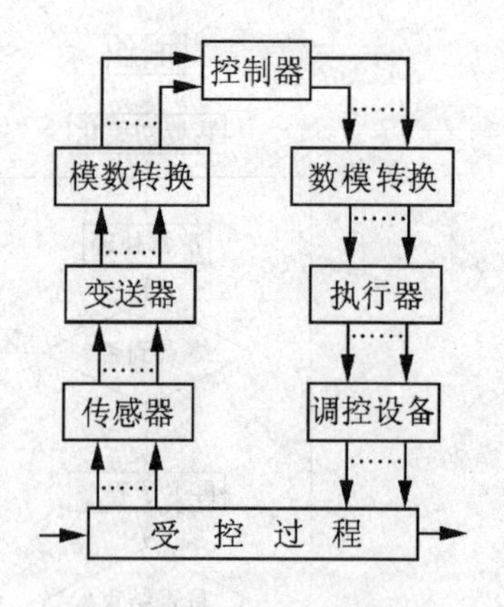

图 1.29 数字控制系统

图 1.29 所示意的仅是具有典型意义的数字控制系统的组成形式，数字控制系统还可以根据需要组成其他组成形式的控制系统。例如受控过程中的开关量信号及其控制，就无需经过变送器与模数转换，可以直接进入控制器；控制器的控制指令，也可以不经过数模转换与执行器，而直接接通受控过程中的开关控制设备，指令其起到开关控制的作用。

根据受控过程的具体情况，数字控制系统还可在变送器之后、执行器之前设置多路开关，由控制器发出指令，选定所有信号中的一路信号进入模数转换器，经运算处理后，再经多路转换器输出至指定执行器。这样，可以节省模数、数模转换器的数量，降低系统组成费用。

1.5.2 数字控制系统数据处理的特点

数字控制系统与模拟控制系统在信号的传递与处理方面有着许多不同之处，了解和熟悉数字信息的采集与处理的特点，对进一步了解数字控制的优越性是十分必要的。很多信号传递与处理的问题在模拟控制系统中被认为是不可能实现的，而在数字控制系统中却能轻而易举的实现。

1.5.2.1 *数据采集*

在数字控制系统中，受控参数数据信息的采集并不象模拟控制系统那样是连续进行的，而是每隔一定的时间间隔进行采集的。这种采集受控参数信息的工作，在数字控制系统中又称为数据采样。两次数据采样间的时间间隔称为采样周期，单位时间内采样的次数称为采样频率。采样周期越短、采样频率越快，对数字控制系统硬件的要求就越高，控制器处理的数据量也越大，对系统的控制响应速度有利；反之，采样周期越长、采样频率越慢，对数字控制系统硬件的要求就越低，控制器处理的数据量就相应较小，由此可能影响系统的控制响应速度。值得注意的是，系统采样速度的确定，将影响到组成系统应采用何种与之相应的硬件，因而也会影响到系统的造价。因此，确定适度的采样频率是十分重要的。对于大多数数字控制系统，其采样频率一般根据受控对象的特征和控制要求采用经验法和试验法确定。

在数字控制系统中，传感器的选用与模拟控制系统基本相同，根据受控参数的特性选用相应的传感器。通常情况下，模拟控制系统中采用的传感器，也同样能用在数字控制系统中。传感器送出的信号，一般情况下仍为连续的反映受控参数变化的信号。该信号只有经过变送器与模数转换器后，才能进入控制器进行运算处理。

1.5.2.2 数字滤波

在数字控制系统中，数据的运算与处理的一个突出特点就是数字滤波技术。对于数据信号中的干扰（包括周期性和脉冲性干扰）可采用数字滤波的方法减弱或消除其对控制系统的影响。

数字滤波技术就是采用一定的计算程序对所采集的数据信号进行平滑处理，尽可能的保留数据信号中的有效成分而去除其包含的杂波干扰。数字滤波有以下列优点：不增加任何硬件设备，只需在数据运算处理前附加一段数字滤波程序；稳定性高，不存在因滤波电路硬件性能而造成滤波效果不佳的影响；无阻抗匹配问题；可供多个通道共用；使用灵活，可按照需要核择不同的滤波程序。由于上述优点，数字滤波技术在数字控制系统中得到广泛应用。下面介绍几种常用的数字滤波方法。

对受控参数本身不可能存在，而采样信号中出现的突然大幅度跳跃，则可采用判断滤波去除。根据具体判断滤波方法的不同，又可分为限幅滤波和限速滤波两种。限幅滤波就是把两次相邻的采样值进行比较，判断其差值大小，若差值大于两次采样间的最大允许差值，则将上次采样值作为本次值，若差值小于或等于两次采样间的最大允许差值，则取本次采样值；限速滤波是在一定采样频率下，按顺序时刻 t_1、t_2、t_3 采集受控参数 y_1、y_2，y_3 并对相邻信号进行比较，当 y_2 与 y_1 的差值小于或等于两次采样间的最大允许差值时，取用 y_2，当 y_2 与 y_1 的差值大于两次采样间的最大允许差值时，保留 y_2，再比较 y_3 与 y_2，若差值小于或等于两次采样间的最大允许差值，则取用 y_3，若差值大于两次采样间的最大允许差值，则取 y_3 与 y_2 的平均值作为本次采样值。程序判断滤波可用于如温度、液位等变化比较缓慢的过程。

对于受控参数值总在某一值附近上下波动的情况，可采用递推平均滤波法处理采样信号。递推平均滤波是将每次取样与其前的 N 次取样一起计算算术平均值，并将其作为该次取样值；若将前 N 项采样值赋以权重，则可进行加权递推平均滤波。

上述几种滤波方法多用于系统的静态滤波。对于动态滤波，同样有很多滤波方法可以采用。这里仅介绍一种惯性滤波方法。如式（1.20）所示。

$$y_k = \alpha y_{k-1} + (1 + \alpha) y_t \tag{1.20}$$

式中 y_k——本次取样计算值，计做第 k 次取样计算值；

y_{k-1}——前一次取样计算值，计做第 $k-1$ 次取样计算值；

α——滤波平滑系数，$\alpha \leqslant 1$，根据实际情况选取；

y_t——本次即时取样值。

对于动态滤波，一般采样频率都选用得较高，以便滤波器能有效地工作。

数字滤波方法非常多，这里仅仅就几种常用的滤波方法作一简单介绍，以便进一步了解数字控制系统的优点。

1.5.2.3 数据处理

数字控制系统中，控制器可根据需要下达数据读入指令，有选择地控制采集信号进入数据处理器，进而对其进行分类、筛选及其有效性检查。一方面控制进入数处理器的信息，使数字处理系统始终处于最有效地工作状态，同时也对读入信息其进行必要的检验，判断系统数据输入部分是否有故障现象，一旦发现问题，可及时发出警报。例如一个测温系统，本不该出现负值，一旦在采样中读入负值，则有可能是传感器或变送器失效，需及时检修处理。

数字控制系统中对数据的处理还可解决采样信号的线性化问题。例如在模拟仪表中，孔板差压流量计需要用到开方器才能将流量与差压的非线性关系转换为线性关系；而在数字控制系统中则可采用调用已存储的关系列表的方法，给出流量与差压的线性关系。

数字控制系统运用数据处理的方法，可方便地进行各种必需的转换，例如，将 m^3/h 转换为 L/s；还可由一种参数值推算出和该种参数有相关关系的另一种参数的值，如采用间接测量流量的大小来推算管道水头损失的大小。

数字控制系统不仅可以方便地实现 PID 控制算法，还可在此基础上对算法进行进一步地改进。对于标准的 PID 控制算法，目前增量型控制算式有比较广泛地应用，它的特点是比例、积分和微分作用相互独立，便于操作人员理解和检查各参数对控制效果的影响。对于非标准的 PID 算法，有不完全微分式、带不灵敏区的 PID 算式、积分先行算式与微分先行算式等。对不同特点的受控过程，可以根据需要灵活选用。

1.6 分布式计算机控制系统

分布式控制系统（Distributed Control System，简称 DCS，又称集散控制系统）是 70 年代中期发展起来的结合计算机技术、控制技术、通信技术和图形显示技术等先进技术为一体的新型控制系统。这种系统以其大规模的数据采集、数据处理及其强大的数据通信功能，为现代过程控制提供了强有力的支持。

自 1975 年美国 Honeywell 公司的 TDC－2000 问世以来，分布式控制系统就以其新型的控制形式和卓越的性能表现出了强大的生命力，在短短的二十几年里得到了飞速的发展。目前，分布式控制系统以其卓越的表现，被公认为是当今世界上先进的过程控制系统。在我国，分布式计算机控制系统已成为过程自动控制的首选控制系统方式，被许多大型装置先后采用。例如扬子石化公司烯烃厂的 TDC－3000 系统，燕山石化公司化工一厂的 CENTUM 系统，齐鲁石化公司胜利炼油厂的 SPEC－TRUM 系统等。在给水排水工程系统中，分布式计算机控制系统已被越来越多的工程所采用。

1.6.1 分布式计算机控制系统的组成

分布式计算机控制系统的组成如图 1.30 所示。图中，分布式计算机控制系统主要由控制站、数据传输通道和操作站三个基本部分组成。

控制站是分布式计算机控制系统与受控过程相接的系统组成部分。受控过程数据的采集、数据的变换、模数转换等系统数据输入任务以及数模转换，控制指令发出等任务在这里完成。控制站在分布式计算机控制系统中可以有多个，每个控制站都可装有一定数量的数据采集卡、控制器卡、模拟输入、模拟输出、开关量输入、开关量输出等过程控制接口卡以及电源卡等。经各种接口卡，控制站直接与各种传感器、变送器和执行器相连，以便采集数据和发出指令。

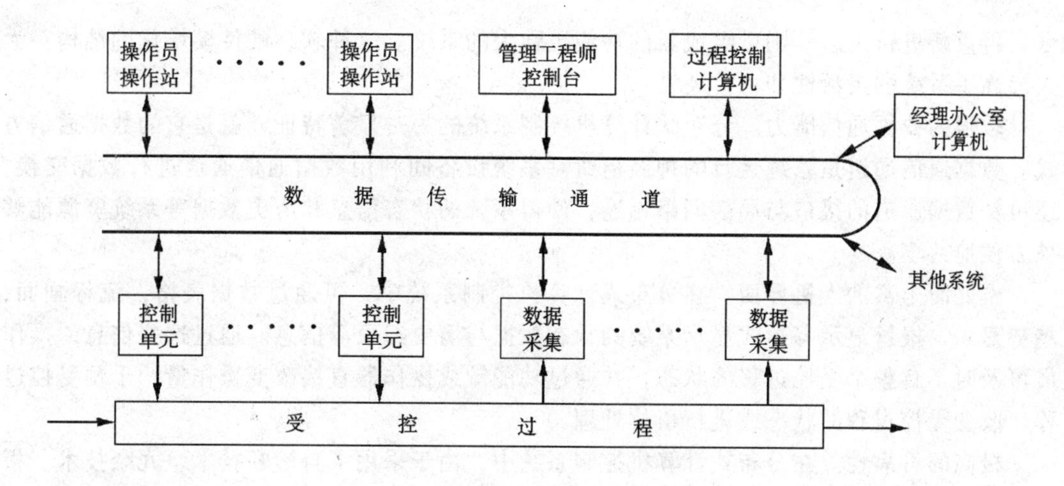

图 1.30 分布式计算机控制系统

数据传输通道是分布式计算机控制系统中各设备间传输数据的公用通道，常用传输通道的拓扑结构是环形和总线形。在数据通道上，各设备间按通信协议进行通信和交换数据。

操作站是分布式计算机控制系统中与用户进行信息交换的设备。系统通过如屏幕显示、打印机打印书面材料、声光报警等形式与使用者交换受控过程及其自动控制系统的信息。操作站一般可分为基本操作站和高级操作站。基本操作站具有显示受控过程部分工艺环节的各种信息、对其进行操作等功能。根据受控过程的需要，可以分段设置多个基本操作站；高级操作站中除了具有基本操作站的显示、操作等功能外，还具有过程控制系统的组建、系统的仿真、系统的信息管理以及系统的设备管理等功能。操作站的附属设备一般都备有显示器（CRT）、打印机、控制用操作器、键盘及数据存储器等。

除了上述基本设备外，系统中还有其他专用接口可与专用设备相连。系统中还应有过程控制计算机，可用它实现高级过程控制和优化管理。

分布式计算机控制技术目前仍处在不断发展和完善的过程中，可以预料，分布式计算机控制系统将被更广泛地应用于受控过程的自动控制系统。

1.6.2 分布式计算机控制系统的特点

分布式计算机控制技术之所以发展迅速，是因为系统本身具有显著的特点。

控制分散、信息集中。受控过程的自动控制系统采用全分散的结构，而受控过程的状态信息和历史数据则可全部集中进行显示并存储于系统的数据库，利用数据传输通道进行通信或送将数据送到有关的设备。这种结构使系统的管理集中、危险分散，过程更易管理并提高了系统的可靠性。

高度的灵活性和可扩展性。在分布式计算机控制系统中，根据系统结构和系统功能的需要，相应有许多不同功能和类型的板卡。例如：模数、数模转换板卡，存储器板卡，中央处理器（CPU）板卡，CRT 板卡等等。选择不同数量、不同类型和不同功能的板卡，即可组成不同规模和不同要求的系统硬件环境。同样，可根据系统规模和功能，选用相应模块化结构的应用软件。使用者只需借助于系统组态软件，方便地将所选硬件和软件模块连接在一起，即可组成计算机自动控制系统。如果要进行系统功能的扩展，可增加一些板卡，再重新进行组态，则可组成新的功能更强大的系统。这种软、硬件模块化的结构，大大提高了系统的灵活性和可扩展性。

较强的数据通信能力。分布式计算机控制系统的另一显著特征，就是它的数据通信方式。数据通信通道是系统运行的神经枢纽。系统设备间利用数据通信通道进行数据交换，还可经数据通道的接口与局部网络相连，使得系统的状态信息和历史数据等系统资源能够被方便地共享。

友好而丰富的人机界面。在分布式计算机控制系统中，可通过数据表格，流程画面，趋势显示，报警显示等形式显示系统的状态数据与历史纪录等信息。通过这些信息，操作员可及时了解整个受控过程的状态，并通过功能键或操作器直接改变操作量，干预受控过程，改变受控过程的状态或进行事故处理。

极高的可靠性。在分布式计算机控制系统中，由于采用了自诊断技术、冗余技术、板卡（或模块）热插拔技术、网络技术等系统硬件组成技术，以及软件的决策判断、事故处理等先进的硬件控制与软件管理方法，使得系统的可靠性大大提高。据有关报告，分布式计算机控制系统的可保证平均故障间隔时间（MTBF）为100年。

1.6.3 分布式计算机控制系统的运行与管理

分布式计算机控制系统的自动控制和管理功能，分别由操作站、过程控制计算机以及控制站来完成。

分布式计算机控制系统运行时，先由传感器将受控过程的状态信息提取为可传输信号，再由变送器将信号进一步处理为模拟信号，接着由模数转换器将模拟信号转换成数字信号，然后在控制系统指令的作用下，将采集到的受控过程的状态数据通过数据传输通道送往系统中的过程控制计算机。

过程控制计算机接到在数据传输通道上的即时采集数据后，立即对这些反映受控状态的数据进行数据滤波、函数运算、逻辑运算等运算处理，运算处理结束后，一方面将需要显示的数据送往管理工程师控制台，另一方面，过程控制计算机将控制操作指令发往数据传输通道。

控制单元在接到数据控制指令后，根据需要将数据指令直接送往一些开关量控制设备和一些程控设备，或将数据信号送进模数转换器进一步变换为模拟信号，然后送往相应的执行器，由执行器完成对受控过程的控制。

通过数据传输通道，操作员或管理工程师可以从显示器上直接选择性地查看过程状态数据或图像信息，或启动打印机打印出受控过程的状态报告。获得受控过程的状态参数后，根据对系统状态的分析判断，得出是否采用人工干预改变自动控制系统的现有状态，若必须采用人工干预控制系统状态的控制方法，可通过键盘操作、操作器操作等操作动作，手工完成对受控过程状态的控制调整。

应该指出，考虑到生产安全，在分布式计算机控制系统的运行管理中，操作人员对计算机控制系统的访问深度是有严格界限的。一般分为操作员、维修人员和管理工程师三级，只有最高级——管理工程师级才能访问和修改整个系统，也可以根据需要重新对系统进行组态调整。

目前，随着计算机技术、网络技术、控制理论、新型元器件设备的飞速发展，分布式计算机控制系统具有越来越强大的生命力，在水处理厂运行管理、城市管网的优化调度、智能建筑等给水排水工程中得到了越来越广泛的应用。

思 考 题

1. 你认为一个闭环自动控制系统最少应有那几部分组成？其组成部分的作用是什么？
2. 如何评价自动控制系统的性能？过渡过程的品质指标是否能衡量各种类型的自动控制系统？
3. 如何理解受控对象的容量、阻力和自衡特性？时间常数与时间滞后对自动控制系统有何影响？
4. 过程控制的基本规律各自适合于那些类型的自动控制系统？如何整定 PID 调节器的各个参数？
5. 数字控制系统是如何组成的？与模拟控制系统相比有哪些优点？
6. 分布式计算机控制系统是如何组成的？有那些特点？

第2章　过程参数检测仪表

在给水排水工程中，过程参数检测仪表大致可分为两类：一类是给水排水系统的工作参数检测仪表，如压力、温度、流量、液位等检测仪表；另一类是各种水质参数检测仪表，如浊度、pH值、电导率、溶解氧等检测仪表。本章首先介绍与检测过程有关的测量基本知识，然后重点介绍给水排水工程中常见的过程参数检测仪表的检测原理、组成及应用。

2.1　测量的基本知识

2.1.1　测量的概念与测量系统的组成

2.1.1.1　测量的概念

测量就是借助于专门的设备，通过实验的方法，求出以所采用的测量单位来表示被测对象量值的过程。测量的目的是为了在限定的时间内尽可能准确地收集被测对象的有关信息，以便掌握被测对象的参数和控制生产过程。

2.1.1.2　测量系统的组成

任何一个测量系统，就其测量过程而言，必须由传感器、变换器和显示装置三个基本环节组成。这些环节可以是各自独立的仪表或装置，它们之间用特定的传输通道联系起来，组成测量系统；也可以将这些环节组合在一个整体中成为独立的测量仪表。下面简述各环节的基本功能。

传感器　传感器是测量系统与被测对象直接发生联系的部分，其作用是从被测对象中感受被测量的大小后，输出一个相应的原始信号，以提供给后续环节的变换与显示。可见，传感器的性能很大程度上决定了测量系统的测量质量，一个良好的传感器应具备以下条件：

（1）准确性与稳定性好。即传感器的输入与输出之间应具有稳定而准确的单值函数关系。

（2）灵敏性好、抗干扰能力强。即传感器对被测量较小的输入量可得到较大的输出量，而对非被测量（干扰量）反应不灵敏。

（3）对被测对象的状态影响小。即在测量过程中，传感器对测点周围环境的扰动要小。

变换器　传感器输出的信号一般很微弱，不能直接驱动显示或控制装置。变换器的作用就是将传感器输出的信号经过放大或再一次的能量转换，将其转换为能远距离输送、驱动显示或控制装置的标准信号。

在自动化仪表中，常将变换器做成独立的仪表，并称其为相应的变送器。

显示装置　显示装置的作用是向测量者显示被测参数的量值。显示值可以是瞬时量、积累量、越限或极限报警，也可以是相应量值的记录。显示方式分为模拟式、数字式和屏幕式三种。

模拟式显示最常见的是以指示器（如指针）在标尺上移动的方式给出被测量值；记录时，以曲线形式给出数据。这种显示方式可连续指示被测量，但读数的最低位要由测量者估计，存在主观因素，容易产生视差。

数字式显示是直接以数字形式给出被测量值；记录时，可打印输出数据。这种显示方式不会产生视差，但其直观形象性较差。

屏幕显示是电视技术在测量中的应用，它既可以模拟方式，也可以数字方式显示，或两者同时显示，具有形象性与易于读数的优点，还能同时在屏幕上显示被测量的大量数据，便于比较判断。它是目前最先进的显示方式。

测量系统各环节的输入、输出信号之间的联系要经过传输通道，传输通道可以是特定的导线、管道、光导纤维或无线电通讯等形式。传输通道应按规定的要求进行选择和布置，否则会造成信息损失、信号失真或引入干扰，严重时可能根本无法测量。

2.1.2 测量误差

2.1.2.1 测量误差的概念

在各种各样的科学测量中，利用专门的仪表或测量系统测量被测量时，由于测量过程中无数随机因素的影响，以及仪表或测量系统的合理性与科学水平、人的认识能力的局限性，使得测量值与被测量的真值之间总是存在着一定的差别，这一差别就是测量误差。在科学研究中，只有已知测量误差，或已知测量误差的可能范围时，测量所提供的数据才有意义。研究测量误差的目的就是在于判断测量结果的可靠程度和在一定测量条件下，尽量减小测量误差。

测量误差可以用绝对误差和相对误差两种形式表示。

绝对误差　是测量结果 x 与被测量真值 X_0 之间的代数差值 Δ，即

$$\Delta = x - X_0 \tag{2.1}$$

相对误差　是绝对误差 Δ 与被测量真值 X_0 的比值 δ，常用百分数表示，即

$$\delta = \frac{\Delta}{X_0} \times 100\% = \frac{x - X_0}{X_0} \times 100\% \tag{2.2}$$

相对误差与绝对误差相比较，能够更好地反映被测量值的精确程度。

在实践中，许多被测量的真值往往是得不到的。在一般测量工作中，通常是把由更高一级的标准仪表测得的值或用被测量的最优概值（见本节）来代替真值。

2.1.2.2 测量误差的分类

根据误差本身的性质和特点，可将测量误差分为系统误差、随机误差和粗大误差三类。

系统误差　一定条件下，对同一被测量进行反复测量时，误差的绝对值和符号保持不变，或条件改变时，误差按一定规律变化的测量误差称为系统误差。系统误差一般是由于仪表使用不当或测量时外界条件变化等原因引起的。如零点没调整好；工作电池的电压随工作时间的加长而逐渐下降；固定的接触；引线的阻抗不匹配；环境温度有规律的变化

等。这种误差可以根据其产生的原因，采取一定的技术措施设法减弱或消除。

随机误差　在一定条件下，对同一被测量进行反复测量时，误差的绝对值和符号以不可预测的方式变化着的测量误差称为随机误差，也称为偶然误差或或然误差。这种误差是由于测量过程中的一些随机（偶然）因素引起的，对于个别测量值其随机误差没有固定的规律可言，但对大量的反复测量值其随机误差的分布符合统计分析的规律。

粗大误差　由于观测者误读或不正确使用仪器与测量方法不合理等人为因素引起的误差称粗大误差。就数值而言，粗大误差一般都明显超过正常条件下的系统误差和随机误差。含有粗大误差的测量值往往明显歪曲了客观现象，因此称含粗大误差的测量值为坏值。测量值中的坏值应该剔除不用。

2.1.2.3　测量精度

测量精度是测量误差的反义词，即是指测量值与其真值的接近程度。测量误差愈大，测量精度就愈低；反之，测量精度则愈高。为了反映不同性质的测量误差对测量结果的影响，与测量误差相对应，测量精度也相应分为以下三类。

正确度　正确度表示测量系列受系统误差的影响程度。若测量值的系统误差小，则正确度就高。

精密度　精密度表示测量系列受随机误差的影响程度。即是指在一定条件下，重复多次测量同一被测量时，所有测量值之间互相接近的程度。若测量值的随机误差小，则精密度就高。

准确度　准确度表示测量系列受系统误差与随机误差综合影响的程度。也就是说，它表示重复多次测量同一被测量所得的测量值与真值的接近程度。若测量值的系统误差和随机误差都小，则准确度就高。

根据上述的概念可知，在具体的测量中，精密度高，正确度不一定高；反之，正确度高，精确度也不一定高；但准确度高，则精密度与正确度都高。现以射击打靶为例加以说明，如图2.1，靶上的黑点表示弹孔。（*a*）图中，随机误差小，而系统误差大，表示打靶的精密度高，而正确度低；（*b*）图中，系统误差小，而随机误差大，表示打靶的正确度高，而精密度低；（*c*）图中，系统误差和随机误差都小，表示打靶的准确度高；（*d*）图中，系统误差和随机误差都大，表示打靶的精确度低。

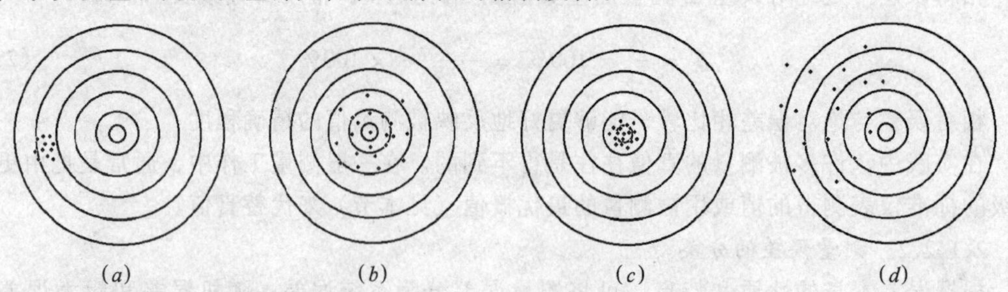

图2.1　射击精度示意图

（*a*）精密度高；（*b*）正确度高；（*c*）准确度高；（*d*）准确度低

2.1.2.4　测量误差的计算

根据前面的叙述可知，系统误差可以设法找出其产生的原因，采取一定的技术措施将其消除或减弱；粗大误差是人为因素造成的，也可以设法避免；随机误差则具有偶然性和不可避免性，它只能随着测量技术水平的不断提高而减小。根据数理统计理论可知，随机误差，就某一次具体测量而言，其大小和符号无法预先知道，但可根据重复多次测量同一量值的测量系列，应用统计分析的方法来确定测量系列中任一测量值随机误差的最大分布范围及其在某具体范围内出现的频率。下面重点讨论随机误差的计算。

(1) 算术平均值

设重复多次的测量系列为（x_1、x_2、x_3、……x_n），则该系列的算术平均值为

$$\overline{x} = \frac{\sum_{i=1}^{n} x_i}{n} \tag{2.3}$$

当测量次数 n 足够多时，测量值的系统误差就可近似为 $\overline{x}$ 与被测量真值 X_0 之差。如果测量过程已消除了系统误差和粗大误差，则可以证明，当 $n \to \infty$ 时，$\overline{x}$ 就等于被测量的真值 X_0。即

$$\lim_{n \to \infty} \frac{\sum_{i=1}^{n} x_i}{n} = X_0 \tag{2.4}$$

由于实际上都是有限次测量，被测量的真值通常也不知道。因此，在实际测量中，一般用有限次重复测量系列的算术平均值 $\overline{x}$ 作为接近真值 X_0 的最优概值。重复测量次数愈多，$\overline{x}$ 接近 X_0 的程度就愈高。

(2) 随机误差的分布

在某被测量的重复多次测量系列（x_1、x_2、x_3、……x_n）中，各测量值所对应的随机误差可组成一随机误差系列（Δ_1、Δ_2、Δ_3、……Δ_n）（其中 $\Delta_i = x_i - X_0$）。根据统计分析理论可知，在误差系列中，随机误差愈小的出现的次数愈多；反之则愈少〔如图 2.2（a）〕。当反复测量的次数无限多时，图 2.2（a）的包络线即为随机误差的分布曲线〔如图 2.2（b）〕。大量测量实践表明，随机误差一般服从正态分布规律。

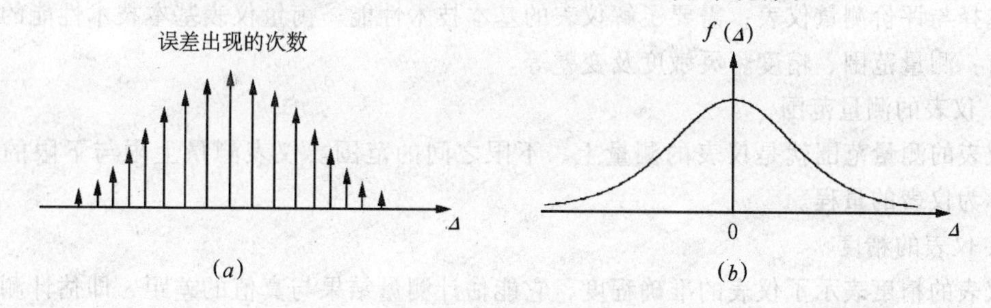

图 2.2 随机误差分布示意图

（a）随机误差次数分布；（b）随机误差分布曲线

(3) 标准误差及极限误差

对于一组不存在系统误差和粗大误差的重复多次测量系列，在假设测量值的随机误差符合正态分布规律的条件下，通常用标准误差和极限误差来预测测量值随机误差的范围。

标准误差以 σ 表示，可由下式定义：

$$\sigma = \lim_{n \to \infty} \sqrt{\frac{\sum_{i=1}^{n} (x_i - X_0)^2}{n}} = \lim_{n \to \infty} \sqrt{\frac{\sum_{i=1}^{n} \Delta_i^2}{n}} \tag{2.5}$$

由于实际的测量次数都是有限的，真值 X_0 通常也是未知的，当重复测量的次数 n 足够多时，可用算术平均值 $\overline{x}$ 代替 X_0。这时，标准误差 σ 的实用计算式为

$$\sigma = \sqrt{\frac{\sum_{i=1}^{n} (x_i - \overline{x})^2}{n - 1}} \tag{2.6}$$

标准误差 σ 的含义是：对同一量值重复多次的实测系列中，任一测量值 x_i 与其真值 X_0 之差的绝对值不超过 σ 的可能性是 68.3%（如图 2.3 实斜线部分）。

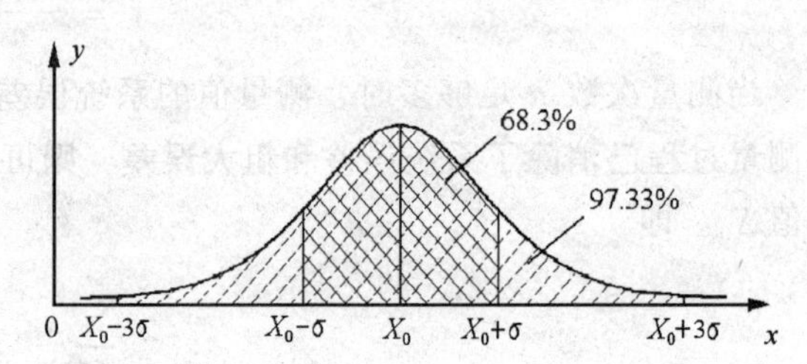

图 2.3　标准误差与极限误差示意图

利用误差理论可证明，$|x_i - X_0| \leqslant 3\sigma$ 的可能性是 99.73%（如图 2.3 虚斜线部分）。3σ 就定义为极限误差，其含意是：在上述的实际测量中，任何一个测量值 x_i 的最大误差超过 3σ 几乎是不可能的（可能性只有 0.27%）。测量中，误差超过 3σ 的测量值，即可认为是坏值，应剔除。

可见，σ 的大小，反映了测量的精度。σ 值愈大，表示测量精度愈低；反之则愈高。这里要特别强调，σ 并不是测量值的实际误差，而是表示任何一个测量值 x_i 的测量误差的绝对值 $|\Delta_i| \leqslant \sigma$ 的可能性是 68.3%。

2.1.3　测量仪表的基本技术性能

选择与评价测量仪表，需要了解仪表的基本技术性能。衡量仪表基本技术性能的指标主要有：测量范围、精度、灵敏度及变差等。

1. 仪表的测量范围

仪表的测量范围就是仪表的测量上、下限之间的范围。仪表测量上限与下限的代数差，称为仪表的量程。

2. 仪表的精度

仪表的精度表示了仪表的准确程度，它能估计测量结果与真值的差距，即估计测量值的误差大小。仪表的精度与测量精度既有联系、又不相同。仪表的精度高，则在正常使用条件下，其测量精度也高。

前面介绍的相对误差较好地反映了某一次测量的准确程度。但对于具有一定测量范围的仪表，用相对误差来表示在整个测量范围内仪表的准确程度是不方便的。因为在仪表的测量范围内，可以有不同的测量值，根据相对误差的概念可知，绝对误差相同时，测量值愈大，其相对误差就愈小。仪表的准确程度一般用仪表的基本误差来表示。

仪表的基本误差 δ_j 是在仪表测量范围中，最大绝对误差的绝对值 $|\Delta_{max}|$ 与该仪表的

测量范围 L_m 的比值，用百分数表示，即

$$\delta_j = \frac{|\Delta_{max}|}{L_m} \times 100\% \tag{2.7}$$

显然，基本误差 δ_j 愈大，仪表的精度愈低。

仪表出厂时，根据设计与制造标准的不同，要求仪表的基本误差都不得超过某一规定值，此规定值即为仪表的允许误差。允许误差去掉百分号的数值称为仪表的精度等级。目前我国仪表采用的精度级序列为：0.005、0.01、0.02、0.04、0.05、0.1、0.2、0.5、1.0、1.5、2.5、4.0、5.0。序列数愈大，仪表的精度等级愈低、精度愈低。仪表的精度等级，常以在反映仪表精度等级的数字外加一圆圈或三角号的形式标于仪表表头上。

必须注意以下几点：

(1) 用户不能按自己检定的基本误差随意给仪表升级使用，但在某种情况下可降级使用。

(2) 仪表的精度等级是该仪表基本误差的允许值（即允许误差）的标志，并不代表该仪表在实际测量中出现的误差。

(3) 同一精度等级和同一测量范围的仪表，在测量中仪表可能产生的最大绝对误差与被测量的大小无关。例如，使用精度为 1.0 级、测量范围是 50～150℃的温度仪表测温度时，无论所测的温度是 80℃还是 100℃，其可能产生的最大绝对误差均为

$$\Delta t_{max} = \pm(150 - 50) \times 1\% = \pm 1℃$$

(4) 精度等级相同，但测量范围不同的仪表，由式 (2.7) 可知，测量范围大者，在测量中可能产生的最大绝对误差值也大。因此，选用仪表时，在满足被测量数值范围的前提下，应尽可能选择测量范围小的仪表，尽量使测量值在满刻度的三分之二左右。这样，在同一测量误差要求的前提下，可选择精度等级较低的仪表，从而降低仪表的成本。例如测温时，如果被测温度在 40℃左右变化，要求测量值的绝对误差不超过 ±0.5℃，则由式 (2.7) 可得，选用量程为 0～50℃，精度为 1.0 级的仪表就可满足测量要求；如果选用量程为 0～100℃的仪表，为满足 ±0.5℃误差要求，则必须选用 0.5 级的仪表。显然，后者的成本高于前者。

3. 灵敏度和灵敏限

在稳定情况下，仪表输出的变化量 ΔL（如指针的直线位移或角位移等）与引起该变化的输入量（被测量）的变化量 Δx 的比值称为仪表的灵敏度，以 S 表示，即

$$S = \frac{\Delta L}{\Delta x} \tag{2.8}$$

灵敏度反映了仪表对被测参数变化的敏感程度。一般灵敏度高，仪表的精度也相应较高。仪表的灵敏度可通过增加放大系统的放大系数来提高。但必须指出，仪表的精度主要取决于仪表的基本误差，不能单纯靠提高灵敏度来达到提高精度的目的。为此，常规定仪表标尺上的最小分格值不小于仪表的允许误差的绝对值。

仪表的灵敏限是指能引起仪表输出量变化（如指针发生动作）的被测量的最小变化量，故又称为仪表的分辨率。仪表的灵敏限一般不大于仪表测量中最大误差绝对值的一半。

4. 变差

由于仪表传动机构的间隙、运动部件摩擦力的差异及弹性元件的弹性滞后等因素的影响，在外界条件不变的情况下，使用同一仪表，对被测量进行正、反行程测量时，相应于同一被测量值的仪表正、反行程的示值往往是不相等的，如图 2.4 所示。仪表的变差就是在其测量范围内，同一的被测量值，在正、反行程间仪表的最大示值差 Δy_m 与仪表的测量范围 L_m 之比的百分数，用 ε 表示，即

$$\varepsilon = \frac{\Delta y_m}{L_m} \times 100\% \tag{2.9}$$

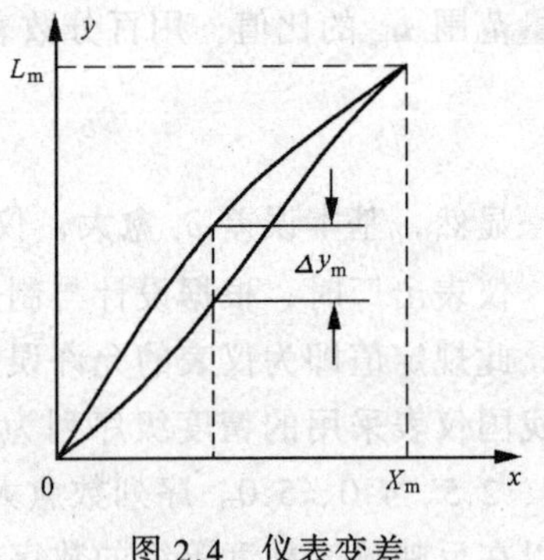

图 2.4 仪表变差

2.2 压力检测仪表

2.2.1 概述

压力是工业生产过程中的重要参数之一。在给水排水工程中，通过对压力的测量才能对系统进行合理的操作与调节，使其运行情况保持在正常、经济、安全要求的范围之内。例如，水压的检测与控制是保证供水系统水压要求，并使之经济运行的必要条件。另外，还有一些其他物理量，如温度、流量、液位等往往可通过压力来间接测量。

压力是垂直作用在单位面积上的力（这里的"压力"一词是工程中的一种习惯称法，在物理学中称为压强）。

在我国，压力的法定单位是国际单位，即"帕期卡"，简称"帕"，符号为"Pa"。它的物理意义是：1 牛顿的力垂直作用在 $1m^2$ 的面积上所形成的压力，即 $1Pa = 1N/m^2$。

在工程中，还常采用"毫米汞柱（mmHg）"、"米水柱（mH_2O）"、"工程大气压（at）"、"标准大气压（atm）"等非法定单位作为压力的单位。这些压力的非法定单位与其国际单位的关系为：

1mmHg 产生的压强为 133.28Pa；

$1mH_2O$ 产生的压强为 9.8kPa；

$1at = 1kgf/cm^2 = 98kPa$；

$1atm = 1.033kgf/cm^2 = 101.325kPa$。

在压力测量中，常有相对压力、绝对压力、负压（习惯上称真空度）和压力差之分。工程中采用的压力表，其指示值多为相对压力，故习惯上又将相对压力称为表压力，简称表压。

根据测压原理，压力检测仪表大致可分为以下四类：

液柱式压力计　将被测压力转换成液柱高度差进行测量。例如，U 形管压力计、单管压力计及斜管微压计等。

弹性式压力表　将被测压力转换成弹性元件的形变位移进行测量。例如，弹簧管压力表、波纹管压力表及膜盒式压力表等。

电气式压力表　将被测压力转换成电参数（如电压、电流、电阻等）进行测量。例如，电位器式、应变片式、电感式、电容式等远传压力表。

活塞式压力计　将被测压力转换成活塞上所加平衡砝码的重力进行测量。例如，压力校验装置等。

2.2.2 液柱式压力计

液柱式压力计是利用已知容量的液柱高度产生的压力和被测压力相平衡原理制成的测压计。这种测压计具有结构简单、使用方便、精度较高、价格低廉等特点。它既有定型产品又可自制，在工业产生和实验室中广泛用来测量较小的压力、负压或压差。

2.2.2.1 U形管压力计

如图2.5所示，由两根底部相通、内径相同的等截面圆形透明管（一般为玻璃管）配以刻度标尺，管内充有一定量的某已知容重的液体（如水银、水等）就组成了最简单的液柱式压力计——U形管压力计。

测压时，U形管的一侧接被测压力 p，另一侧与大气相通，根据液体静力学原理，被测压力（表压力）为

$$p = \gamma_{p} h \tag{2.10}$$

由上式可知，当U形管内工作液体的容量 γ_p 已知时，管内两液柱的高差 h 就反映了被测压力 p 的大小。

图2.5（a）中表示的是表压 $p>0$ 的情况。从上述测量原理可知，这种压力计同样可用于测量负压和将其两端同时接入被测压力，用于测量压力差。

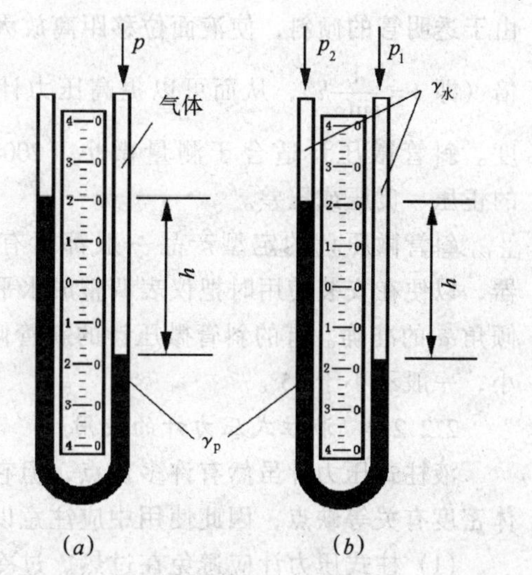

图2.5　U形管测压计

（a）气体压力测量；（b）液体压差测量

在上述测量中，认为被测压介质的容重 γ 是远小于管内工作液体容量 γ_p 的（如气体），因而忽略了 γ 的影响。若U形管内工作液体上面被测压介质的容重不能忽略时（如某种液体），则需考虑被测压介质容重的影响。如图2.5（b），当U形测压管两侧工作液体上面都是水时，则由液体静力学原理可以推得，两侧压点的压力差为

$$\Delta p = p_1 - p_2 = (\gamma_{p} - \gamma_{水})h \tag{2.11}$$

2.2.2.2 单管压力计

U形管压力计测压时，往往需分别取得管内两侧两个液柱高度的读数，这会带来较大的读数误差。单管液柱式压力计就是为克服此缺点而设计的。如图2.6，单管液柱式压力计是将U形管压力计的一根管子改成直径较大的杯形容器，标尺刻度零点在另一根管子的下端，杯形容器内充灌水或水银等工作液体，液面至刻度零点。

图2.6是单管压力计测压时的状态，被测压力 p 接到杯形容器上，透明管一端通大气。当被测压力变化时，管内液面也随之移动，待稳定后只要一次读出透明管中液面的高

度 h，就可测出被测介质的压力。

若将单管压力计的单管设计成U形，则与U形管压力计一样，也可用来测量负压或压差。

应该指出，测压时，杯形容器中的液面会有所下降，所测压力应以图2.6中的 h_1 来表示，只因为杯形容器截面比管子的截面大得多，杯形容器中液面下降值很小，一般可忽略不计，故用图中的 h 来表示被测压力。但在精确测量时，应用下式来修正。

$$h_1 = h\left(1 + \frac{a}{A}\right) \tag{2.12}$$

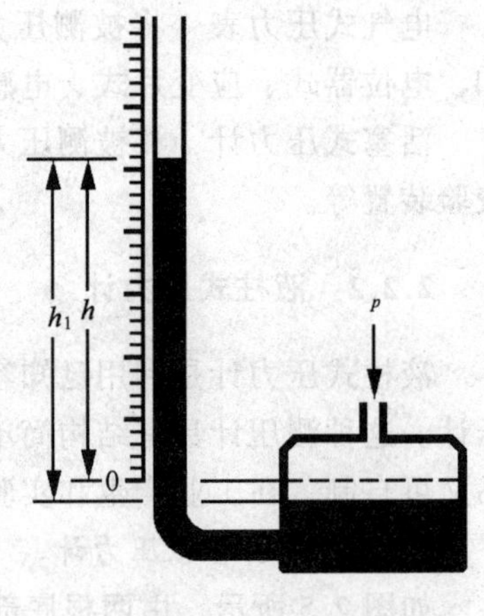

图 2.6　单管压力计

式中　h_1——与被测介质压力对应的液柱高度；

h——透明管中液面移动的高度；

a——透明管的内截面积；

A——杯形容器的内截面积。

2.2.2.3　斜管微压计

将单管压力计的透明管制成倾斜的形式，就是斜管微压计，如图2.7所示。测压时，由于透明管的倾斜，使液面位移距离放大了 $1/\sin\alpha$ 倍（即 $l = \frac{1}{\sin\alpha}h$），从而可以提高压力计的读数精度。斜管微压计适合于测量微小（2000Pa以下）的正压、负压或压差。

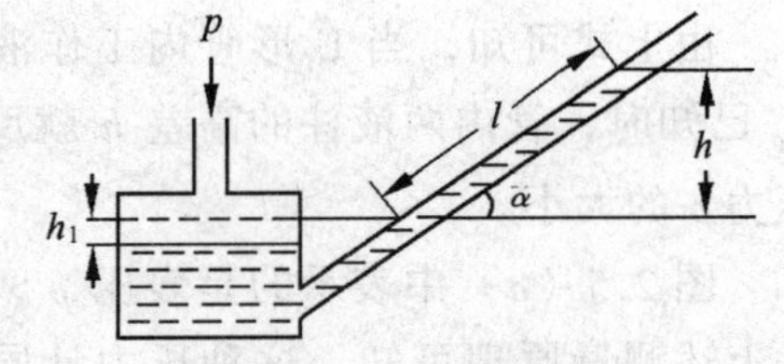

图 2.7　斜管微压计

斜管微压计的定型产品一般都附有水准指示器，以便在安装使用时把仪表调整成水平，以保证倾角 α 的准确。有的斜管微压计的斜管倾角 α 可以根据需要进行调整，但倾角 α 不能太小，一般不小于15°。

2.2.2.4　液柱式压力计的使用

液柱式压力计虽然有许多优点，但它有测量范围小，透明管易破碎，指示值与工作液体密度有关等缺点，因此使用中应注意以下几点：

（1）柱式压力计应避免在过热、过冷、有冷腐蚀或振动的地方使用。

（2）液柱式压力计应竖直安装在测压点附近的支架上，特别是斜管微压计的支架底板应严格水平。从测压点到压力计之间可用软管连接，连接软管长度应尽量短，一般应不大于3～5m，接头处应严密不漏气。

（3）灌注工作液时应注意，工作液的密度应与标定压力计刻度标尺所用的液体密度相一致；应注意使工作液面对准标尺零点；为便于观察，可适当在工作液中加入一点颜色。

（4）被测介质不能与工作液混合或起化学反应。否则应更换其他工作液或装相应的隔离罐。

（5）为了减小读数误差，读数时应注意保持视线与透明管相互垂直，并在工作液的弯月面顶点处从标尺上读数值。

2.2.3 弹性式压力表

弹性式压力表是利用各种不同形状的弹性感压元件，在被测压力的作用下产生弹性变形的原理制成的测压仪表。这种仪表具有结构简章、牢固可靠、测压范围广、使用方便、造价低廉、有足够的精度以及便于制成远传仪表等特点。这类仪表是工业上应用最为广泛的测压仪表。

根据测压范围的不同，弹性式压力表有着不同的弹性感压元件。按弹性感压元件的结构形状，弹性压力表有弹簧管压力表、膜片压力表、膜盒压力表和波纹管压力表四种主要形式。其中弹簧管压力表可用于高、中、低压及真空度的测量，其他几种压力表多用于微压和低压的测量。这四类压力表弹性感压元件的形状如图 2.8 所示。

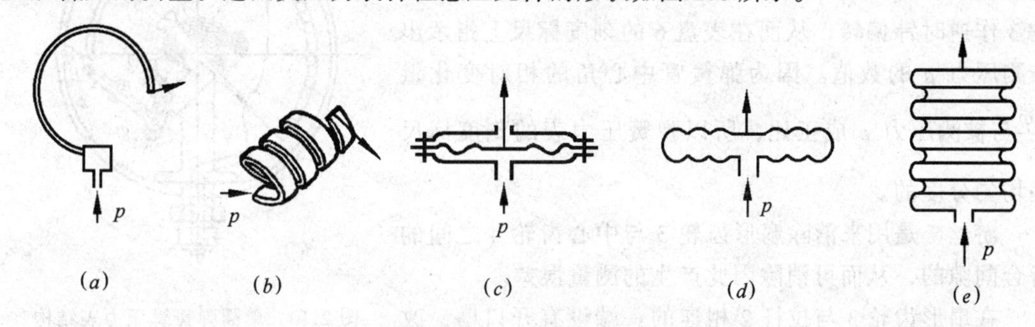

图 2.8 各种弹性元件

(a) 弹簧管；(b) 螺旋弹簧管；(c) 波形膜片；(d) 波形膜盒；(e) 波纹管

2.2.3.1 弹簧管压力表

弹簧管压力表可进一步分为单圈弹簧管压力表和多圈弹簧管压力表两种。

1. 单圈弹簧管压力表

单圈弹簧压力表的测压范围极广，品种规格繁多，是工业上应用最为广泛的一种压力表。根据其测压范围可进一步分为压力表，真空表及压力真空表。

单圈弹簧管压力表的感压元件是一个弯成弧形的空心金属管，其横截面一般呈椭圆形或扁圆形，如图 2.9 所示。管子一端（图中的 A 端）开口并固定在仪表接头座上，是被测压力的输入端，称为固定端。另一端（图中的 B 端）是封闭的自由端，即是位移的输出端。

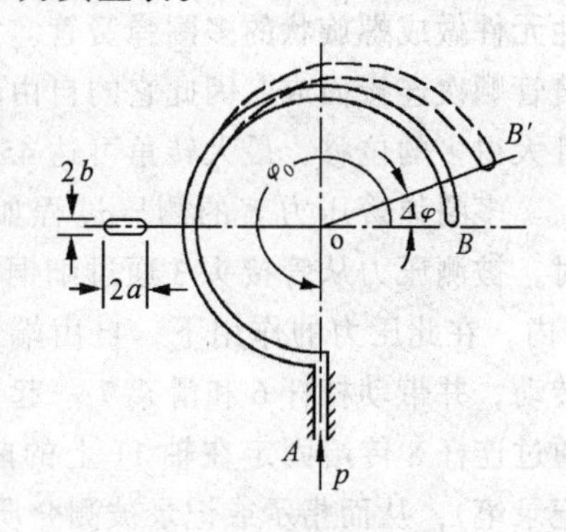

图 2.9 弹簧管传感器

当在固定端通入被测压力时，弹簧管承受内压。在此内压的作用下，弹簧管的横截面由椭圆形或扁圆形趋向于圆形变化，即截面的短轴 a 伸长，长轴 b 缩短。横截面的这种变化导致弹簧管趋向伸直，迫使弹簧的自由端产生一定的位移（由 B 移到 B'）。在这种变化的过程中，弹簧管的总长度不变，只是中心角起变化。根据弹性形变原理可知，在弹性限度内，弹簧管中心角的相对变化量 $\frac{\Delta\varphi}{\varphi_0}$ 与被测压力 p 成正比，即

$$\frac{\Delta\varphi}{\varphi_0} = \frac{\varphi_0 - \varphi}{\varphi_0} = kp \tag{2.13}$$

式中 φ_0——弹簧管的原始中心角；

φ——在被测压力作用下弹簧管的中心角；

k——与弹簧管材料、壁厚和几何尺寸等有关的系数。对于由一定材料、壁厚和几何尺寸组成的弹簧管，k 值为常数。

上式就是弹簧管压力表的测压原理。

单圈弹簧管压力表的结构如图 2.10 所示。测压时，被测压力由接头 9 通入，迫使弹簧管 1 的自由端 B 向右上方扩展。自由端 B 的弹性位移由拉杆 2 带动使扇形齿轮 3 作逆时针偏转，从而在表盘 6 的刻度标尺上指示出被测压力 p 的数值。因为弹簧管中心角的相对变化量 $\frac{\Delta\varphi}{\varphi_0}$ 与被测压力 p 成正比，所以弹簧压力表的刻度标尺是均匀分度的。

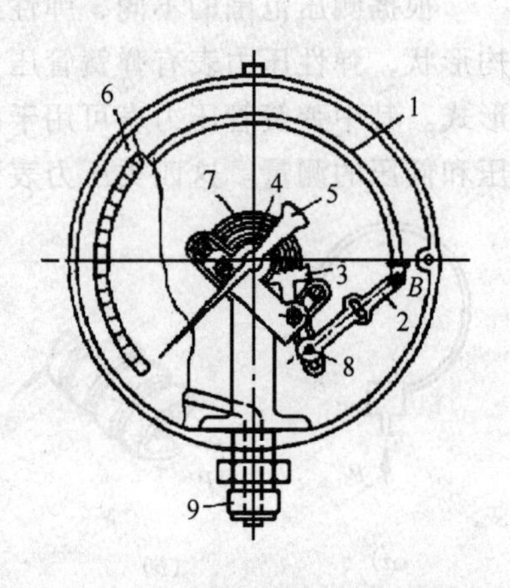

图 2.10 单圈弹簧管压力表结构

1—弹簧管；2—拉杆；3—扇形齿轮；4—中心齿轮；5—指针；6—面板；7—游丝；8—调整螺丝；9—接头

游丝 7 是用来消除扇形齿轮 3 与中心齿轮 4 之间的齿合间隙的，从而可消除因此产生的测量误差。

在扇形齿轮 3 与拉杆 2 相连的一端设有开口槽，改变拉杆 2 与扇形齿轮 3 在开口槽处连接螺钉 8 的位置，可以改变传动机构的传动比，即可改变仪表传动系统的放大系数，从而可实现对压力仪表的量程满度值调整。

弹簧管一般采用铜、磷青铜、不锈钢或合金钢等材料制成。

2. 多圈弹簧管压力表

单圈弹簧管压力表受压时，弹簧管自由端的位移量较小，灵敏度较低。为了提高压力表的灵敏度，可将弹性元件做成螺旋状的多圈弹簧管。它相当于多根单圈弹簧管顺次连接而成，因此它的自由端可获得比单圈弹簧管大得多的位移，最大转角可达 45°左右。

多圈弹簧压力表的测压过程如图 2.11 所示。测压时，被测压力从管接头 3 通过细铜管 2 接入螺旋弹簧管 1 内，在此压力的作用下，自由端逐渐挺直展开使轴 5 转动，并带动杠杆 6 和滑架 7 一起偏转。滑架 7 的运动通过连杆 8 传给固定在轴 11 上的曲臂 9 和指针 10（或记录笔），从而指示或记录被测介质的压力。

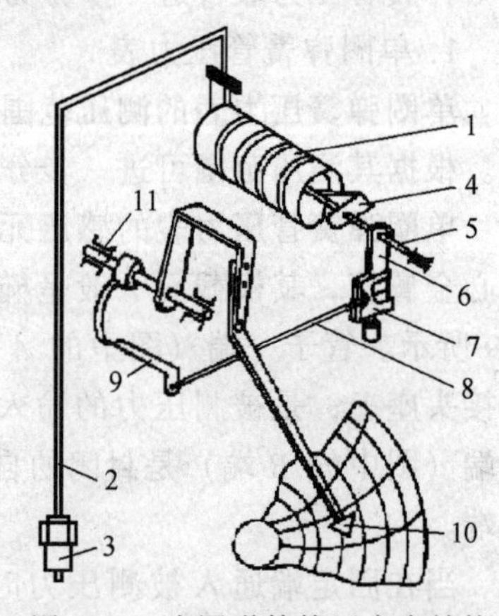

图 2.11 多圈弹簧管压力表结构

1—多圈弹簧管；2—导压管；3—接头；4、6—杠杆；5、11—轴；7—滑架；8—拉杆；9—曲臂轴；10—记录笔

多圈弹簧管压力表测量上限为 1.6×10^{7} Pa。

3. 电接点压力表

在生产过程中，常常需要将压力控制在某一范围之内。采用电接点压力表就能简便地在压力偏离给定值范围时及时发出报警信号，以提醒操作人员或启动自控装置使压力保持在给定的范围内。

电接点压力表是在普通弹簧管压力表的基础上，附加一套电接点装置构成的，其工作原理如图 2.12 所示。压力表盘上的指示指针 1 为动接点，表盘上另有两个可调压力上下限的给定指针，其上分别带有压力下限给定节点 2 和压力上限给定节点 3。所要控制的压力上下限，可利用专门的螺丝刀在表盘中间通过旋动压力上下限给定指针的位置来确定。

电节点压力表工作时，当被测压力等于或低于下限给定的压力值时，动接点 1 与低压给定接点 2 相接，接通报警灯 A_1 回路报警，或启动控制设备给系统加压；当被测压力等于或高于上限给定的压力值时，动接点 1 与高压给定接点 3 相接，接通报警灯 A_2 回路报警，或启动控制设备使系统停止加压。

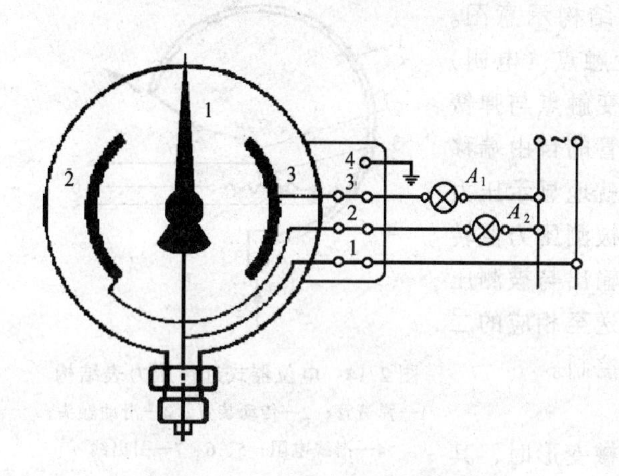

图 2.12　电接点压力表工作原理

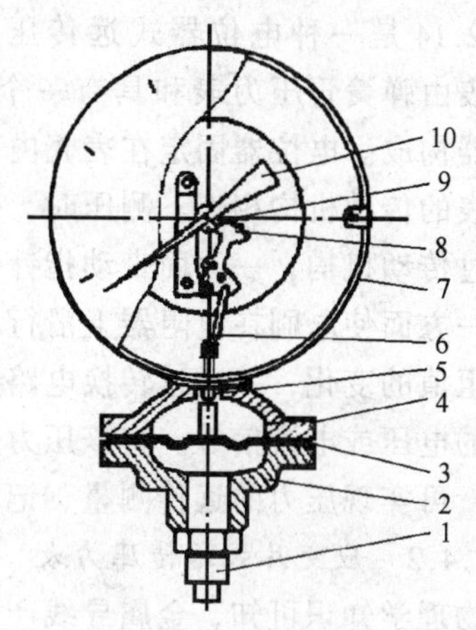

图 2.13　膜片压力表的结构

1—接头；2—膜片下盖；3—膜片；4—膜片上盖；5—球铰链；6—顶杆；7—表壳；8、9—齿轮；10—指针

2.2.3.2　膜片压力表

膜片压力表是利用金属膜片作为感压弹性元件，其结构如图 2.13 所示。金属膜片 3 固定在两块金属盖中间，上盖与仪表外壳 7 相接，下盖 2 与螺纹接头 1 连成一体。

当被测压力从接头传入膜室后，膜片下部承受被测压力，上部为大气压，因此膜片产生向上的位移。此位移借固定于膜片中心的球铰链 5 及顶杆 6 传至扇形齿轮 8，从而使齿轮 9 及固定在它轴上的指针 10 转动，并在刻度盘上指示出压力值。

膜片压力表的最大优点是可用来测量粘度较大的介质压力。如果膜片和下盖是用不锈钢制造或膜片和下盖内侧涂以适当的保护层，则可以用来测量某些腐蚀性介质的压力。

上面介绍的压力表都是就地安装在工艺设备或管道上的直读仪表。

2.2.4　电气式压力表

为了适应对压力的集中测量、自动调节以及便于应用计算机技术等需要，通常希望把现场压力仪表的压力输出转变成统一的标准电信号进行远传测量，为此产生了电气式压力表。

电气压力表一般由压力传感器、转换器、测量电路和指示、记录装置所组成。压力传感器大多数仍以弹性元件作为感压元件；弹性元件在压力作用下的位移，通过转换器转变为标准电信号，再由相应的仪表（称为二次仪表）将这一电量测出，并以压力值表示出来。将压力转变为电信号，不仅便于远传测量，而且可以与自动调节装置联用，为生产过程的压力自动控制提供了有利条件。随着生产过程自动化程度的不断提高，电气式压力表将会越来越多地得到广泛应用。

电气式压力表种类很多。下面主要介绍几种常用的电气式压力表。

2.2.4.1 电位器式远传压力表

电位器式远传压力表是利用弹性元件（如弹簧管、膜片、膜盒等）将被测压力转换为弹性元件自由端的位移，并使该位移转变为滑动触点在电位器上的移动，从而引起输出电压或电流的相应变化。

图2.14是一种电位器式远传压力表结构示意图。该压力表由弹簧管压力表和具有一个可变触点（电刷）的电位器构成。电位器固定在表壳内，可变触点与弹簧管压力表的传动机构相连。测压时，弹簧管的自由端移动，通过传动机构，一方面带动指针偏转就地显示压力值，另一方面使电刷在电阻器上滑行，使被测压力值转换成电阻值的变化，并通过转换电路向外输出与被测压力对应的电压或电流信号。将该压力信号送至相应的二次仪表，可实现压力的远传测量、记录与控制。

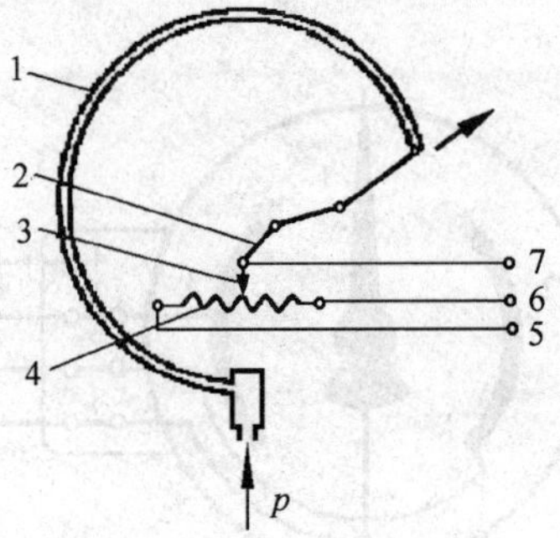

图2.14 电位器式远传压力表结构

1—弹簧管；2—传动装置；3—滑动触头；4—滑线电阻；5、6、7—引出线

2.2.4.2 应变片式远传压力表

从物理学知识可知，金属导线产生机械变形时，其电阻值要随之生发变化，即当它受到拉伸时，电阻值增大，受到压缩时，电阻值减小。这种现象称为导体电阻的应变效应。

应变片式远传压力表的核心元件就是特制的电阻应变片。将该应变片牢固地贴附在压力表的感压弹性元件表面，在被测压力的作用下，它会随弹性元件一起产生变形，从而引起应变片电阻值的变化。

一段长度为 l，截面积为 A，电阻率为 ρ 的电阻，其电阻值为

$$R = \rho \frac{l}{A}$$

对上式取对数得

$$\ln R = \ln \rho + \ln l - \ln A$$

再对以上对数式取微分得

$$\frac{\mathrm{d}R}{R} = \frac{\mathrm{d}\rho}{\rho} + \frac{\mathrm{d}l}{l} - \frac{\mathrm{d}A}{A} \tag{2.14}$$

设电阻体的半径为 r，则 $A = \pi r^2$，$\mathrm{d}A = 2\pi r \mathrm{d}r$，即

$$\frac{\mathrm{d}A}{A} = 2\frac{\mathrm{d}r}{r}$$

当电阻体沿轴向伸长时，其直径将缩小，二者相对变形之比即为材料的泊松系数 μ，即

$$\mu = -\frac{\mathrm{d}r/r}{\mathrm{d}l/l}$$

式中的负号表示半径 r 与长度 l 二者的变化方向相反。所以

$$\frac{\mathrm{d}A}{A} = -2\mu \frac{\mathrm{d}l}{l}$$

将上式代入式（2.14）得

$$\frac{\mathrm{d}R}{R} = (1 + 2\mu)\frac{\mathrm{d}l}{l} + \frac{\mathrm{d}\rho}{\rho} = (1 + 2\mu)\varepsilon + \frac{\mathrm{d}\rho}{\rho} \tag{2.15}$$

式中 $\varepsilon = \frac{\mathrm{d}l}{l}$ 是电阻体单位长度上尺寸的变化量，称为轴向应变量。

式（2.15）说明，电阻体受轴向压力作用后，电阻变化率是几何效应 [$(1+2\mu)\varepsilon$] 和压电电阻效应（$\frac{\mathrm{d}\rho}{\rho}$）综合的结果。

对于金属材料，由于压电电阻效应极小，即 $\frac{\mathrm{d}\rho}{\rho} \ll 1$，因此金属导体

$$\frac{\mathrm{d}R}{R} \approx (1 + 2\mu)\varepsilon \tag{2.16}$$

对于半导体材料，由于 $\frac{\mathrm{d}\rho}{\rho}$ 的数值远比（$1+2\mu$）大，因此 $\frac{\mathrm{d}R}{R} \approx \frac{\mathrm{d}\rho}{\rho}$。则由半导体材料的压电电阻效应可知

$$\frac{\mathrm{d}\rho}{\rho} = CE\varepsilon$$

式中　C——半导体材料的压电电阻系数；

　　　E——半导体材料的弹性模量。

由此可得半导体

$$\frac{d\mathrm{R}}{\mathrm{R}} \approx CE\varepsilon \tag{2.17}$$

由式（2.16）和（2.17）可知，在已知材料的 μ 或 E、C 的条件下，电阻体受轴向压力作用后，电阻值的相对变化量 $\mathrm{d}R/R$ 与轴向应变量 ε 成比例关系。我们知道，轴向应变 ε 与轴向压力 p 也成比例关系。因此，通过测量电阻体电阻值的相对变化量可获得其受到的轴向压力 p 的大小。这就是应变片式远传压力表的测压原理。

通常以电阻的应变灵敏系数 $k = \frac{\mathrm{d}R/R}{\varepsilon}$ 来表示电阻应变片的灵敏程度，则由式（2.16）和式（2.17）可得

金属导体　　$k \approx 1 + 2\mu$　　(2.18)

半导体　　$k \approx C\,E$　　(2.19)

常用应变片的灵敏系数 k 大致是：金属导体应变片约为 1.7～3.6；半导体应变片约为 100～200。可见，半导体应变片比金属导体应变片要灵敏得多。另外，根据选用的材料或掺杂多少的不同，半导体应变片的灵敏系数可以是正的或负的。必须指出，半导体应变片虽然相对灵敏，但其受温度影响也相对较大，因此半导体应变片式的远传压力表必须采取相应的温度补偿措施或采用温度特性较好的半导体应变片。

图 2.15 是金属电阻丝应变片的典型结构。将金属丝（康铜或镍铬合金等）绕成栅，粘贴在绝缘基片和覆盖层之间，引出线作为电阻的测量端。

图 2.16 所示的压力传感器是电阻应变片的一个典型应用实例。它采用应变筒 1 和弹性膜片 3 组成压力敏感元件，应变筒 1 与外壳 3 固定在一起。在应变筒 1 的外壁分别粘贴两个电阻应变片 R_1 和 R_2。其中，R_1 沿应变筒的轴向粘贴，作为测量元件；R_2 沿应变筒

圆周方向粘贴，作为补偿元件。应变片应与筒壁绝对粘牢，并保持电气绝缘。当被测压力 p 作用于弹性膜片 3 而使应变筒 1 产生相应的轴向压缩变形时，沿应变筒轴向贴放的应变片 R_1 将产生轴向压缩应变而使其电阻值变小；沿应变筒圆周方向帖放的应变片 R_2 则产生纵向拉伸应变而使其电阻值增大。

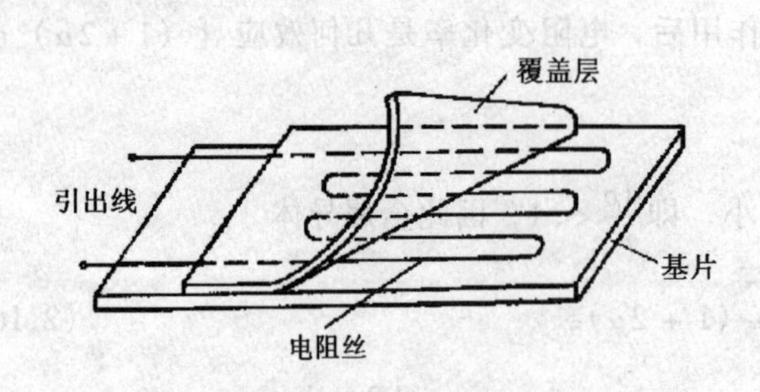

图 2.15　电阻丝应变片

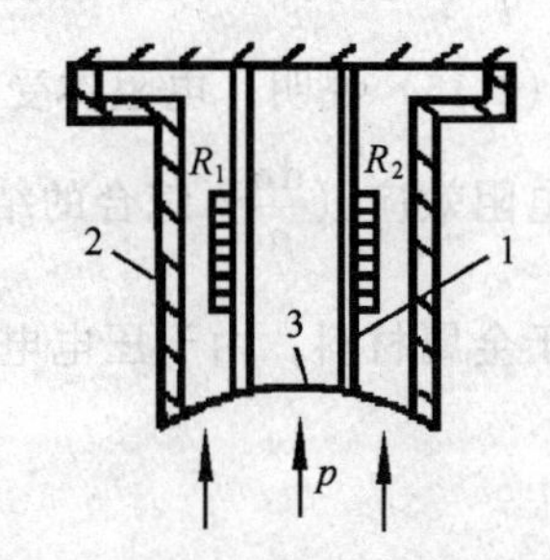

图 2.16　应变片式压力传感器

R_1、R_2 阻值的变化，可由电桥测量电路反应出来。如图 2.17，各桥臂电阻的原始值相等（即 $R_1=R_2=R_3=R_4$）时，桥路处于平衡状态，输出信号为零；而在被测压力 p 的作用下，应变片 R_1 和 R_2 的电阻值发生上述变化时，桥路的平衡状态被破坏，从而输出一个不平衡电压。该输出信号与应变筒的应变量（即与被测压力）之间具有良好的线性关系，将其送至相应的显示仪表即可测知被测压力。

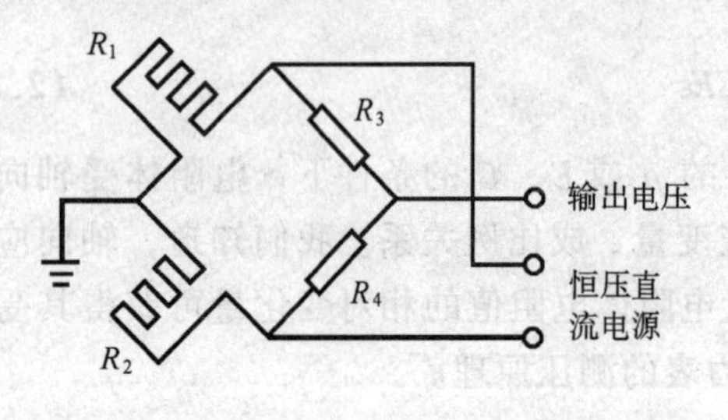

图 2.17　应变片测量电桥电路

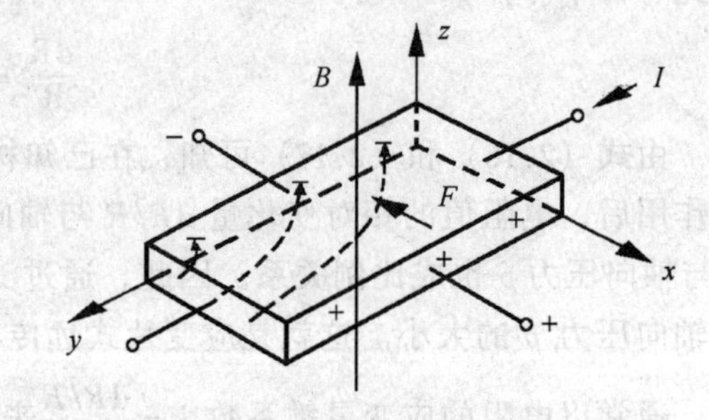

图 2.18　霍尔效应

2.2.4.3　霍尔式远传压力表

霍尔式远传压力表是基于霍尔效应的原理而工作的。如图 2.18，将一块半导体单晶薄片置于磁场中，并使磁感应强度 B 的方向与半导体单晶薄片相垂直。当在该薄片的 y 轴方向上通以恒定电流 I 时，则由于受到磁场力的作用，薄片中带电粒子的运动轨迹发生偏移，造成在薄片的一个端面上电子积累，另一个端面上正电荷过剩，于是在薄片的 x 轴方向出现电位差。这一电位差称为霍尔电势，这种现象称为霍尔效应，这个半导体薄片称为霍尔片。

霍尔电势 V_H 的大小与所通过的电流（一般称为控制电流）I、磁感应强度 B 及霍尔片的材料和几何尺寸等有关，其关系式为

$$V_H = K_H I B \tag{2.20}$$

式中　K_H——霍尔常数。当霍尔片的材料和几何尺寸一定时，K_H 为常数。

由式（2.20）可知，在控制电流 I 不变的情况下，霍尔电势 V_H 与磁感应强度 B 成正

比。如果设法设计一个线性的不均匀磁场，并且使霍尔片在该磁场中移动，显然，这将可以产生一个与位移大小成正比的霍尔电势，从而可实现位移量与电势值的线性转变。为了得到这一线性的不均匀磁场，可采用如图 2.19 所示的两块相同的磁铁，以磁极相反的方式对置，由于磁极端面间特殊的磁靴形状，便可在磁极间形成良好的线性不均匀磁场。

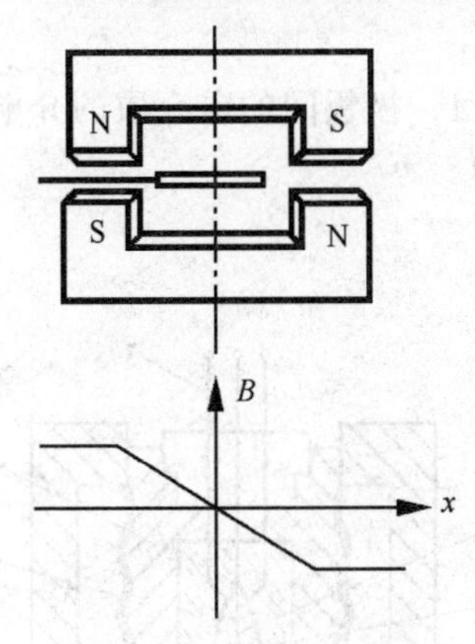

图 2.19　线形非均匀磁场

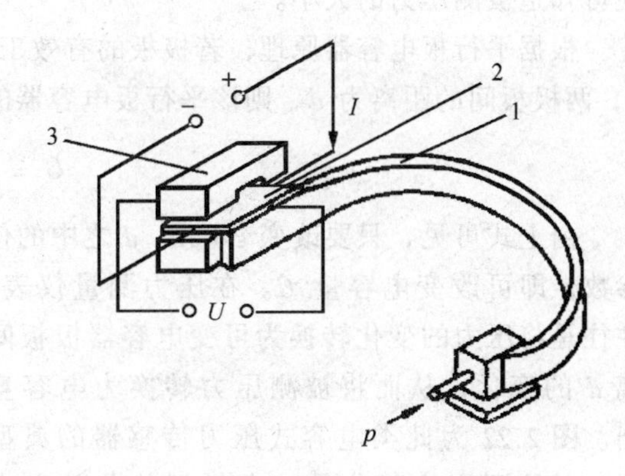

图 2.20　霍尔远传压力表结构
1—弹簧管；2—霍尔片；3—磁钢

图 2.20 是霍尔式压力变送器一种典型结构，霍尔片与弹簧管的自由端相连，并将霍尔片置于线性非均匀磁场中。当霍尔片处于两对磁极间的中央平衡位置时，由于霍尔片两半侧所通过的磁通量大小相等，方向相反，所以霍尔片总的输出电势等于零。当在被测压力作用下使霍尔片偏离中心平衡位置时，由于磁场的变化，霍尔片总的输出电势就不再为零，而是与被测压力大小有关的量（一般为几十毫伏数量级）。由于两对磁极间的磁场变化是线性分布的，故霍尔片的输出电势随位移（即压力）的变化也是线性的，故可由相应的显示仪表直接测知被测压力的大小。

霍尔片对温度变化较敏感，需采取适当的温度补偿措施。为保证控制电流 I 恒定，外加的直流电源应具有恒流特性。

2.2.4.4　电感式远传压力表

电感式远传压力表的核心是感压弹性元件和电感转换器。这种压力表的结构形式多样，图 2.21是差动式远传压力表的原理图。图中的弹性元件是弹簧管，电感传换器主要由两个相同的电感线圈共用一铁芯构成。铁芯与弹簧管自由端相连接，可随弹簧管自由端在电感线圈中移动。当被测压力为零时，图中的弹簧管 1 没有变形，铁芯 2 处于电感线圈 3 和 4 的中间位置，因此流过负载电阻 Z_L 的电流 I_{L1}和 I_{L2}大小相等，方向相反，即 $\Delta I = 0$，故输出电压 $U = 0$。当被测压力由弹簧管 1 引入时，弹簧管的自由端将带动铁芯 2 位移，从而引起电感线圈 3 和 4 的电感量变化，

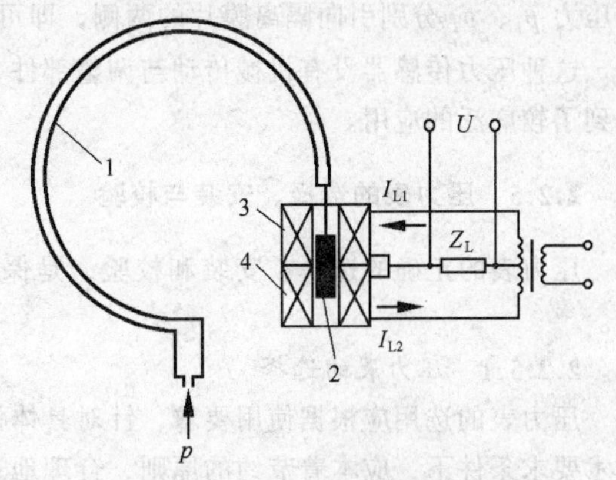

图 2.21　差动远传压力表工作原理
1—弹簧管；2—铁芯；3、4—差动变压器线圈

故使 $I_{L1} \neq I_{L2}$，即 $\Delta I \neq 0$，于是在负载电阻 Z_L 上有电压 U 输出。此电压信号与被测压力成正比，送至相应的显示仪表即可测知被测压力。

2.2.4.5 电容式远传压力表

电容式远传压力表是将被测压力的变化转换为电容量的变化，然后通过测量该电容量便可知道被测压力的大小。

根据平行板电容器原理，若极板的有效工作面积为 A，极板间的电介质的介电常数为 ε，两极板间的距离为 d，则该平行板电容器的电容量为

$$C = \frac{\varepsilon A}{d} \tag{2.21}$$

由上式可见，只要改变 ε、A、d 之中的任一参数，即可改变电容量 C。在压力测量仪表中，往往是将压力的变化转换为可变电容器极板间距离 d 的变化，从而将被测压力转换为电容量输出。图 2.22 为此类电容式压力传感器的典型结构。其检测变换部分是一个封闭的差动电容膜盒，在两块对称金属基座内侧的烧结玻璃绝缘层上蒸镀一层很薄的弧形金属膜作为固定电极（如图中 1），在其中间夹一绷紧的平板弹簧膜片 2 作为感压元件，它同时又是两固定电极中间的公用可动电极。这样在两固定电极 1 和可动电极 2 之间就组成了两个差动电容。在膜盒内充满硅油，作为传压介质。

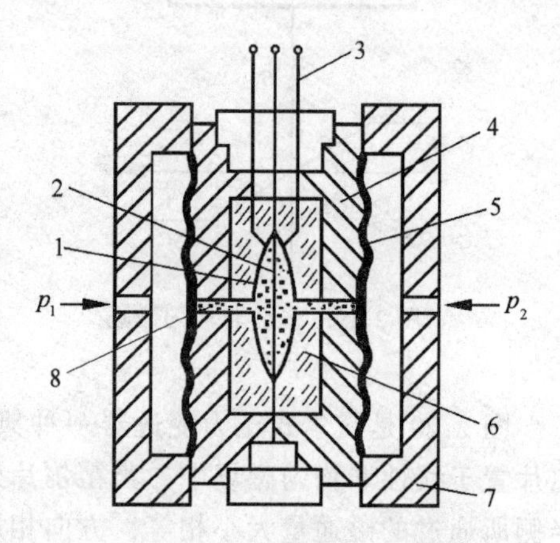

图 2.22 电容式差压传感器

1—固定电极；2—感压膜片（可动电极）；3—引出线；4—金属座；5—隔离膜片；6—绝缘玻璃；7—外壳；8—硅油充液

当被测压力从引压口引入作用在膜盒某一侧隔离膜片时（另一侧与通大气相通），该压力将通过硅油传递给可动电极 2，使其产生挠曲变形，造成可动电极与两固定电极之间的距离不再相等，从而引起两个差动电容器的电容量发生变化。差动电容量的这种变化通过测量电路进行变换和处理，即可输出与被测压力相对应的直流电流或电压信号。若将两个不同的压力 p_1、p_2 分别引向隔离膜片的两侧，即可用来测量这两个压力之差（即“差压”）。

这种压力传感器没有机械传动与调整部件，结构简单、稳定可靠、测量精度高，因此得到了较广泛的应用。

2.2.5 压力表的选择、安装与校验

压力表的正确的选择、安装和校验，是保证其在生产过程中发挥应有作用的重要环节。

2.2.5.1 压力表的选择

压力表的选用应根据使用要求，针对具体情况作具体分析。在符合生产过程所提出的技术要求条件下，应本着节约的原则，合理地选择仪表的种类、型号、测量范围和精度等级等。

1. 仪表类型的选择

选择仪表的总原则是必须满足生产工艺的要求。具体选择时，可以从三个方面考虑：(1) 被测介质的性质，如温度、压力的高低，粘度的大小，有无腐蚀性，是否结晶，脏污程度，易燃易爆情况等；(2) 对显示的要求，如是一般的现场指示，还是需要远传显示、信号报警、数据累积或自动记录等；(3) 环境条件，如环境温度的高低、电磁场的强度、潮湿性、振动性、腐蚀性等情况。

2. 仪表测量范围的确定

应根据被测压力的大小来确定仪表的测量范围。对于弹性式压力表，为了保证弹性元件在弹性变形的安全范围内可靠工作，在确定压力表测量范围时，必须注意留有充分余地。一般在被测压力较稳定的情况下，最大压力值不应超过仪表测量上限的 3/4；在被测压力波动较大的情况下，最大压力值不应超过仪表上限值的 2/3。为了保证测量精度，被测压力的最小值不应低于仪表测量范围的 1/3。

根据以上原则，初步计算出仪表的上下限，但并不能以此作为仪表的测量范围。因为仪表的测量范围已由国家主管部门进行了标准化和系列化，不能任意选取，所以应根据计算值，查阅产品手册与定型生产的仪表测量范围系列相对照，最终确定相应的仪表测量的上下限值。

3. 仪表精度等级的选择

应根据生产允许的最大测量误差来确定仪表的精度。选择时，应在满足生产要求的情况下尽可能选用精度较低、价廉耐用的压力表。

2.2.5.2 压力表的安装

1. 测压点的选择

所选择的测压点应能够反映被测压力的真实情况。

(1) 测量流动介质压力时，取压点要选在被测介质直线流动的管段部分，不要选在管道拐弯、分叉、死角或其他易形成旋涡的地方；注意取压点处的导压管应与被测介质流动方向相垂直。

(2) 测量液体压力时，取压点应设在管道侧下方，以使导压管内不积存气体；测量气体压力时，取压点应设在管道上方，以使导压管内不积存液体。

(3) 应注意清除取压孔处的毛刺。

2. 导管的铺设

(1) 导压管不能太细和太长，否则会增加滞后现象。一般导压管的内径为 6～10mm，长度为 3～50m。

(2) 对于沿水平方向铺设的导压管段应具有一定的坡度，以利于排除冷凝液体或气体。当被测介质为气体时，导压管应向取压器方向低倾；当被测介质为液体时，导压管则应向测压仪表方向低倾。低倾的坡度一般不小于 3%；当被测压力较小时，坡度应适当增大到不小于 5%～10%。

(3) 当被测介质易冷凝或冻结时，必须加保温伴热管线。

(4) 在取压口与压力仪表之间应装有检修阀，并且阀门应靠近取压口安装。

3. 压力表的安装

(1) 压力表应安装在易观察和检修的地方，并力求避免高温和振动的影响。

(2) 测量液体或蒸汽介质压力时，为避免产生液柱误差，压力表应安装在与取压点同高度处。若两者高度不同，压力表的示值应进行修正。修正值为 ± γh（γ 为介质的容重，h 为压力表与取压点的高度差）。若压力表在取压点的上方，修正值取正值，即压力表示值加上修正值；反之，压力表示值减去修正值。

（3）测量蒸汽介质压力时，应加装凝液管［如图 2.23（a）］，以防止高温蒸汽直接与测压元件接触；对于腐蚀性的介质，应加装充有中性介质的隔离罐［如图 2.23（b）、（c）］。总之，应根据被测介质的不同性质，(如高温、低温、腐蚀性、结晶、沉淀、粘稠等）采取相应的防护措施。

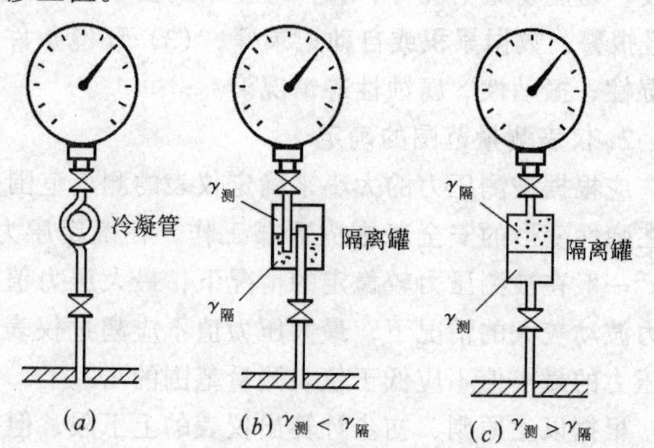

图 2.23　压力表安装示意图

（4）压力表的连接处应加装密封垫片，以防止泄漏。一般温度低于 80℃、压力小于 1.96MPa 时，用石棉纸板或铝垫片；温度及压力更高时，用退火紫铜片或铅垫片。另外还要考虑介质的影响，例如，测氧压力表，不能用带油或有机化合物的垫片；测乙炔压力表，禁用铜垫片（因为生成乙炔铜容易引起爆炸）。

2.2.5.3　*压力表的校验*

仪表在使用过程中应定期校验，以检查仪表的精度和质量是否降低，如果不符合原规定的技术性能，就必须及时检修或更换仪表或降级使用，以保证生产安全正常进行。选择标准仪表时，一般要求标准表的绝对误差应小于被校表绝对误差的 1/3。常用校验压力表的标准仪表是活塞式压力表，它的精度等级有 0.02、0.05 和 0.2 级，可用于校验 0.25 级的精密压力表，也可校验各种工业用压力表。

活塞式压力表的结构如图 2.24 所示，它由压力发生部分和测量部分组成。

压力发生部分　螺旋压力发生器 4，通过手轮 7 旋转丝杠 8 推动工作活塞 6 挤压工作液，经工作液传压给测量活塞 1。工作液一般采用洁净的变压器油或蓖麻油等。

测量部分　测量活塞 1 上端的托盘上放有荷重砝码 2，测量活塞 1 插在活塞柱 3 内，下端承受螺旋压力发生器 4 向左挤压工作液 5 所产生的压力 p 的作用。当测量活塞 1 下端面因压力 p 作用所产生向上的力与测量活塞 1 本身和托盘及砝码 2 的重力相等时，测量活塞 1 将被顶起而稳定在活塞柱 3 内的某一平衡位置上。这时力的平衡关系为

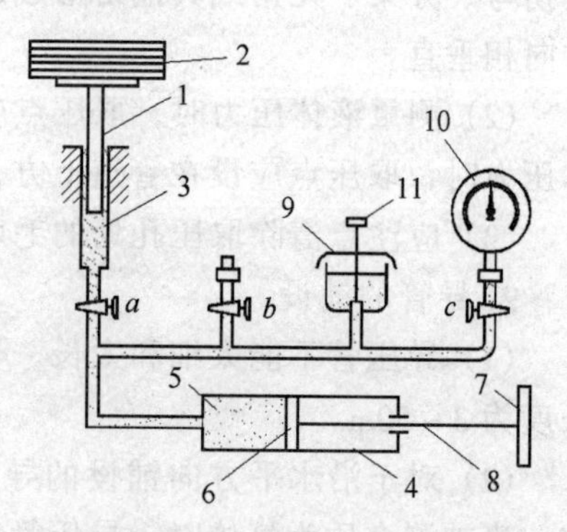

图 2.24　活塞式压力计

1—测量活塞；2—砝码；3—活塞柱；4—螺旋压力发生器；5—工作液；6—工作活塞；7—手轮；8—丝杠；9—油杯；10—被校压力表；11—进油阀；a、b、c—切断阀

$$pA = W + W_0$$

即

$$p = \frac{1}{A}(W + W_0) \tag{2.22}$$

式中 A——测量活塞1的截面积；

W——砝码的重量；

W_0——测量活塞（包括托盘）的重量。

一般取 $A = 1\text{cm}^2$ 或 0.1cm^2。根据式（2.22）可以准确地由平衡时所加砝码的重量和活塞自身的重量知道被测压力 p 的数值。将被校压力表10上的示值 p' 与这一准确的标准压力值 p 相比较，便可知道被校压力表的误差大小。

2.3 温度检测仪表

2.3.1 概述

温度是表征物体冷热程度的物理量，是工业产生和科学实验中最普遍、最重要的参数之一。在给水与污废水处理过程中，温度的测量与控制与水处理的质量密切相关。例如，利用生物法对生活污水处理时，温度的过高或过低，都会严重影响水中微生物的生长、繁殖，从而影响污水处理的质量。

根据测温方法的不同，测温仪表可分为接触式和非接触式两大类。

接触式测温仪表是温度计的传感器（感温元件）直接与被测物体接触，待被测介质与传感器充分进行热交换，使传感器与被测物体达到热平衡后而完成测温的仪表。这类测温仪表，目前按其测温原理又可分为膨胀式、压力式、热电偶和热电阻温度计四类。接触式测温仪表测温简单、可靠，一般情况下测量精度较高。其共同的缺点是具有一定的测温滞后现象；对于小目标或热容量小的测温对象，测量误差一般较大；不能测量很高的温度和不易测量腐蚀性介质的温度。

非接触式测温仪表是温度计的传感器不直接与被测物体直接接触，目前常用的是通过对被测物体辐射能量的检测来实现测温的。这类温度计可进一步分为光学式、比色式和红外式等几种。非接触式测温仪表的主要特点是可测量高温对象、小目标或小热容量对象及温度变化迅速对象的表面温度，测温的反映速度很快。其存在的问题是：不能测量物体内部的温度；受物体辐射能力不同的影响，测温时需进行相应的修正；易受环境中的烟、尘、水蒸气、二氧化碳等中间介质的影响，给测量带来误差。目前这类温度计主要用于高温测量。

下面重点介绍几种工程中常用接触式测温仪表。

2.3.2 膨胀式温度计

膨胀式温度计就是以物质的热膨胀性质与温度的固有关系为基础来制造的温度计。主要有玻璃膨胀液体温度计，双金属温度计和压力式温度计三种。

2.3.2.1 玻璃液体温度计

1. 玻璃液体温度计的工作原理与构造

玻璃液体温度计是人们最熟悉的一种温度计，它是利用感温液体的热胀冷缩原理进行测温的。由于选择的感温液体的膨胀系数远大于玻璃的膨胀系数，测温时，通过观察液体体积的变化即可感知温度的变化。

玻璃液体温度计主要由感温泡、感温液体、毛细管、刻度标尺和安全泡五个基本部分组成，如图2.25所示。

感温泡是玻璃液体温度计感受温度部分，它位于温度计下端，容纳绝大部分感温液体，所以也称其为储液泡。

感温液体就是封装于温度计感温泡内的工作液体。最常用的工作液体是汞与乙醇。

毛细管是连接在感温泡上的空心细玻璃管，感温液体在里面可随温度变化而上、下移动。

标尺是包括分度线、数字和摄氏度符号（℃）的总称。

安全泡是指位于毛细管顶端的扩大泡，它可以防止由于温度过高液体过度膨胀而胀裂温度计。通常，安全泡的容积大约为毛细管容积的三分之一。

此外，对于测温范围较大的玻璃液体温度计还常设有中间泡。中间泡设置于感温泡和标尺下限的刻度线之间，用以容纳温度上升到温度计下限刻度线之前的膨胀液体，这样可使标尺缩短以方便使用。比较精密的温度计，在中间泡下面还刻有零位线（即辅助标尺），以便检查温度计的零位变化。图2.25（*a*）所示的就是一支带有中间泡及辅助标尺的温度计。

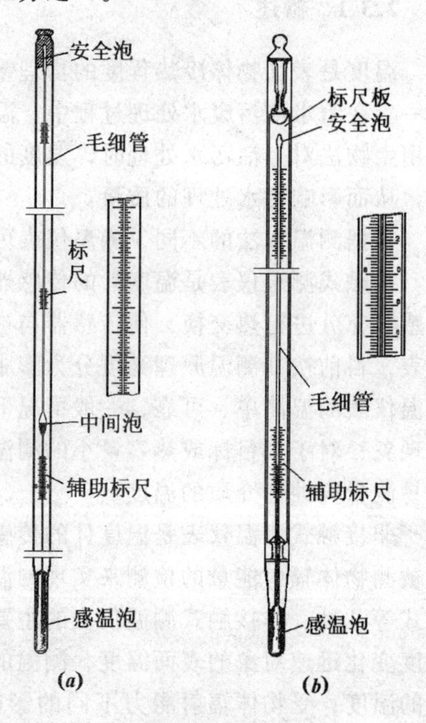

图2.25 玻璃液体温度计

（*a*）棒式；（*b*）内标式

2. 玻璃液体温度计的类型

按标尺的形式不同，玻璃液体温度计可分为棒式、内标式和外标式三类。

棒式温度计由厚壁毛细管制成，温度标尺直接刻在毛细管的外表面上，如图2.25（*a*）所示。这种温度计测量精度较高，多用于实验室或作标准温度传递使用。

内标式温度计的毛细管贴靠在标尺板上，两者均封装在一个玻璃保护管中，如图2.25（*b*）所示。这种温度计读取示值方便清晰，多用于生产过程的温度测量，也可用作精密测量。

外标式温度计是将毛细管贴靠在标尺板上，但不封装在玻璃保护管中。这种温度计多用于室温的测量。

按测温时的浸没方式不同玻璃液体温度计可分为全浸式和局浸式两类。

全浸式温度计测温时，要求温度计插入被测介质的深度接近于液柱顶端弯月面所指示的位置。一般要求液柱弯月面高出被测介质表面不得大于15mm。因此，当用这类温度计测量不同温度时，其插入深度要随之改变。全浸式温度计的背面一般都标有“全浸”字样。这类温度计受环境温度影响很小，故其测量精度较高。标准温度计和许多精密温度计都是全浸式温度计。

局浸式温度计测温时，要求在被测介质中将温度计插入到温度计的浸入标志处。这类温度计测温时，由于液柱大部分露于被测介质之上，故其受环境温度影响较大，测量精度低于全浸式温度计。

按使用要求的不同，玻璃液体温度计还可分为标准水银温度计和工作用玻璃液体温度计。

标准水银温度计主要用于温度量值的传递和精密测量。目前，我国标准水银温度计的传递范围已延伸至 -60 ~ +500℃。标准水银温度计分为一等标准和二等标准两种，他们都是成套生产的，每套有若干支，传递范围均为 -30 ~ +300℃，但每支的测温范围都不大。一等标准的水银温度计有 9 支一套（0 ~ +100℃范围的最小分度值为 0.05℃，其余范围的最小分度值为 0.1℃）和 13 支一套（最小分度值均为 0.05℃）的两种。二等标准的水银温度计为 7 支一套（最小分度值均为 0.1℃）。

工作用玻璃液体温度计是生产和科学实验中使用的温度计的统称，其又可进一步分为实验室用和工业用两种。

实验室用玻璃液体温度计的精度比一般工业用玻璃液体温度计高，属于精密温度计。它一般是棒式的或内标式的，最小分度值一般为 0.1、0.2 或 0.5℃，有时也将 4 支或 5 支不同范围的温度计组成一套使用。

工业用玻璃液体温度计种类、形式繁多，用途也各不相同。其最小分度值有 1℃、2℃，最大可达 5℃。在形式上，除常见的普通棒式和内标式的外，还有根据需要而制造的特殊外形和结构的温度计。下面简单介绍几种。

尾式温度计　尾式温度计有直形和不同角度的尾部，可根据需要选择。

金属套管温度计　金属套管温度计是在玻璃液体温度计的外面罩有金属保护管。该保护管可防止温度计受到机械损伤和使温度计能可靠地固定在被测温的设备上。这种温度计的尾部也可根据需要制成不同的角度。

电接点温度计　它是以水银的上升、下降作通断电的温度计。这种温度计在毛细管中的规定点处焊有两根金属丝，当温度上升或下降到固定点所对应的温度计时，水银柱即将这两根导线接通或断开，并向外界发出相应的信号。这种温度计与电子继电器等装置配套后，可用来控制温度或报警。

电接点温度计分为固定接点和可调接点两种。可调电接点温度计可通过调节装置改变毛细管内金属丝的位置，从而改变温度的控制点。

最高温度计和最低温度计　最高温度计是能够始终保持测量过程中的最高温度的温度计；最低温度计则是能够始终保持测量过程中的最低温度的温度计。

3. 玻璃液体温度计的特点

不同类型的玻璃液体温度计，根据其感温液体及使用目的不同，特点各不相同，但就一类温度计而言，其有以下主要特点。

（1）测温范围为 -200 ~ +600℃；

（2）结构简单、使用方便，价格便宜，精确度较高；

（3）观察、监测不够方便，一般仅供现场读数测量，示值不能远传，读数也不够清晰；

（4）易损坏，而且损坏后无法修复。

玻璃液体温度计品种规格最多的是水银温度计。水银是对人体有害的物质，水银温度计在使用中容易造成“汞害”。因此，在应用中应尽量用其他温度计代替水银温度计。

4. 玻璃液体温度计的使用

(1) 应根据被测对象的实际温度选用合适测量范围的玻璃液体温度计，切不可超过温度计的允许测量范围使用，以避免胀裂损坏温度计。

(2) 在安装之前，应注意检查温度计零点的位置或用标准水银温度计对其进行校验，如有误差，应将其加到测量的读值上予以修正。

(3) 在使用过程中，应注意保持温度计的清洁，以便于读数。

(4) 读数时，视线应与温度标尺垂直，水银温度计应在水银液柱凸面的最高点位置读数，有机液体温度计应在液柱凹面最低点位置读数。

2.3.2.2 双金属温度计

1. 双金属温度计的工作原理及结构形式

双金属温度计的感温元件是由膨胀系数不同的两种金属片牢固地粘合在一起而制成的。将双金属片的一端固定，当温度变化时，由于两种金属的膨胀系数不同而产生弯曲，自由端的位移通过传动机构带动指针指示出相应的温度，如图 2.26 所示。

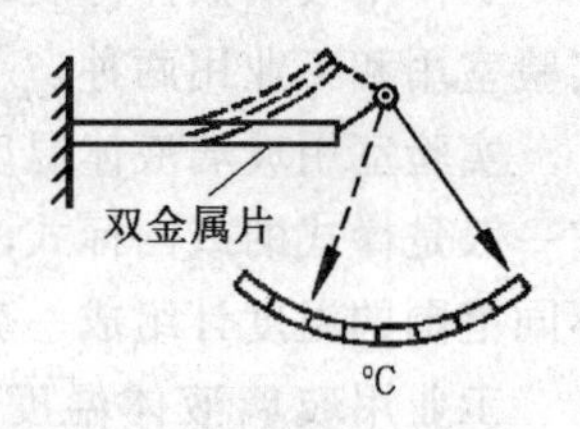

图 2.26 双金属温度计工作原理

增加双金属片的长度，可提高温度计的灵敏度。为此，常将双金属片做成直螺旋形和盘旋形两种结构形式，相应称为直螺旋形双金属温度计和盘旋形双金属温度计。

直螺旋形双金属温度计（如图 2.27）是将直螺旋形双金属片置于一保护管内，它的一端焊接在保护管的尾部作为固定端，另一端（自由端）与指针中心轴连接，当被测温度发生变化时，双金属片自由端发生位移，通过中心轴带动指针指示出温度的变化。直螺旋形双金属温度计，根据其外形又称为杆形双金属温度计。这种温度计根据其表头与保护管的连接方式不同，又可分为轴向式（刻度盘平面与保护管呈垂直连接）、径向式（刻度盘平面与保护管呈平行连接）和可调角式等几种。盘旋形双金属温度计是将双金属片做成盘旋形状，它的一端固定在盘盒上，另一端与指针中心轴连接，当被测温度变化时，双金属片曲率发生变化，自由端通过中心轴带动指针指示出温度的变化。盘旋形双金属温度计的双金属片直接装于表壳内，外形成盒形，故又称其为盒形双金属温度计。这种温度计体积较小，常用于飞机机舱、船舱、粮仓或实验室等室内温度的测量。

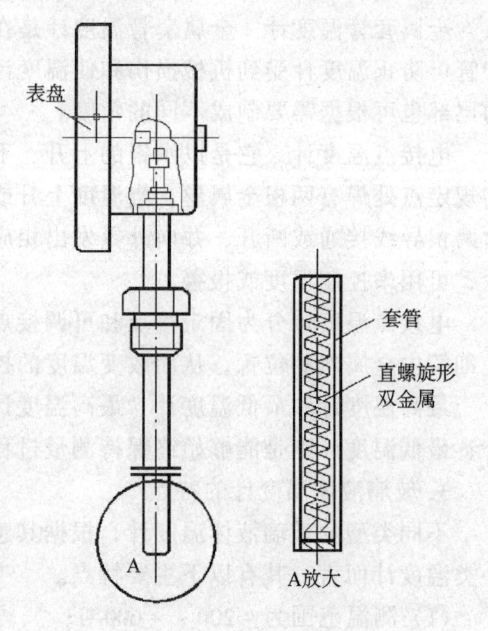

图 2.27 直螺旋形双金属温度计

双金属温度计可根据需要制成电接点型、防水型等品种。

2. 双金属温度计的特点

双金属温度计有以下主要特点。

(1) 可测温范围为 -80~600℃;

(2) 精度相对较低，一般有1级、1.5级和2.5级几种;

(3) 结构简单、价格便宜、刻度清晰、耐振动。

实用中，用双金属温度计代替水银温度计既便于读数，又可避免“汞害”。

3. 双金属温度计的使用

双金属温度计的选择，安装与使用的注意事项与玻璃液体温度计相似，即注意选用合适的测量范围；在安装使用前注意对温度计的校验；在使用过程中注意保持清洁等。另外因为这种温度计的感温元件是双金属片，所以在测温过程中应注意对温度计的保养，避免温度计感温部分被锈蚀。

2.3.2.3 压力式温度计

1. 压力式温度计的工作原理、组成及其分类

压力式温度计是基于液体或气体在密闭系统内受热膨胀而引起压力变化的原理来进行测温的。

如图2.28所示，压力式温度计是由感温包、毛细管和弹簧管压力表组成的。在温包、毛细管和弹簧管的密闭系统中充有液体或气体感温物质，测温时，温包放置在被测介质中，当被测介质温度发生变化时，感温包内感温物质受热膨胀，而使密闭系统内压力发生变化，此变化的压力经毛细管传递给到弹簧管感知，引起其自由端产生位移，此位移通过传动机构，带动指针指示出相应的温度。

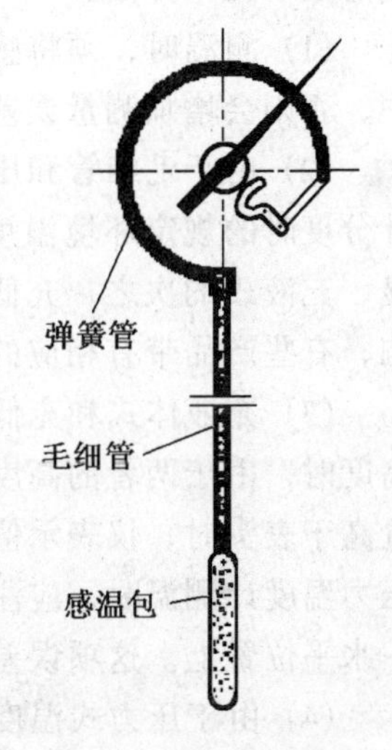

图2.28 压力式温度计结构示意

压力式温度计按填充物质的不同，可分为充气式、充液式和充低沸点液体式（蒸汽式）三种基本类型。按功能又进一步可分为指示式、记录式、报警式（带电接点）和调节式等类型。

表2.1列出了我国生产的压力式温度计的主要技术特性。从表中可以看出，充低沸点液体式的热惯性相对最小；充气式的测量范围相对最大；充液式的精度相对最高。

压力式温度计的技术特性表　　表2.1

种　类	感温物质	测温范围（℃）	精度等级	时间常数（s）	毛细管长度
充气式	氮气	-100~600	1.5、2.5	80	1~60
充液式	二甲苯 甲　醇 甘　油	-40~200 -40~175 20~175	1.0、1.5	40	1~20
充低沸点液体式	丙　酮 氯甲烷 氯乙烷	50~200 -20~125 20~120	1.5、2.5	30	1~60

2. 压力式温度计的特点

（1）目前，我国生产的这类温度计的测量范围是 - 100 ~ 600℃；

（2）既可就地进行测量，又可根据其毛细管的长度，在感温包所能达到的范围内进行远传测量（最大范围一般不超过 60m）；

（3）结构简单，价格便宜，刻度清晰；

（4）除电接点式以外，其他形式的压力式温度计不带任何电源，使用中不会产生火花，故具有防爆性能，适用于易燃，易爆环境下测温；

（5）这类温度计的示值是由毛细管传递的，故其滞后时间较大；

（6）由于这类温度计受安装高度、测量环境、感温包在被测介质中的浸入深度和压力表精度等的影响，其测量精度不高。

（7）毛细管的机械强度较差，易损坏，且损坏后一般不易修复。

3. 压力式温度计的使用

压力式温度计除应注意避免超范围使用和在使用前对温度计进行相应的检验外，还应注意以下几个方面：

（1）测温时，须将感温包全部浸入被测介质中。但应注意，不能将毛细管也插入介质中，否则会增加测量误差。

（2）由于毛细管和压力表弹簧管中所充的也是感温物质，当其所处的环境温度与温度计分度时的规定环境温度不符时，则会对示值产生影响。关于这种影响，充气式的最明显，充液式的次之，充低沸点液体式的甚微。为了减小环境温度变化对温度计示值的影响，有些产品带有相应的补值装置。

（3）充液体式和充低沸点液体式压力温度计，当温度计的感温包与弹簧管不处于同一高度时，由于两者的高度不同而产生的液柱差，将给仪表的示值带来误差。当温包所处位置高于表头时，仪表示值要比实际值偏高；反之，仪表示值将偏低。因此，在使用这两类压力温度计测温时，应注意温包与表头位置的安装，一般是将感温包和指示部分安置在同一水平位置上。这项误差对充气式压力温度计的影响可忽略不计。

（4）由于压力式温度计的毛细管机械强度较差，在安装和使用压力式温度计时，必须注意保护毛细管，不得剧烈多次弯曲冲击，同时，也要注意不要将毛细管和弹簧管置于易受腐蚀的环境中。

（5）由于压力式温度计的滞后时间较大，测温时，应待温度示值较稳定后再进行读数。

2.3.3 热电偶温度计

热电偶温度计是热电偶以热电偶为感温元件的温度计。热电偶早在 19 世纪就已用于测温，目前仍为工业和科研中应用最广的一种温度传感器。它具有结构简单、性能稳定、复现性好、热惯性小、测温范围广，输出为电信号便于远传测量与控制等优点。

由于热电偶温度计在高温状态下仍然有良好的性能，工业上一般用其测量 500℃以上的高温。

2.3.3.1 热电偶的测温原理

将两种不同的导体（或半导体）A、B 组成闭合回路，如图 2.29 所示。当 A、B 相接的两个接点温度不同时，由于热电效应，回路中会产生一个电势 E_{AB}，称为热电势。图

2.29 所示的闭合回路称为热电偶，导体 A、B 称为势电偶的两个热电极。热电势 E_{AB} 的数值与组成热电极导体材料性质和两接点端的温度差有关，与热电极的长度和直径无关。当热电极导体材料和其中一个接点端温度 t_0 一定时（该接点端称为参考端或冷端），则热电势 E_{AB} 只是另一个接点端（称为工作端或热端）温度 t 的单值函数，即

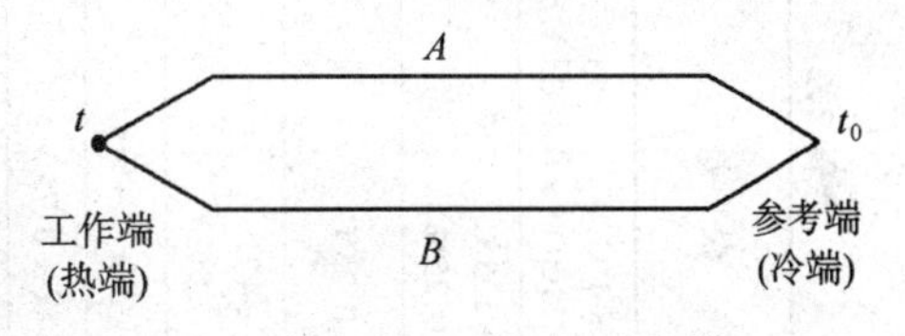

图 2.29　热电偶回路

$$E_{AB} = f(t, t_0) = f(t) \tag{2.23}$$

如果找出热电势 E_{AB} 与工作端温度的函数关系，并测得在某一工作温度下的热电势值 E_{AB}（t），就可利用这一函数关系求得工作端的温度 t。热电偶温度计就是根据这一原理测温的。

2.3.3.2　热电偶的基本定律

1. 均质导体定律

在由一种均匀导体或半导体组成的闭合回路中，不论其截面和长度如何，以及沿长度方向上各处的温度分布如何，都不能产生势电势。由此定律可知，热电偶必须采用两种不同的导体或半导体制成；如果热电极本身的材质不均匀，由于温度梯度的存在，将会产生附加热电势而造成温度测量的不准确。

2. 中间导体定律

在热电偶回路中接入中间导体 C 后，只要中间导体两端温度相同，中间导体的引入对热电偶回路的总电势没有影响。

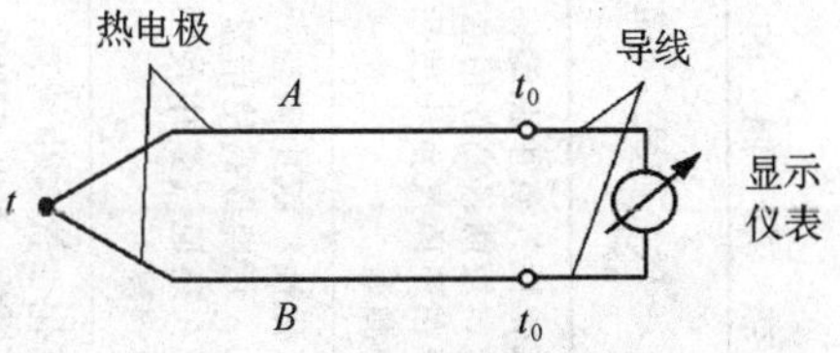

热电极　导线　A　t_0　t　显示仪表　B　t_0

图 2.30　热电偶测温系统

同理，热电偶回路中接入多种导体后，只要保证接入的每种导体的两端温度相同，则对热电偶的总热电势也没有影响。

正是由于此性质，热电偶才能作为实用的感温元件与二次仪表等配套，组成工业上广泛应用的热电偶温度计，如图 2.30 所示。

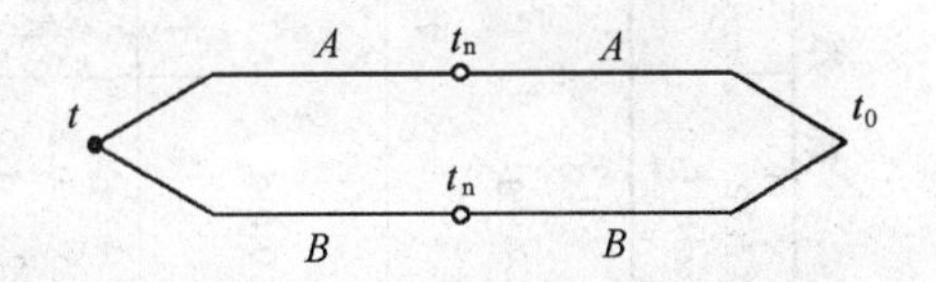

图 2.31　中间温度定律示意图

3. 中间温度定律

热电偶回路中，两接点温度为 t、t_0 时的热电势，等于接点温度为 t、t_n 与 t_n、t 时两支同性质热电偶的热电势的代数和（如图 2.31），其数学表达式为

$$E_{AB}(t, t_0) = E_{AB}(t, t_n) + E_{AB}(t_n, t_0) \tag{2.24}$$

在热电偶测温中，常常遇到热电偶冷端温度不为 t_0，而是处于某一中间温度 t_n。这时，可利用中间温度定律，以 E_{AB}（t_n，t_0）作为修正值，对测得的热电势 E_{AB}（t，t_n）进行修正。

2.3.3.3　热电偶的种类

从理论上讲，任意两种导体或半导体都可以组成热电偶，但实际上，为了使热电偶具有足够的稳定性、灵敏度、可互换性和一定的机械强度、较宽的测量范围等性能，对热电极的材料必须进行选择。

标准化热电偶的主要特性 **表 2.2**

热电偶名称	IEC 分度号	国家分度号 新	国家分度号 旧	偶丝直径 (mm)	通用范围	等级	温度范围	允许误差
铂铑 10—铂	S	S	LB—3	0.5～0.20	适于氧化性气氛中测温；长期最高使用温度为 1300℃，短期最高使用温度为 1600℃；不推荐在还原气氛中使用，但短期内可以用于真空中测温	Ⅰ	0～1100℃ 1100～1600℃	±1℃ ±［1+（t－1100）×0.003］℃
						Ⅱ	0～600℃ 600～1600℃	±1.5℃ ±0.25%t
铂老 30—铂铑	B	B	LL—2	0.5～0.015	适于氧化性气氛中测温；长期最高使用温度为 1600℃，短期最高使用温度为 1800℃；不推荐在还原气氛中使用，但短期内可以用于真空中测温	Ⅱ	600～1700℃	±0.25℃
						Ⅲ	600～800℃ 800～1700℃	±4℃ ±0.5%t
镍铬—镍硅（镍铬—镍铝）	K	K	EU—2	0.3、0.5、0.8、1.0、1.2、1.5、2.0、2.5、3.2	适于氧化性气氛中测温；按偶丝直径不同，其测温范围为－200～1300℃；不推荐在还原气氛中使用，短期内可以在还原气氛中使用，但必须外加密封保护管	Ⅰ	－40～1100℃	±1.5℃或±0.4%t
						Ⅱ	－40～1200℃	±2.5℃或±0.75%t
						Ⅲ	－200～40℃	±2.5℃或±1.5%t
铜—铜镍（康铜）	T	T	CK	0.2、0.3、0.5、1.0、1.6	适于在－200～400℃范围内测温	Ⅰ	－40～350℃	±0.5℃或±0.4%t
						Ⅱ	－40～350℃	±1℃或±0.75%t
						Ⅲ	－200～40℃	±1℃或±1.5%t
镍铬—铜镍（康铜）	E	E	—	0.3、0.5、0.8、1.0、1.2、1.6、2.0、3.2	适于氧化和弱还原性气氛中测温；按偶丝直径不同，其测温范围为－200～900℃	Ⅰ	－40～800℃	±1.5℃或±0.4%t
						Ⅱ	－40～900℃	±2.5℃或±0.75%t
						Ⅲ	－200～40℃	±2.5℃或±1.5%t
铁—铜镍（康铜）	J	J	—	0.3、0.5、0.8、1.2、1.6、2.0、3.2、3.2	适于氧化和还原性气氛中测温，也可在真空和中性气氛中测温；按偶丝直径不同，其测温范围为－40～750℃	Ⅰ	－40～750℃	±1.5℃或±0.4%t
						Ⅱ	－40～750℃	±2.5℃或±0.75%t
铂铑 13—铂铑	R	R	—	0.5～0.020	适于氧化性气氛中测温；长期最高使用温度为 1300℃，短期最高使用温度为 1600℃；不推荐在还原气氛中使用，但短期内可以用于真空中测温	Ⅰ	0～1600℃	±1℃ ±［1+（t－1100）×0.003］℃
						Ⅱ	0～1600℃	±1.5℃或±0.25%t

注：1. t 为被测温度，℃；

2. 允许偏差以温度值或实际温度的百分数表示，两者中采用计算数值的较大值。

近年来国际电工委员会（IEC）对被公认性能优良的材料制定了统一的标准，共7种。我国已决定标准热电偶采用IEC标准。标准热电偶有一定的允许误差、统一的热电势——温度分度表和统一的配套二次仪表。表2.2为标准化热电偶的主要特性。表中的分度号是表示热电偶材料、区别不同热电偶的标记符号。例如，表中的分度号B，表明热电偶是采用铂铑30—铂铑6材料制造的，即正极采用70%Pt（铂），30%Rh（铑）制成，负极采用94%Pt（铂），6%Rh（铑）制成，其他类推。

除标准热电偶之外，尚有非标准热电偶，它们在高温、低温、超低温等某些特殊的场合使用，可显示良好的性能。

2.3.3.4　热电偶的结构类型

热电偶按其结构形式可分为普通工业用热电偶、铠装热电偶、多点式热电偶、小惯性热电偶和表面热电偶等类型。前两种热电偶广泛应用于工业产生和科学研究过程中的温度测量，现介绍如下。

1. 普通工业用热电偶

普通工业用热电偶的结构如图2.32所示，它由热电极、绝缘瓷管、接线盒、接线座、接线柱和保护套管组成。

绝缘瓷管　绝缘瓷管是作为热电偶两根热电极之间、以及热电极与保护管之间绝缘的元件。根据热电偶的测温范围，绝缘瓷管一般有耐火陶瓷（1000℃以下测温）；莫来石刚玉（1600℃以下测温）；纯刚玉（1800℃以下测温）三种材料。

保护套管　保护套管是用来保护热电偶金属丝不受机械损伤和介质化学腐蚀的装置。热电偶保护套管常用的材料有金属和非金属两大类。

金属保护套管一般有普通碳钢（600℃一下测温）；不锈钢（900℃以下测温）；高温不锈钢（1000℃下下测温）三种材料。

非金属保护套管一般有耐火陶瓷（1300℃以下测温）；高纯氧化铝（1600℃以下测温）两种材料。

根据保护套管的结构特征，可分为无固定件和有固定件两种。有固定件又有固定螺纹、固定法兰等几种形式。

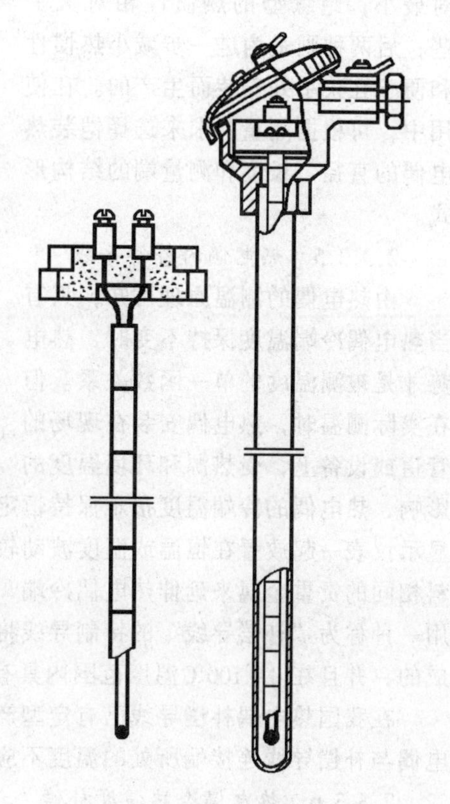

图2.32　普通工业用热电偶结构

接线盒　接线盒是用来固定接线座和作为热电偶与外部连接导线相连接的装置。根据使用环境，可有普通型、防溅型、防水型、防爆型、接插型等多种结构类型。

2. 铠装热电偶

铠装热电偶是由热电极、绝缘材料和金属套管三者组合加工而成的坚实组合体，如图2.33所示。

铠装热电偶的套管材料常为铜、不锈钢和镍基高温合金；绝缘材料常用氧化铝、氧化镁和氧化铍等。

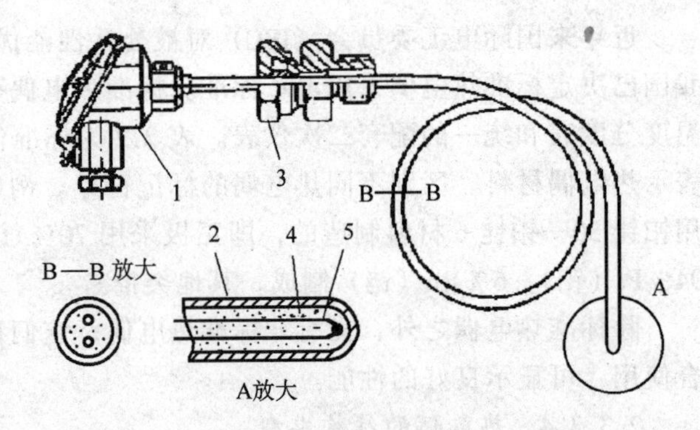

图 2.33　铠装热电偶结构

1—接线盒；2—金属套管；3—固定装置；4—绝缘材料；5—热电偶电级

铠装热电偶与普通工业热电偶比较，具有热惯性小、反应迅速，良好的机械性能，可挠性好，使用寿命长，外形尺寸可以做得很小等优点。

铠装热电偶的直径有 0.25～12mm，长度有 50～15000mm 多种规格。铠装热电偶测量端的结构形式有五种，如图 2.34 所示。其中，前三中为普通形式，并以露端型的热惯性相对最小，绝缘型的热惯性相对大一些；后两种则是为进一步减小热惯性和便于在狭小处安装而生产的。在使用中，可根据测量要求来选择铠装热电偶的直径、长度和测量端的结构形式。

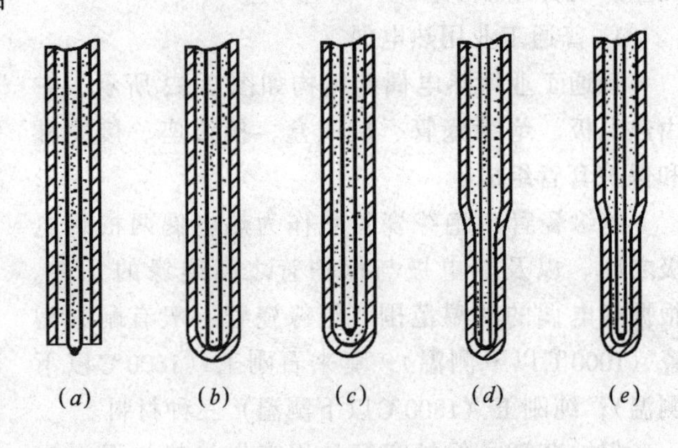

图 2.34　铠装热电偶测量端结构形式

(a) 露端型；(b) 接壳型；(c) 绝缘型；(d)、(e) 减径测量端型

2.3.3.5　热电偶的补偿导线

由热电偶的测温原理可知，只有当热电偶冷端温度保持不变时，热电势才是被测温度的单一函数关系。但在实际测温时，热电偶安装在现场的管道或设备上，受热源和环境温度的影响，热电偶的冷端温度很难保持恒定。为使测量准确，应将热电偶的冷端延伸，并连同显示仪表一起放置在恒温或温度波动较小的地方（如集中控制室）。若用与热电偶电极材料相同的贵重金属来延伸热电偶冷端，要多耗费许多贵重金属，是极不经济的。一般是采用一种称为“补偿导线”的特制导线将热电偶的冷端延伸出来。这种导线是由廉价金属制成的，并且在 0～100℃温度范围内具有和所连接的热电偶相同的电性能。

在我国热电偶补偿导线已有定型产品，使用时，要注意型号相配，极性不能接错。热电偶与补偿导线连接端所处的温度不应超过 100℃。

2.3.3.6　热电偶冷端温度补偿

热电偶的热电势 $E(t, t_0)$ 与温度 t 的关系表称为热电偶的分度表。在编制分度表时，通常是以热电偶的冷端温度为 t_0 = 0℃进行的。测温时，可通过实测 E（t，0℃）值，再查分度表得到被测介质温度 t 值；或直接通过与热电偶配套使用的二次仪表读取温度值。所以使用热电偶测温时，应使热电偶的冷端温度为 0℃，否则会给测量带来误差。

由前述可知，补偿导线只能将热电偶冷端延至环境温度较恒定的地方，它并不能消除冷端温度不为零的影响。因此，在使用中还需进一步采取措施，将冷端温度修正到 0℃。这一工作称为热电偶冷端温度的补偿。热电冷端温度补偿通常有以下几种方法。

1. 冰浴法

在实验室条件下，可将热电偶冷端置于冰点恒温槽中，使冷端温度恒定在0℃进行测温，此法称冰浴法。

如图2.35，将两热电极的冷端分别放入两个插入冰点恒温槽的试管中，并与其底部的少量水银相接触，水银上面放有少量蒸馏水。冰水混合物的温度是0℃，所以热电偶的冷端可恒定在0℃。

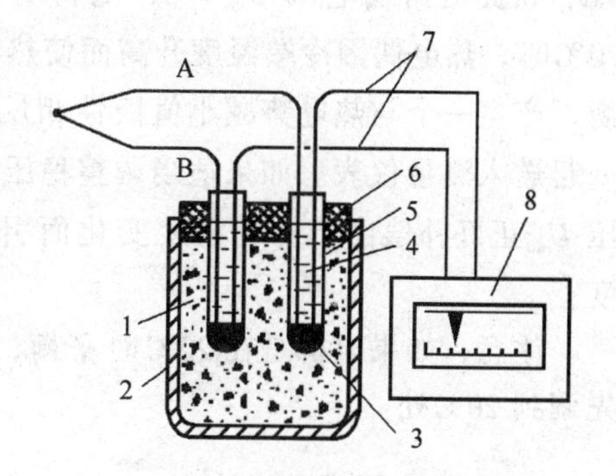

图2.35　冷浴法冷端温度补偿

1—冰水混合物；2—冰点恒温槽；3—水银；4—蒸馏水；5—试管；6—盖；7—铜导线；8—显示仪表

冰浴法虽然是一种理想的方法，但它只适用于实验室中，在工业生产中使用极不方便。

2. 计算法

如果被测介质的温度为 t，用热电偶测量时，其冷端温度为 t_n，测得的热电势为 $E(t, t_n)$。这时可利用该热电偶的分度表先查出 t_n 作为热端时的热电势值 $E(t_n, 0℃)$，再根据中间温度定律，将 $E(t_n, 0℃)$ 作为修正值，由下式计算合成热电势

$$\underset{\text{实际值}}{E(t,0℃)} = \underset{\text{测量值}}{E(t,t_n)} + \underset{\text{修正值}}{E(t_n,0℃)}$$

求出 $E(t, 0℃)$ 之后，根据该 $E(t, 0℃)$ 再查分度表得到被测温度的 t 值。

3. 仪表机械零点调整法

如果热电偶冷端温度比较恒定，与之配套的显示仪表机械零点的调整又比较方便，则可采用此法。

预先测知热电偶冷端 t_n，然后将仪表的机械零点从0℃调至 t_n 处。这相当于输入热电偶电势之前就给仪表输入了电势 $E(t_n, 0℃)$，使测量时输入仪表的电势相当于 $E(t, t_n) + E(t_n, 0℃) = E(t, 0℃)$，从而仪表的指针就指出被测介质的温度。

此法在工业上常被采用。应该注意，当冷端温度变化时，需要重新调整仪表的机械零点。

4. 补偿电桥法

补偿电桥法，是采用不平衡电桥产生的电势来自动补偿热电偶因冷端温度变化引起的热电势的变化值。如图2.36，补偿电桥经补偿导线串联在热电偶的测温回路中，热电偶的冷端和补偿电桥处于同一环境温度中。补偿电桥的三个桥臂电阻是由电阻温度系数很小的锰铜丝绕制的（其阻值基本不受环境温度变化影响），并使其阻

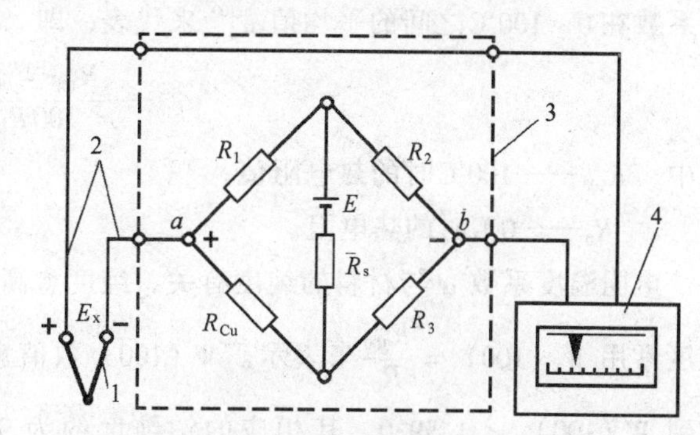

图2.36　补偿电桥法原理

1—热电偶；2—补偿导线；3—补偿电桥；4—测温仪表

值 $R_1 = R_2 = R_3 = 1\Omega$；另一个桥臂是由电阻温度系数较大的铜丝绕制的，并使其在20℃时，阻值 $R_{Cu} = 1\Omega$。因此，当环境温度为20℃时，电桥平衡，即此时 $R_1 = R_2 = R_3 = R_{Cu} = 1\Omega$，桥路对角线电压 $U_{ab} = 0$，电桥对仪表的读数没有影响。当环境温度变化，如高于20℃时，热电偶因冷端温度升高而使热电势减小，而此时 R_{Cu}阻值将增加，使电桥失去平衡，产生一个与热电势减小值极性相反的不平衡电压 U_{ab}，它与热电偶的热电势相迭加，一起送入测量仪表。如果适当调整稳压电源的限流电阻 R_s 值，可使电桥产生的不平衡电压 U_{ab}正好补偿由于冷端温度变化而引起的热电势的变化值，仪表即可指示出正确的温度。

注意，如果电桥是在20℃时平衡，则采用该电桥时，必须把测温仪表的机械零点预先调到20℃处。

2.3.4 电阻式温度计

电阻式温度计是以热电阻为感温元件的温度计。热电阻的最大特点是性能稳定，测量精度高。电阻式温度计在工业生产中广泛被用来测量-200~+500℃范围的温度。

2.3.4.1 电阻式温度计的工作原理及常用的热电阻材料

电阻式温度计是根据组成热电阻的金属或半导体电阻值随温度的变化而变化的性质来测量温度的。热电阻感受被测介质温度后，通过测量电路，由显示仪表就可直接读取与热电阻值对应的被测介质温度。

热电阻分为金属热电阻和半导体热敏电阻两类。虽然几乎所有金属与半导体的电阻值均有随温度变化而变化的性质，但作为测温元件必须满足下列条件：

(1) 有较大的电阻温度系数

温度 t 变化1℃时，电阻值 R 的相对变化量称为电阻的温度系数，用 α 表示，单位为1/℃。即

$$\alpha = \frac{dR/R}{dt} = \frac{1}{R}\frac{dR}{dt} \tag{2.25}$$

α 值愈大，温度计的灵敏度愈高，测量结果愈准确。金属热电阻的 α 为正值，半导体热敏电阻的 α 为负值。即前者阻值随温度的升高而增大，后者阻值随温度的升高而减小。一般电阻与温度的关系不一定是线性关系，为了比较各种材料的电阻特性，可用电阻的温度系数在0~100℃之间的平均值 α_0^{100} 来代表，即

$$\alpha_0^{100} = \frac{R_{100} - R_0}{100 R_0} \tag{2.26}$$

式中 R_{100}——100℃时的热电阻值，

R_0——0℃时的热电阻。

电阻温度系数 α 与材料的纯度有关，纯度愈高，α 愈接近材料本身的最高值。材料的纯度常用 $W(100) = \frac{R_{100}}{R_0}$来表示。$W(100)$数值愈大，纯度愈高。例如，目前铂已可提纯到 $W(100) = 1.3930$，其相应的铂纯度约为99.9995%，工业用铂的纯度一般为 $W(100) = 1.387 \sim 1.390$。

(2) 在测量范围内其物理和化学性质稳定，即要求热电阻不会在其所应用的温度范围

内，因反复加热和冷却，而造成氧化及与周围介质发生相互作用。

(3) 有较大的电阻率。电阻率 ρ 愈大，制成热电阻的体积愈小，测量的热惯性就愈小，因而对温度的变化反应迅速，测温精度高。

(4) 在热电阻的整个测量范围内，电阻与温度的关系必须是单值函数，最好近于线性。

(5) 热电阻材料的复现性要好或复制性要强，并且容易提纯。

1. 金属热电阻

比较合适做热电阻的金属材料有：铂 (Pt)、铜 (Cu)、铁 (Fe)、镍 (Ni) 等，几种常用的热电阻材料的性能见表 2.3。

常用金属热电阻材料的性能 **表 2.3**

材料名称	α_0^{100} (1/℃) 电阻温度系数	电阻率 ρ ($\Omega\cdot mm^2/m$)	测温范围 (℃)	电阻丝直径 ϕ (mm)	关 系	特 点
铂 (Pt)	$3.8\sim3.9\times10^{-3}$	0.0981	$-200\sim850$	$0.05\sim0.07$	近线性	物理化学性能稳定易于提纯，复现性好，价格贵
铜 (Cu)	$4.3\sim4.4\times10^{-3}$	0.017	$-50\sim150$	0.1	线 性	易得到纯态，价格便宜，但易于氧化
铁 (Fe)	$6.5\sim6.6\times10^{-3}$	0.10	$-50\sim150$	0.05	非线性	易氧化，化学稳定性不好
镍 (Ni)	$6.6\sim6.7\times10^{-3}$	0.12	$-50\sim100$	0.05	近线性	稳定性优于铁，比铂灵敏，提纯难，复现性差

目前，工业上标准化生产的热电阻有铂电阻、铜电阻和镍电阻。标准化热电阻是国家统一生产的热电阻，它们有一定的 R_0 值（0℃是的电阻值）和电阻温度系数，有一定的允许误差，有统一的电阻温度分度表和统一的配套二次仪表（目前镍电阻尚无标准分度表）。工业上广泛应用的是铂电阻和铜电阻。

铂电阻 铂电阻的特点是精度高，在氧化性环境中具有很高的稳定性，易于提纯，具有良好的复制性和工艺性，可以制成极细的铂丝（直径达 0.02mm）或极薄的铂箔；但它的电阻温度系数较小，在高温下，易受还原性介质损伤，使质地变脆。尽管铂有其不足之处，但目前仍是一种较为理想的热电阻材料。

在 $-200\sim0$℃范围内，铂电阻与温度的关系为

$$R_t = R_0[1 + At + Bt^2 + C(t - 100)t^3] \tag{2.27}$$

在 $0\sim+850$℃范围内，其关系为

$$R_t = R_0(1 + At + Bt^2) \tag{2.28}$$

式中 A、B、C——分度常数；

t——温度 (℃)；

R_0——0℃时的电阻值 (Ω)；

R_t——t (℃) 时的电阻值 (Ω)。

工业标准化的铂电阻有 R_0 为 50Ω 和 100Ω 的两种规格，其热电阻的分度号（表明热电阻材料和 0℃时阻值标记的符号）分别为 Pt100 和 Pt50。与此相应的有两种 R_t-t 分度表。热电阻分度号是表明热电阻材料和 0℃时阻值标记的符号。工业铂电阻温度计的温度范围是 -200～850℃。

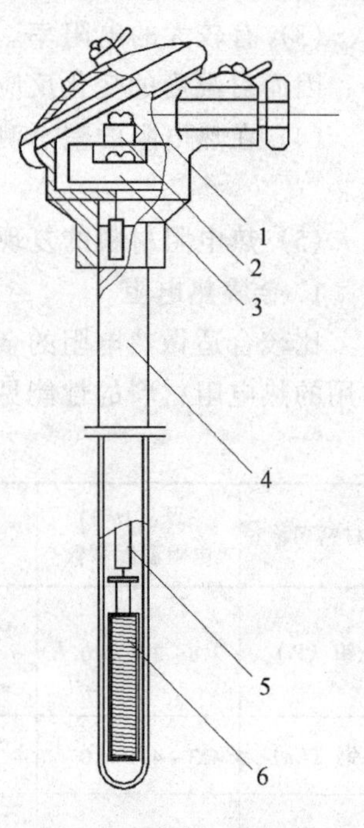

图 2.37　普通热电阻结构

1—接线盒；2—接线柱；3—接线座；4—保护套管；5—绝缘子；6—电阻体

铜电阻　铜电阻的特点是其阻值与温度呈线性关系，电阻温度系数较大，而且材料易于提纯，价格便宜；但它的电阻率低，易于氧化。所以在温度不高（不超过 150℃）和对传感器体积没有特殊限制时，可以使用铜热电阻。

在 -50～150℃范围内，铜电阻与温度的关系为

$$R_t = R_0(1+\alpha t) \tag{2.29}$$

我国工业用铜电阻的分度号有 Cu50 和 Cu100 两种，相应也有两种分度表。工业用铜电阻的允许使用温度为 -50～150℃。

2. 半导体热敏电阻

半导体热敏电阻通常用铁、镍、钛、镁、铜等一些金属的氧化物制成。可测量 -100～300℃的温度。他于金属热电阻比较有以下优点：

有较大的负温度系数，所以灵敏度高；

(1) 电阻率 ρ 很大，所以传感器的体积小，热惯性小，可以测量小温度的变化和动态温度；

(2) 电阻值较大，连接导线电阻的影响可以忽略；

(3) 制造工艺比较简单，价格便宜。

热敏电阻测温的不足是，温度与电阻之间变化呈非线性，性能不稳定，互换性差。因此，大大限制了它在工业生产中的推广使用。随着半导体生产技术的发展，制造工艺水平的提高，半导体热敏电阻将会有其广阔的应用前景。

2.3.4.2　金属热电阻的结构

金属热电阻可分为普通型和铠装两大类。

1. 普通型热电阻的结构

如图 2.37，普通型热电阻主要由电阻体、引出线、绝缘材料、保护套管和接线盒组成。它的外形与普通工业用热电偶极为相似，而且其绝缘材料、保护套管和接线盒的作用和结构形式与普通工业用热电偶也相同，所以在此不再赘述。

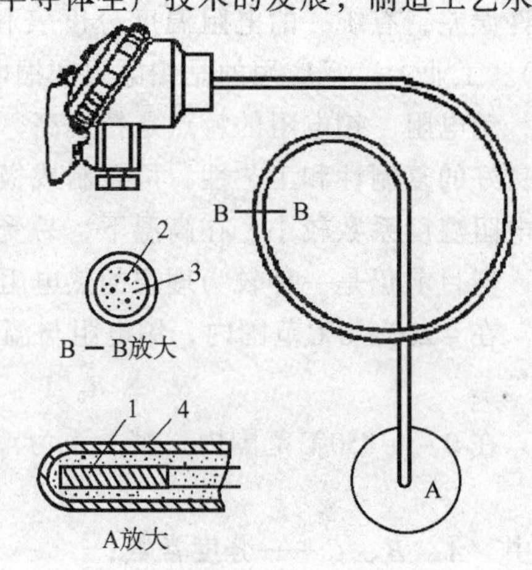

图 2.38　铠装热电阻

1—电阻体；2—引出线；3—绝缘材料；4—保护套管

电阻体是热电阻的关键部件，它由电阻丝和支架构成。根据测温范围的不同，支架的材料通常有云母、玻璃、石墨、胶木等几种。为了避免电阻丝自身产生电感而带来误差，电阻丝采用双

线绕法。工业用铂电阻一般采用直径为1mm的银丝作引出线，而标准或实验室用铂电阻采用直径为0.3mm的铂丝作引出线。铜电阻常用镀银铜丝作引出线。

2. 铠装热电阻

与铠装热电偶一样，铠装热电阻是近年来发展的一种新型结构的热电阻。它由金属保护管、绝缘材料和电阻体三者组合，经冷拔、旋锻加工而成，如图2.38所示。其电阻体一般采用铜、铂电阻，绝缘材料多用氧化镁粉，金属套管常用不锈钢制成。它具有热惯性小、反应迅速和可弯曲性，良好的耐振动性、抗冲击性，使用寿命长等优点。

2.4 流量检测仪表

2.4.1 概述

流量是给水排水工程系统运行与管理过程中重要的控制与测量参数之一。它是判断给水排水工程系统的工作状况，衡量设备的运行效率及进行经济核算的重要依据。

流量有瞬时流量与累积流量之分。

瞬时流量是单位时间通过某一过流断面的流体数量，可分为体积流量（Q）、质量流量（M）和重量流量（G）。工程中它们常用的单位分别依次为立方米每小时（m^3/h）、千克每小时（kg/h）和千牛顿每小时（kN/h）。累积流量是某段时间通过过流断面的流体总量。在给水排水工程中，常用体积瞬时流量（Q）来表示液体的流量概念。

工业上常用的流量计，按其测量原理可分为差压式流量计，面积式流量计，速度式流量计和容积式流量计四种类型。下面通过一些常用的流量计，对这四类流量计的测量原理、结构、特点及使用方法进行介绍。

2.4.2 差压式流量计

差压式流量计又称节流式流量计，它是利用流体流过节流装置时产生压差的原理实现流量测量的。差压式流量计由于具有原理简明，设备简单，应用技术比较成熟，容易掌握等优点，是目前工业上使用历史悠久和应用最广泛的一种流量计。其主要缺点是测量范围窄（一般量程比为3:1）；安装要求严格；压力损失较大；刻度非线性等。

差压式流量计主要由节流装置、导压管、压差计或差压变送器组成。

节流装置包括节流件和取压装置，其功能是将流量变化转换成相应的差压信号，然后经导压管送至差压计或差压变送器，由差压计显示压差值，或通过差压变送器将压差信号转换成标准电信号，再送显示仪表直接显示被测流量或送控制仪表对流量进行远传控制。下面主要介绍有关节流装置的测量变换原理及标准节流装置的基本内容。

2.4.2.1 节流装置的测量变换原理

所谓节流装置就是将其安装在管道中，流体流经时会产生流体流通面积突然缩小，使流束收缩的装置。常用的节流装置有孔板、喷嘴、文丘里管等。下面以孔板为例来讨论节流装置的测量变换原理。

充满圆管的单相恒定不可压缩流体流经装有孔板的水平管时，其压力和流速的分布情况如图2.39。从图中可以看出，断面Ⅰ之前流体未受节流件影响，流束充满管道，流体的

压力为 p_1'，平均流速为 v_1；断面Ⅰ之后，由于孔板的节流作用，流束开始收缩，流束的平均流速相应增大，流速中心处的压力开始下降，（如图中压力曲线的虚线变化过程）；但在靠近孔板前的管壁附近处，由于流动受到孔板的突然阻挡，部分动能转化为压能，使此处压力逐渐升高到 p_1（如图中压力曲线的实曲线变化过程）；由于惯性，流束通过节流件后继续收缩，到断面Ⅱ处收缩至最小，相应的平均流速 v_2 达到最大，压力达到 p_2'为最低；在断面Ⅱ之后，流束又逐渐扩散，平均流速降低，压力升高，到断面Ⅲ之后，平静流速又恢复到原来的 v_1，但由于存在能量损失，压力已不能恢复到原来的 p_1'，而存在一个压力损失 Δp。下面讨论孔板前后的压力差与流量的定量关系。

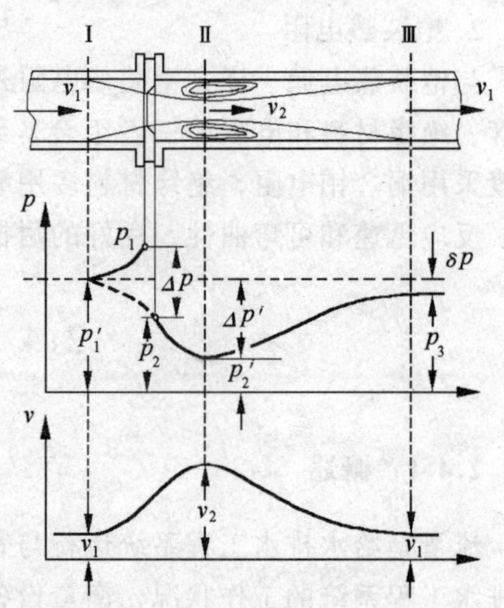

图 2.39　孔板前后压力和流速的分布

因为是不可压缩流体的恒定流，设流体的容重为 γ，对图中的断面Ⅰ和断面Ⅱ建立伯努利方程和连续性方程得

$$\frac{p'_1}{\gamma} + \frac{v_1^2}{2g} = \frac{p'_2}{\gamma} + \frac{v_2^2}{2g} + \xi\frac{v_2^2}{2g}$$

$$v_1 A_1 = v_2 A_2$$

式中 ξ 为孔板的局部阻力系数；A_1，A_2 分别为Ⅰ和Ⅱ处流束的断面面积，其中 A_1 等于管道的截面积。

联立求解上二式可得

$$v_2 = \frac{1}{\sqrt{1 - \left(\frac{A_2}{A_1}\right)^2 + \xi}} \cdot \sqrt{\frac{2g}{\gamma}(p'_1 - p'_2)} \tag{2.30}$$

直接由上式计算流速是困难的，因为 p'_2 和 A_2 都要在流束断面收缩到最小的地方测量，而该断面的位置是随着被测流量的不同而变化的。因此，准确的测量压力差（$p'_1 - p'_2$）和 A_2 都是困难的。

为简化问题，工程上常用固定的取压点测定的压差代替式中的（$p'_1 - p'_2$）。对于孔板式流量计，常取紧挨孔板前后的管壁附近的压差 $\Delta p = p_1 - p_2$ 来代替（$p'_1 - p'_2$），并引入系数 φ 加以修正

$$\varphi = \frac{p'_1 - p'_2}{p_1 - p_2} \tag{2.31}$$

同时，引入断面收缩系数 μ 和孔板口对管道的直径比 β

$$\mu = \frac{A_2}{A_0} \quad , \quad \beta = \frac{D_0}{D} \tag{2.32}$$

式中 A_0 为孔板的开孔面积，D_0 为孔板的开孔直径，D 为管道直径。

将（2.31）、（2.32）两式代入式（2.30）得

$$v_2 = \sqrt{\frac{\varphi}{1 - \mu^2\beta^4 + \xi}} \cdot \sqrt{\frac{2g}{\gamma}(p_1 - p_2)} \tag{2.33}$$

所以体积流量为

$$Q = v_2 A_2 = \frac{\mu\sqrt{\varphi}}{\sqrt{1 - \mu^2\beta^4 + \xi}} \cdot A_0\sqrt{\frac{2g}{\gamma}(p_1 - p_2)} \tag{2.34}$$

若令

$$\alpha = \frac{\mu\sqrt{\varphi}}{\sqrt{1 - \mu^2\beta^4 + \xi}} \tag{2.35}$$

则体积流量

$$Q = \alpha A_0\sqrt{\frac{2g}{\gamma}(p_1 - p_2)} = \alpha A_0\sqrt{\frac{2g}{\gamma}\Delta p} \tag{2.36}$$

质量流量

$$M = pQ = \alpha A_0\sqrt{2\rho\Delta p} \tag{2.37}$$

式中　α 称为流量计的流量系数。

式（2.36）和（2.37）是针对不可压缩流体的结果。对可压缩流体（如气体），尚须考虑流体流经节流装置前后的状态变化（近似为绝热过程）。为此，在上述公式的基础上还应引入一个流束膨胀系数 ε，并假设节流装置前流体密度为 ρ_1，则适用于可压缩流体的节流式流计量的计算公式为

体积流量
$$Q = \alpha\varepsilon A_0\sqrt{\frac{2g}{\gamma}\Delta p} \tag{2.38}$$

质量流量
$$M = \alpha\varepsilon A_0\sqrt{2\rho_1\Delta p} \tag{2.39}$$

实验表明，流束膨胀系数 ε 对于一定的节流装置，它只与 $\Delta p/p_1$ 和气体的等熵指数有关，应用时可查有关资料确定。

比较（2.36）~（2.39）四式可见，前两式可被包含在后两式之中，所以式（2.38）和（2.39）就是节流式流量计的流量基本公式，对于不可压缩流体，式中的 $\varepsilon = 1$，对于可压缩流体式中的 $\varepsilon < 1$。

流量公式（2.38）和（2.39）表明，当 α、ε、ρ 及节流件的开孔直径 D_0 确定后，流量 Q 与差压 Δp 的平方根成比例，根据这个压差值就可确定相应的流量。流量系数 α 是一个影响因素复杂、变化范围较大的重要参数。当管道直径、节流件的形式和开孔直径、取压方式已定，并且流体的雷诺系数 Re 大于某一界限值 Re_k 时，α 才为常数。所以，只有在所需测量的范围内（$Q_{min} \sim Q_{max}$）都保证 α 为常数，压差与流量之间才有恒定的对应关系。这是在确定节流装置和使用节流式流量计时必须注意的。图 2.40 是不同节流装置流量计的流量系数 α 与流体雷诺数 Re（$Re = \frac{Dv}{\nu}$，式中 D 为管径，v 为管中流速，ν 为流体的运动粘滞系数）的关系曲线。

2.4.2.2　标准节流装置

节流式流量计出现得最早，至今已积累了丰富的经验，有一套完整的实验资料，其特点是可以不经流体的直接标定而计算出流量。这是因为国内外已把最常用的节流装置：孔

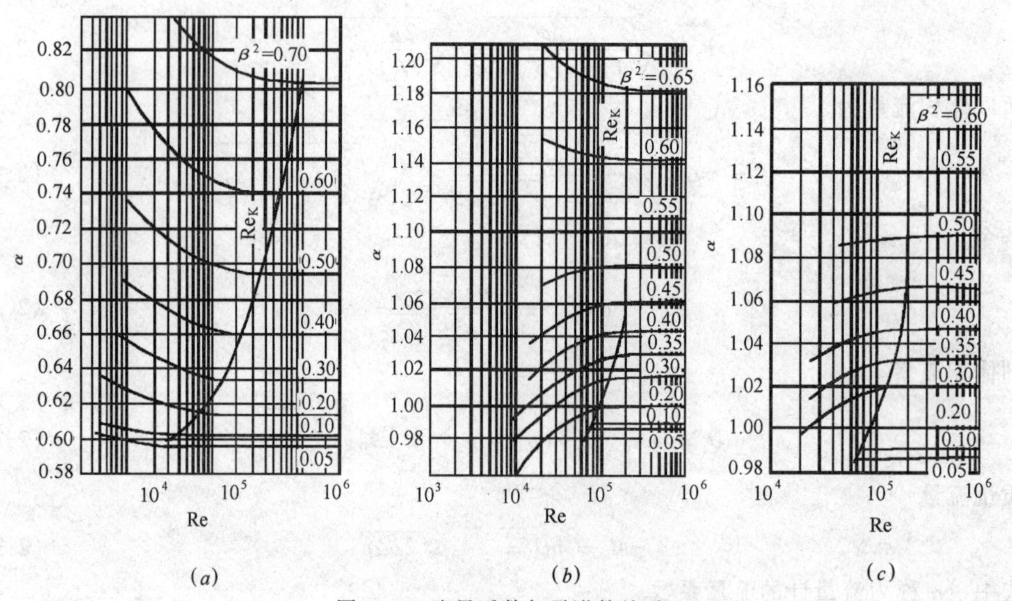

图 2.40 流量系数与雷诺数关系

(a) 标准孔板；(b) 标准喷嘴；(c) 标准文丘里管

板、喷嘴、文丘里管标准化，称为标准节流装置。对于标准节流装置，只要按照规定进行设计、安装和使用，就能保证流量测量精度在规定的误差范围之内。

标准节流装置包括标准节流件、取压装置及相应的管道条件。

1. 标准节流件

标准节流件有标准孔板、标准喷嘴、标准文丘里管等多种形式。目前我国使用较多的是标准孔板和标准喷嘴。

(1) 标准孔板 标准孔板的结构如图 2.41 (a)，它是一块中部具有与管道同心的圆形开孔的旋转对称薄板，而且它的入口具有非常尖锐的直角边缘，出口处有一个向下游侧扩散的光滑锥面。标准孔板是严格按照标准规定进行设计和加工的。

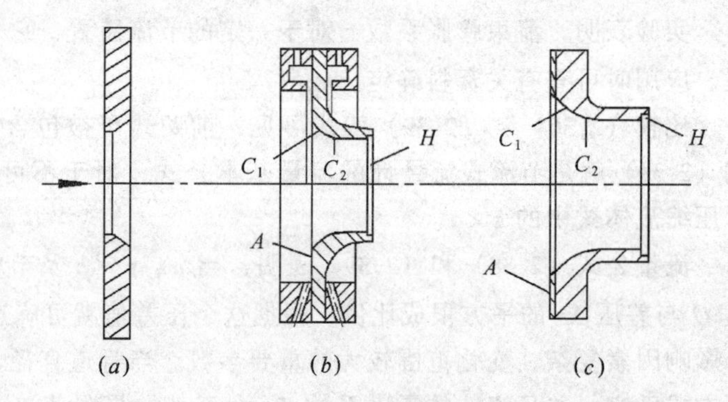

图 2.41 标准节流件

(a) 标准控板；(b) 标准喷嘴 ($\beta \leqslant \frac{2}{3}$)；(c) 标准喷嘴 ($\beta > \frac{2}{3}$)

(2) 标准喷嘴 标准喷嘴的结构形状如图 2.41 (b)、(c) 所示。它是一个以管道轴线为中心线的旋转对称体，由进口端平面 A，两个圆弧曲面 C_1、C_2，圆筒形的喉部和出口边缘保护槽 H 五部分组成。流体流径喷嘴时，可在喷嘴内形成充分的收缩，减小了涡流区，所以喷嘴的压力损失较标准孔板小。标准喷嘴也是严格按照标准规定设计和加工的。

2. 标准取压装置

取压装置与取压方式有关。取压方式有多种，我国规定的标准节流装置取压方式为：

标准孔板　角接取压；法兰取压。

标准喷嘴　角接取压。

下面按照取压方式分别介绍标准取压装置的结构形式及其特点。

(1) 取角接压

角接取压的取压孔位于孔板或喷嘴上下游两侧端面处。角接取压有环室取压和单独钻孔取压两种结构形式。如图 2.41（b）和图 2.42 上半部表示的是标准喷嘴和标准孔板的环室取压结构，下半部表示的是标准喷嘴和标准孔板的单独钻孔取压结构。

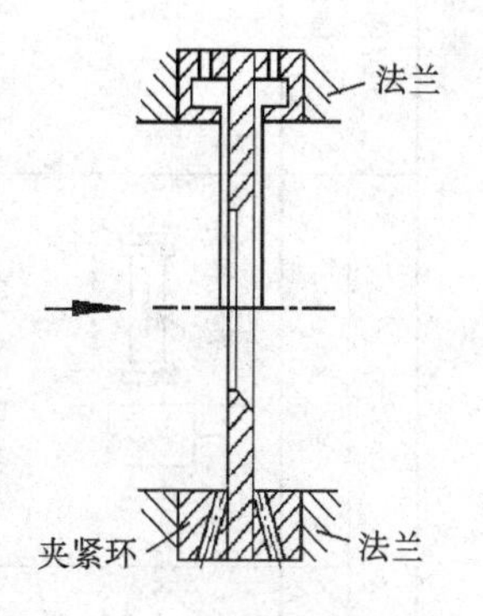

图 2.42　室取压结构和单独钻孔取压结构

环室取压的优点是取压口面积比较广阔，便于取出平均压差，有利于提高测量精度，但费材料，加工安装要求严格；单独钻孔取压结构简单，加工安装方便，但由于通过单孔取压误差较大，一般仅用于管径 $D \geqslant 200$mm 的大口径管道，并要求直管段较长，节流件产生的压差较大的场合。

为了得到更好的取压效果，可利用单独钻孔和环管相结合的方法取压。即在孔板上下游侧规定的位置上设几个单独钻孔的取压孔（要求同一侧的取孔等角距配置），引出压力后用环管连接，均压后送入差压计，其结构如图 2.43。

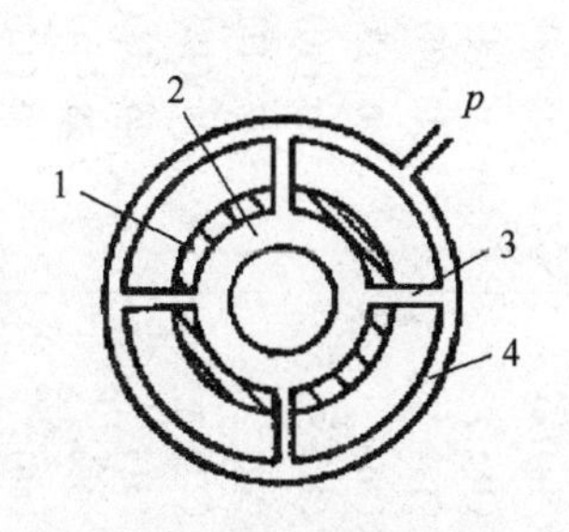

图 2.43　带均压管的单独钻孔取压

1—管道；2—孔板；3—单独钻孔；4—均环压管

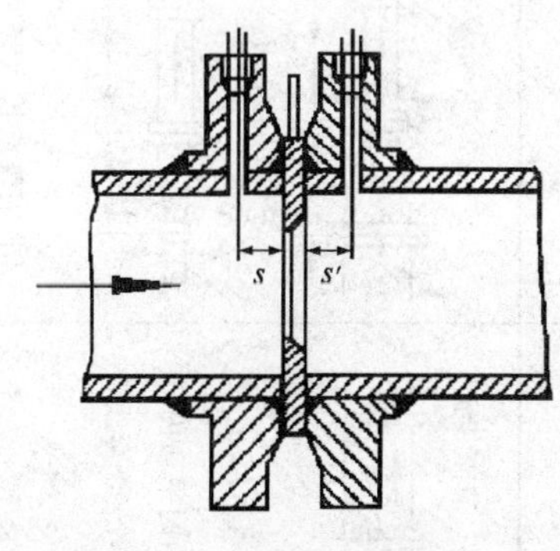

图 2.44　法兰取压装置结构

(2) 法兰取压

图 2.44 是标准孔板的法兰取压装置结构示意。法兰取压的取压孔轴线与孔板上下游两端面的距离 $s = s' = 25.4 \pm 0.8$mm。

为改善取压效果，与单独钻孔取压方式一样，可以在孔板上下游侧规定的位置上同时开设几个等角距法兰取压的取压孔，引出后用环管连通均压。

3. 标准节流装置的管道条件和安装、使用要求

标准节流装置的流量系数都是在一定的条件下通过试验取得的。因此，除对节流件和取压装置的结构有严格规定外，对节流装置的管道条件及其安装和使用要求也都应符合国家标准的规定。如果实际工作中偏离了规定条件，引起的流量测量误差难以计算的。

(1) 管道条件

① 安装节流件用的管道应该是直的圆形管道。管道的直度可以目测，管道的圆度要按“流量测量节流装置国家标准”的规定进行检验。

② 管道内壁应该洁净，其粗糙度应符合标准规定的限值范围。

节流件上下游的最小直管段长度 **表 2.4**

序号	1	2	3	4	5	6	下游侧阻力件形式
	上游侧第一个局部阻力件形式						
阻力件	一个 90°弯头或三通	在同一平面内有多个 90°弯头	在不同平面内有多个 90°弯头	收缩管或扩大管	球阀（全开）	闸阀（全开）	左面所有局部阻力件形式
β	最小直管段长度 L_1/D						最小直管段长度（L_2/D）
≤0.2	10（6）	14（7）	34（17）	16（8）	18（9）	12（7）	4（2）
0.25	10（6）	14（7）	34（17）	16（8）	18（9）	12（7）	4（2）
0.30	10（6）	16（8）	34（17）	16（8）	18（9）	12（7）	5（2.5）
0.35	10（6）	16（8）	36（18）	16（8）	18（9）	12（7）	5（2.5）
0.40	14（7）	18（9）	36（18）	16（8）	20（10）	12（7）	6（3）
0.45	14（7）	18（9）	38（19）	18（9）	20（10）	12（7）	6（3）
0.50	14（7）	20（10）	40（20）	20（10）	22（11）	12（7）	6（3）
0.55	16（8）	22（11）	44（22）	20（10）	24（12）	14（7）	6（3）
0.60	18（9）	26（13）	48（24）	22（11）	26（13）	14（7）	7（3.5）
0.65	22（11）	32（16）	54（27）	24（12）	28（14）	16（7）	7（3.5）
0.70	28（14）	36（18）	62（31）	26（13）	32（16）	20（8）	7（3.5）
0.75	36（18）	42（21）	70（35）	28（14）	36（18）	24（10）	8（4）
0.80	46（23）	50（25）	80（40）	30（15）	44（22）	30（12）	8（4）

注：表中括号外的数字为“附加极限相对误差为零”的数值；括号内的数字为“附加极限相对误差为±0.5%”的数值。

③ 节流件前后要有足够的直管段长度。节流件上下游侧不同局部阻力件情况下所需要的最小直管段长度 L_1、L_2 可根据表 2.4 确定。

当管路局部阻力情况比较复杂时，除节流件上游局部阻力件的若干个 90°弯头外，若串联几个其他形式的局部阻力件，则在第一个和第二个局部阻力件之间的直管段 L_0 可按这第二个局阻力件形式和直径比 $\beta = 0.7$（不论实际 β 值是多少）取表 2.4 所列数值的1/2。至于节流件与上游的开敞空间或直径≥管径 D 的容器直接连通，以及节流件上游侧第一个局部阻力件为温度计套管等情况时，可根据国家标准有关规定确定直管段的长度。

(2) 安装要求

① 节流件在管道中的安装应保证其前端面与管道轴线垂直，偏差不得超过 1°；同时，还应保证节流件与管道同心，其不同心度不得超过 $0.015D\ (1/\beta - 1)$ 的数值。

② 夹紧节流件用的密封垫片（包括环室与法兰、环室与节流件和法兰取压的法兰与孔板之间的垫片），在夹紧后不得突入管道内壁。垫片不能太厚，最好不超过 0.5mm。

③ 在测量准确度要求较高的场合，最好先将节流件、环室（或夹紧环）和上游侧 $10D$ 及下游侧 $5D$ 长的测量管先行组装，检验合格再接入主管道。

④ 新装管道系统必须在管道冲洗后再进行节流件的安装。

⑤ 凡是用于调节流量的阀门，最好安装在节流件后最小直管段以外。

⑥ 节流装置的各管段和管件的连接处不得有任何管径突变。

(3) 使用要求

标准节流装置使用时，必须满足下列条件：

① 流体必须充满圆管和节流装置，并连续流径管道。

② 流体必须是牛顿流体，在物理上和热力学上是均匀的、单相的，或者可以认为是单相的（指包括混合气体、溶液、分散粒子小于 $0.1\mu m$ 的胶体；在气体流中分散的固体微粒和液滴应均匀，且其质量成分不超过 2%；在液体流中分散的气泡应均匀，且其体积成分不超过 5%），且流体流经节流件时不发生相变。

③ 流体流动为恒定流，或近似为恒定流。

④ 流体流径节流件前，已达到充分发展的紊流，流线与管道轴线平行，不得有旋转流。

2.4.3 浮子流量计

浮子流量计又称为转子流量计，它属于面积式流量计。浮子流量计可用于测量液体、气体和蒸汽等多种介质的流量，尤其适用于较低雷诺数的中、小流量测量。

浮子流量计可分玻璃浮子流量计和金属管浮子流量计两大类。

2.4.3.1 浮子流量计的测量原理

如图 2.45，浮子流量计的测量部分是由一个竖直安装于管道中的锥形管和置于锥形管中的可以上下自由移动的浮子组成的。当被测流体自锥管下端流入流量计时，由于流体的作用，在浮子上下端面间将产生一压差，使浮子受到一向上的作用力。当该作用力大于浸在流体中浮子的重量时，浮子开始上

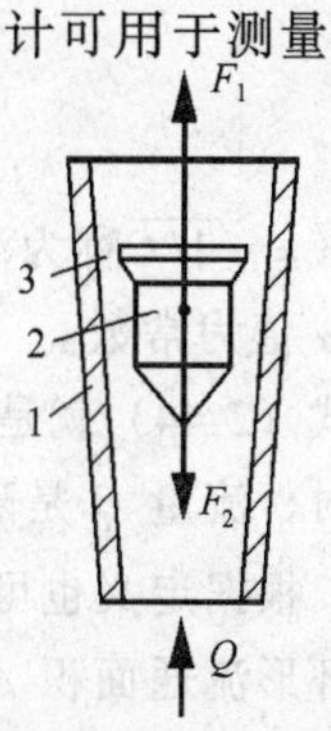

图 2.45 浮子流量计原理
1—锥形管；2—浮子；3—环隙

升。随着浮子的上升，浮子最大外径与锥管之间的环形流通面积逐渐增大，流过环形面积的流体流速相应下降，于是作用在浮子上的上升力也相应减小。当浮子受到的上升力减小到等于浸在流体中的浮子重量时，浮子便稳定在某一高度上。这时，浮子在锥管中的高度与所通过的流量有对应关系。这一高度就是流量计流量大小的度量。因为浮子在流体中的重量是一定的，所以无论浮子平衡在锥形管的哪一高度处，作用在浮子上的压力差总是恒定不变的，因此这种流量计又称为恒压差式流量计。下面通过浮子在平衡位置时的受力分析，来建立浮子流量计的流量基本公式。

当浮子在某一位置平衡时，流体对浮子施加的向上作用力 F_1 与浮子在流体中向下的重力 F_2 相平衡，即

$$F_1 = F_2 \tag{2.40}$$

式中 F_1 就是流体作用在浮子上的绕阻力，由流体力学知识可知 F_1 可用下式计算

$$F_1 = CA_n \frac{\rho v^2}{2} \tag{2.41}$$

式中 C——阻力系数；

A_n——浮子的最大截面；

ρ——被测流体介质的密度；

v——流体流过浮子与锥形管间环形流通面积的平均流速。

若设浮子材料的密度为 ρ_n，浮子的体积为 V_n，被测流体介质的密度为 ρ，则浮子在流体介质中的重力 F_2 为

$$F_2 = V_n g(\rho_n - \rho) \tag{2.42}$$

所以

$$CA_n \frac{\rho v^2}{2} = V_n g(\rho_n - \rho)$$

式中 g——当地重力加速度。

即

$$v = \sqrt{\frac{2gV_n(\rho_n - \rho)}{CA_n\rho}} \tag{2.43}$$

若设浮子与锥管间的环形流通面积为 A_0，则流量计的体积流量为

$$Q = vA_0 = \alpha A_0\sqrt{\frac{2gV_n(\rho_n - \rho)}{A_n\rho}} \tag{2.44}$$

式中 $\alpha = \sqrt{1/C}$称为浮子流量计的流量系数。对于一定的流量计而言，在其标定的测量范围内 α 值为常数。

式（2.44）就是浮子流量计的流量基本公式。可以看出，当锥形管、浮子形状和材质一定时，流量 Q 是随环形流通面积 A_0 而变化的。因此，浮子流量计属于面积式流量计。同样，根据定义也可以写出质量流量和重量流量的基本公式。

环形流通面积 A_0 与浮子上升高度 h 之间是函数关系。如图 2.46，设 h 处锥形管内截面的半径为 R，锥形管的锥角为 φ，浮子的最大截面半径为 r，则可推得

$$A_0 = \pi(R^2 - r^2) = \pi(2hr\text{tg}\varphi + h^2\text{tg}^2\varphi)$$

将 A_0 的关系式代入式（2.44）可得

$$Q = \alpha\pi\left[2hr\mathrm{tg}\varphi + (h\mathrm{tg}\varphi)^2\right]\sqrt{\frac{2gV_n(\gamma_n - \gamma)}{A_n\gamma}} \quad (2.45)$$

从上式可以看出，Q 与 h 之间并非线性关系。但因锥角 φ 一般很小，$(h\mathrm{tg}\varphi)^2$ 一项数值相对很小，可以忽略，所以 Q 与 h 之间可近似为线性关系。

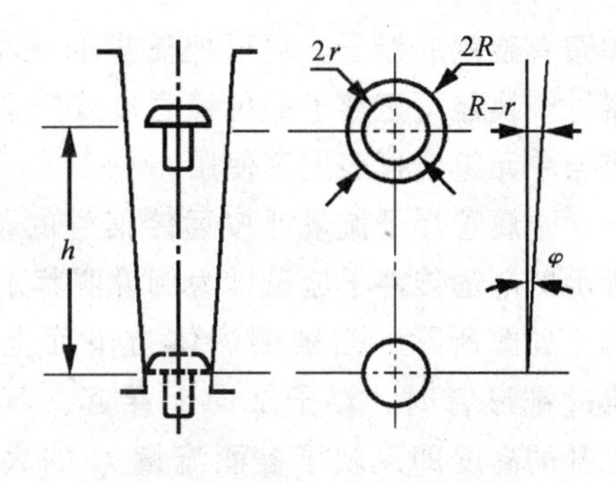

图 2.46　流量与浮子高度关系

2.4.3.2　玻璃管浮子流量计

玻璃管浮子流量计结构简单、成本低、易制成防腐蚀型仪表，通常用于压力范围为 0.25～1.6MPa 和温度范围为 －20～＋120℃的不带颗粒悬浮物的透明液体或气体介质的现场流量测量。

玻璃管浮子流量计主要由锥形玻璃管、浮子和支撑连接件组成。流量标尺直接标刻在锥形管外表面上，可直接通过观测浮子位置的高度来确定被测流体流量的大小。

玻璃锥形管大多采用硼硅酸盐玻璃制成，也有用石英玻璃和有机玻璃制成的，它具有极高的化学稳定性和良好的耐冲击性和耐冷热性。

浮子一般采用铝、不锈钢、胶木和聚四氟乙烯塑料等材料制成，可根据被测流体的化学性质和流量测量范围选用。浮子的几何形状可根据被测流体的性质和流量测量范围进行选择。目前使用较多的浮子几何形状有四种，如图 2.47 所示。

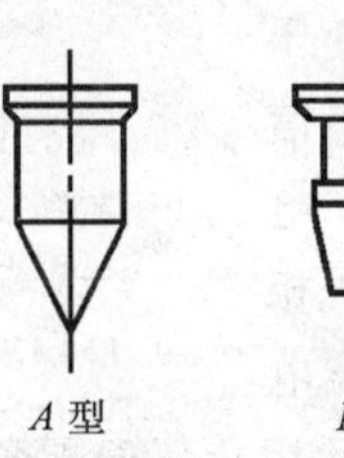
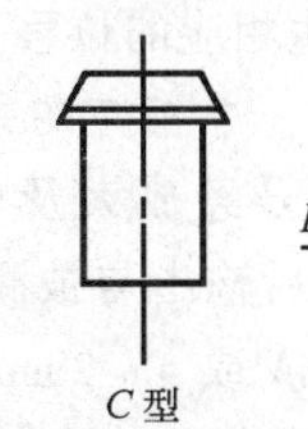
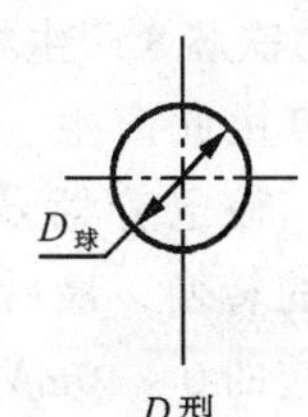

图 2.47　浮子几何形状

A 型适用于气体、小流量的测量。有时为使浮子稳定在锥管的中心线上，在浮子的上边沿常开有斜槽。当被测流体介质通过浮子时，浮子在上浮的同时还绕流束中心旋转，以保持浮子工作时居中和稳定。为此，也称浮子流量计为转子流量计。

B 型适用于液体大流量的测量。为保持浮子稳定在流束的中心，有的浮子还带有中心导杆。

C 型适用于粘性流体的流量测量。其特点是流体粘度变化对流量计流量系数的影响较小。C 型浮子较 A 型和 B 型浮子使用范围要窄一些。

D 型适用于小口径玻璃管浮子流量计。它加工简易，但对粘度变化十分敏感。

玻璃管浮子流量计的测量部分——带有浮子的锥形玻璃管，是通过支撑连结件进行保护和与管道连接安装的。根据流量计的型号和口径，流量计与管道之间可采用法兰连接、螺纹连接或软管连接。

2.4.3.3　金属管浮子流量计

玻璃管浮子流量计虽有许多优点，但由于其自身结构上的特点，在某些高温、低温和不透明流体流量的测量以及流量信号的远传测量与控制方面不能满足现代工业生产的需要。金属管浮子流量计则能克服上述缺点，从而使浮子流量的使用范围更加广泛。

金属管浮子流量计由检出器和转换器两部分组成。检出器的主要构成元件是金属锥管和镶有磁钢的浮子。它可把流量的大小转换成浮子的位移，并通过不接触方式传至转换器。转换器可把浮子的位移通过扛杆系统直接指示或转换成标准远传信号，以便直接读数或与单元组合仪表配套使用。

金属管浮子流量计按远传信号的不同，可分为电远传和气远传两种。下面以图 2.48 所示的电远传浮子流量计为例说明其工作原理。

如图所示，当被测流体自下而上流过锥形管时，浮子 2 向上浮起，其上升的高度即反映了被测流量 Q 的大小。浮子 2 的位移带动其上部的磁钢 4 位移，磁钢 4 的位移通过与双面磁钢 3 的磁性耦合传递给平衡杆 16，并带动一套平面连杆机构 12、13、14，使指针 15 及连杆 5 产生与被测流量 Q 成比例的位移。这一方面可通过指针 15 现场指示流量；另一方面通过另一套平面连杆机构 5、6、7，带动差动变压器 9 的铁芯 8 产生相应的位移，差动变压器 9 由此产生一个相应的差动电势信号。该电势信号经放大及电压——电流的转换，最后输出与被测流量 Q 相对应的 0～10mA 或 4～20mA 的标准电流信号。该标准电流信号与电动单元组合仪表配套，可实现流量的远传测量与控制。

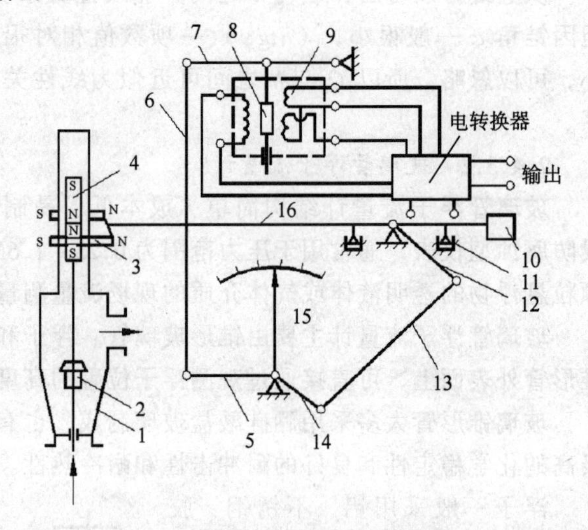

图 2.48　电远传金属管浮子流量计

1—锥管；2—浮子；3、4—磁钢；5、6、7—平面连杆机构；8—铁芯；9—差动变压器；10—平衡锤；11—阻尼器；12、13、14—平面连杆机构；15—指针；16—平衡杆

2.4.3.4　浮子流量计的示值修正

由式（2.45）可知，对于一定的流量计，被测流体的密度与流量的示值有直接的关系，并且流量计的流量系数 α 还与流体的粘度有关。流量计的生产厂家为了便于批量生产，测量液体介质的流量计用水来标定刻度；测量气体介质的流量计用空气来标定刻度。并且标定工作规定在标准状态（温度为 20℃，压力为 1.01325×10^2kPa）下进行。所以，在流量计的实际使用中，如果被测介质的物性（密度、粘度）和状态（温度、压力）等与标定介质的物性和状态不同，就必须对流量计的示值进行修正。

对于测量液体的浮子流量计，当被测液体的密度与标定条件下水的密度不同，但两者的动力粘度系数之差 $\Delta\mu\leqslant0.02$Pa·s 时（这时可忽略粘度变化对流量系数的影响），可按下式修正示值

$$Q = Q_0\sqrt{\frac{(\rho_n-\rho)\rho_0}{(\rho_s-\rho_0)\rho}} \tag{2.46}$$

式中　Q——被测液体的实际体积流量；

Q_0——仪表的刻度示值（体积流量）；

ρ_n——浮子材料的密度；

ρ——被测液体的密度；

ρ_0——标定条件下水的密度。

对于测量气体的浮子流量计，当测量的工作状态，或测量气体的种类与标定流量计时不同时，可按下式修正示值

$$Q = Q_0\sqrt{\frac{z_0}{z}} \cdot \sqrt{\frac{\rho_0 p T_0}{\rho p_0 T}} \tag{2.47}$$

式中 Q——被测气体换算为标准状态时的实测体积流量；

Q_0——仪表的刻度示值（体积流量）；

p_0、T_0——分别为标准状态的绝对压力（1.01324×10^2kPa）和绝对温度（293.15K）；

p、T——分别为工作状态的绝对压力和绝对温度；

ρ_0、z_0——分别为标准状态下空气的密度和压缩系数；

ρ、z——分别为被测气体在标准状态时的密度和压缩系数。

通常情况下，压缩系数的修正系数 z_0/z 对 Q 的影响可忽略不计。则式（2.47）可简化为

$$Q = Q_0\sqrt{\frac{\rho_0 p T_0}{\rho p_0 T}} \tag{2.48}$$

浮子流量计还可用于蒸汽介质的流量测量，也可通过改变不同材料的浮子来改变流量计的量程。这也涉及到流量刻度的换算问题。有关这些问题，在此就不作介绍了，需用时可查阅有关资料。

2.4.3.5　*浮子流量计的安装、使用与维护*

流量计的正确安装、使用与维护是保证流量计正常运行和测量准确性的重要因素。浮子流量计安装时应注意以下几点。

（1）安装使用前，首先须核对被测介质（气或液）、所测的流量范围、工作压力和介质温度是否与选用的流量计相符，不相符的应更换。

（2）流量计必须竖直安装在无振动、便于观察和维修的管段上，流体流过流量计的方向必须自下而上。

（3）流量计前应有 $5D$（D 为管道直径）以上的直管段，并且若被测流体不清洁时，应在流量计前加装过滤器，以防流体内脏物阻塞流量计。

（4）为了维修方便，应在流量计进出口端（在保持一定直管段的前提下），设置阀门和旁通管及相应的旁通阀门。

（5）用于测量气体介质流量的浮子流量计，应用流量计下游的阀门调节流量，表前的阀门应全开，否则易引起指示不稳定。

浮子流量计的使用与维护注意事项如下。

（1）玻璃管浮子流量计是直读式仪表，锥管上的刻度有流量刻度和百分刻度两种。对于采用百分刻度的流量计，要注意应将刻度读数乘以流量计的上限流量值才是实测流量。

（2）远传式浮子流量计，无论是电远传还是气远传，在运行时只允许调整转换器输出零位的高低，其他一般不做调整。

（3）流量计投入运行时，其前后的阀门应缓慢开启，以免流体猛冲浮子，损坏仪表。装有旁通管的应先开启旁路阀，待流量计开始运行后，再缓慢关闭旁通阀。

（4）流量计的最佳测量范围是测量上限的 1/3～2/3 刻度范围。

(5) 当被测流体介质的物性参数（密度、粘度）和状态参数（温度、压力）与流量计的标定介质不同时，必须对其流量示值进行修正。

(6) 仪表在正常运行中，一般不需维修和调整。对长期运行后仪表的维护，只需保持浮子和锥形管的洁净，必要时可对锥形管和浮子进行清洗。

(7) 对金属管浮子流量计，若出现由于流体脉动而引起示值不稳时，可调大阻尼器阻尼量或在阻尼器中加入适当的液体（如硅油），以增加阻尼，使仪表示值趋于稳定。

2.4.4 涡轮流量计

涡轮流量计是一种最典型的速度式流量计。它是利用悬置于流体中的叶轮感受流体的平均流速而实现流量测量的。

涡轮流量计具有测量精度高（精度等级可达0.5级以上）；测量范围宽（量程比为10:1）；压力损失小（工作条件下压力损失仅为0.005～0.075MPa）；耐压高，适用温度范围宽；仪表复现性好，动态响应快；能输出电脉冲信号，易于实现信号的远传测量与自动调节；可用于测量多种液体或气体的瞬时流量和总流量等主要优点。因此，它被广泛应用于工业生产的各个部门。

涡轮流量计通常由涡轮流量变送器和显示仪表（指示积算仪）组成，其框图如图2.49所示。

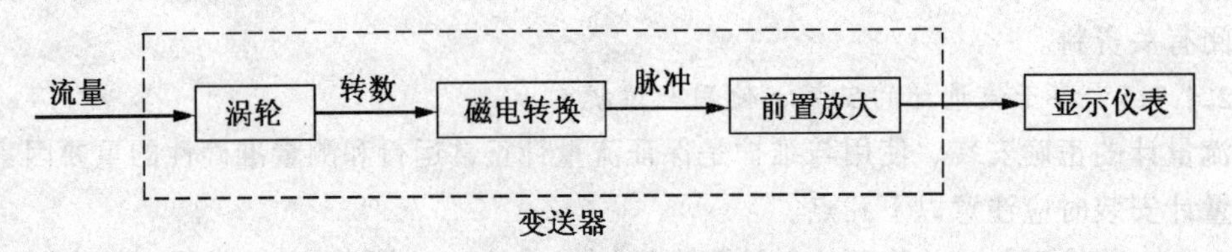

图2.49　涡轮流量计组成框图

通过磁电转换装置将涡轮转数转换成电脉冲信号，该信号经放大后送入显示仪表进行单位时间的脉冲数和累计脉冲数的计算，并显示相应的瞬时流量和累积流量。

2.4.4.1 涡轮变送器的结构及工作原理

涡轮流量变送器的结构如图2.50所示。它主要由壳体、导流器、叶轮、轴与轴承、磁电转换器和前置放大器组成。

壳体　用非磁性的不锈钢或硬铝合金等材料制成，用以固定与保护流量计其他部件并与管道连接。

导流器　由前后导向件构成。也是采用非磁性的不锈钢或硬铝合金材料制成。其作用有二：一是用来支撑叶轮，保证叶轮的转动中心和壳体的中心线相重合；二是具有整流和稳流的作用。当流体进入涡轮前，先被导直，使流束基本平行轴线方向冲到叶轮上，以免因流体

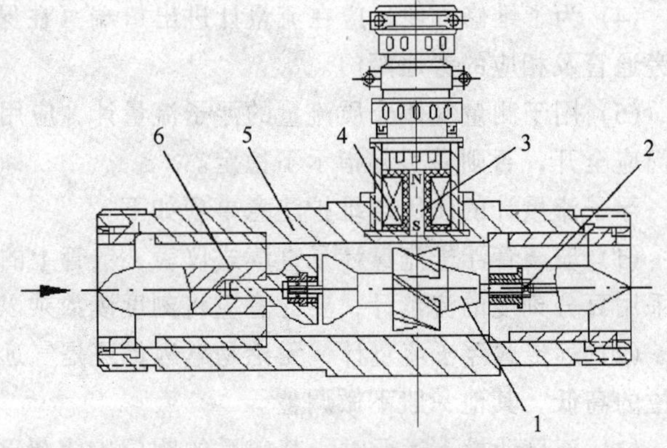

图2.50　涡轮流量变送器结构

1—涡轮；2—支承；3—永久磁铁；4—感应线圈；5—壳体；6—导流器

自旋而改变流体与涡轮叶片的作用角度，从而保证仪表的测量精度。

叶轮　由导磁系数较高的不锈钢材料制成。叶轮上装有数片螺旋形或直形叶片。叶片的轴承是固定安装在导流器上的，用滑动或滚动方式支撑配合叶轮转动。叶轮的作用是把流体的动能转换成叶轮的旋转机械能，叶轮是测量的感受元件。

轴与轴承　轴与轴承组成一对高速旋转的运动对。要求两者之间具有尽可能小的摩擦和足够高的耐磨性和耐腐蚀性。变送器的长期稳定性和可靠性在一定程度上取决于两者在工作条件下的磨损情况和配合间隙。

磁电转换器　主要由永久磁铁和感应线圈组成，用于将涡轮的转速转换成对应的电脉冲信号。

前置放大器　磁电转换器输出的信号非常微弱，需经前置放大器放大后才可作为变送器的输出送给显示仪表。

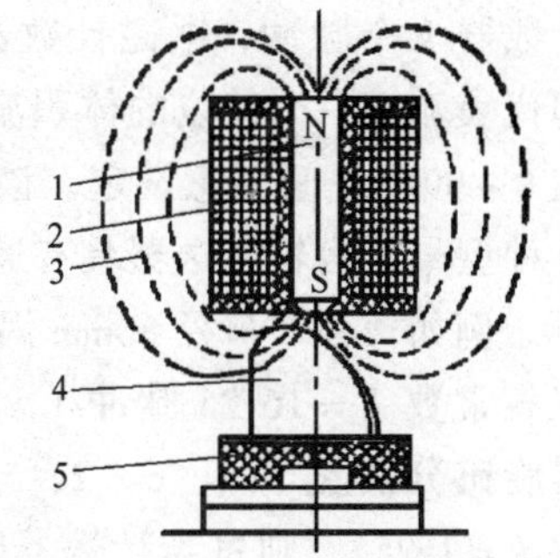

图 2.51　变送器的磁电转换原理
1—永久磁铁；2—感应线圈；
3—磁力线；4—叶片；5—涡轮

涡轮流量变送器的磁电转换原理如图 2.51 所示。当流体推动涡轮转动时，叶片将周期性地切割永久磁铁产生的磁力线，从而引起磁电系统磁阻的周期性变化。这种磁阻的周期性变化将引起通过感应线圈磁通量的周期性变化。根据电磁感应原理，这将会在感应线圈中产生周期性变化的感应电动势，即脉冲电势信号。显然，该脉冲电势信号的频率 f 与涡轮的转速成正比，即与被测流量 Q 成正比。其表示式为

$$f = kQ$$

或

$$Q = \frac{f}{k} \tag{2.49}$$

式中 k 称为流量计的仪表常数。其物理意义是流过涡轮单位体积流量所产生的电脉冲数。k 值通常由流量计制造厂经检定给出。液体式涡轮流量计的 k 值是制造厂以水为介质检定给出的。若被测量介质与水的粘度相差较大时，k 值需要修正或重新用被测介质检定给出。

2.4.4.2　涡轮流量计的显示仪表

涡轮流量计的显示仪表实际上是一个脉冲频率测量和计数的仪表，它根据单位时间所计的脉冲数和某一段时间的脉冲总数分别指示出瞬时流量和累计流量。

涡轮流量计显示仪表的种类很多，具体电路与功能也有所不同，下面介绍最常用的一种，其原理框图如图 2.52 所示。

从涡轮流量计感应线圈产生的脉冲信号经过前置放大器送至显示仪表的放大和整形电路，将其进一步放大并整形成为具有一定幅值的方波。该方波信号分为两路，一路送至频率电流转换电路，将方波信号转换成与流量对应的标准电流信号，并由毫安计直接显示瞬时流量的数值。

另一路将方波信号送入仪表常数 k 设定器（除法运算电路）进行除法运算，以获得流量积算的单位容量信号。流量积算电路有四位十进制计数器，每位计数器的输出端分别与四层波段开关的各层相连组成常数设定器。根据配套的涡轮变送器，设定器可将 k 值

设定在 0~9999 间的任意数值上。当进入计数器的脉冲数为 k 时，则“与门”输出一个脉冲信号。该脉冲信号通过单稳电路驱动电磁计数器走一个字，同时使计数器回零，重新计数。这样，每进入计数器 k 个脉冲，电磁计数器走一个字，即代表流过一个单位的体积流体。k 值可在 0~9999 之间任意设定，该积算电路对各种型号的涡轮变送器具有通用性。

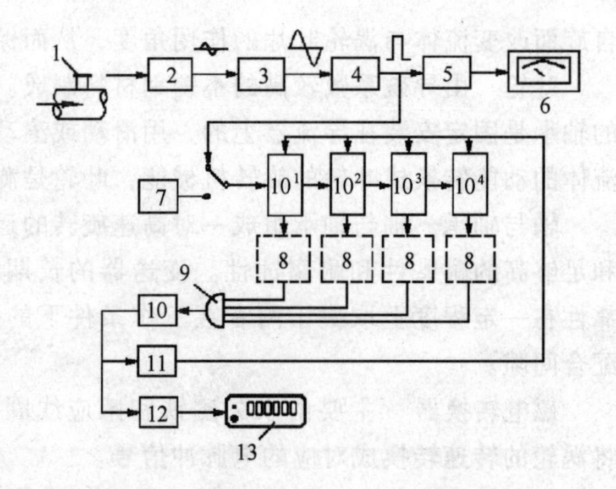

图 2.52 涡轮流量计显示仪表原理框图

1—感应线圈；2—前置放大器；3—输入放大器；4—整形电路；5—频率电流转换电路；6—显示仪表；7—自检用振荡电路；8—常数 k 设定器；9—与门；10—单稳电路；11—回零驱动；12—驱动器；13—电磁计数器

例如，有一口径 80mm 涡轮变送器的仪表常数 $k=16.25$ 脉冲/L，将常数设定器旋钮分别置于 1、6、2、5（即设定常数 $k=1625$），则每当计数器收到 1625 个脉冲的瞬时，与门即发出一个脉冲信号，由单稳电路驱动电磁计数器走一个字（其单位为 100L），从而进行逢 k 进一的除法运算，显示出累积流量值。

2.4.4.3 涡轮流量变送器的安装

正确安装涡轮流量变送器是保证测量准确度的首要条件。变送器的安装应特别注意以下几点：

(1) 安装地点应选择在便于维修并避免管道振动、不受外界电磁场影响的场所。

(2) 变送器应水平安装，并注意使流体的流向与变送器的流向标志一致。

(3) 变送器前后的直管段应分别不小于 $15D$ 和 $5D$（D 为管道直径）。

(4) 为了确保计量的准确性和保护轴与轴承不被损坏，应在变送器的上游安装消气器（测量液体流量时使用）和过滤器。

(5) 为了维修方便，应在安装变送器时加装检修阀和旁通管及相应的旁通阀。

2.4.5 水表

水表是一种积算型速度式流量计。它主要用于供水管道中洁净自来水的累计流量测量，污水不属水表的测量范畴。水表具有结构简单，使用方便，成本低等特点，测量误差为 2%左右。

水表的分类方法很多，按测量元件的形式可分为旋翼式水表和螺翼式水表。旋翼式水表主要用于小口径管道（40mm 以下）的水流量测量，亦可称小口径水表；螺翼式水表主要用于大口径管道（50mm 以上）水流量测量，亦可称大口径水表。

按计数器型式可分为干式、湿式和液封式三大类。干式水表的计数器与被测水流是分开的，因此计数器清晰，容易察看，但其灵敏度相对不太高；湿式水表的计数器是浸在被测水流之中的，其灵敏度高，但计数器因受水珠或蒸汽影响，不如干式水表清晰、容易察看；计数器被封在“特殊液体”中与被测水隔离的水表称为液封式水表，其计数器稳定可靠。

按通过水表的水温，可分为热水表（30℃以上）和冷水表（30℃以下）。

2.4.5.1 水表的工作原理与结构

1. 水表的工作原理

水表的测量元件为翼轮。流经压力管道的水，以一定的流速流经水表，并冲击翼轮使其转动。翼轮的转速与被测液体的流速或流量成正比，把翼轮的转速通过转轴上的齿轮或蜗杆传送出来，经减速机构再传至积算机构，最后由指针在表盘上指示被测水流的累计流量。

2. 旋翼式水表的结构及工作过程

旋翼式水表有湿式和干式两种结构形式，其计数器有指针式、字轮式和组合式三种形式。图 2.53 为旋翼湿式水表的结构图。

旋翼式水表主要由表壳、滤水网、计量机构、指示机构等组成。其中计量机构主要由叶轮盒、叶轮、叶轮轴、调节板等组成；指示机构主要由刻度盘、指针、灵敏限指针或字轮、传动齿轮等组成。

旋翼式水表的工作过程是：水流自水表进水口流入表壳 3 内，经滤水网 10，由叶轮盒的进水孔进入叶轮盒内，冲击叶轮 8 转动，水再由叶轮盒上部的出水孔经表壳出水口流向下游管道，叶轮下部由顶针支撑着。叶轮转动后，通过叶轮中心轴，使其上部的中心齿轮也转动，并带动叶轮盒内的传动齿轮按转速比的规定进行转动，同时带动度盘上的灵敏限指针。灵敏限指针转动后，以十进位的传递方式带动其他齿轮和其上部的指针，按顺时针方向转动，并按照度盘上的分度值累积计量流量。

水表的度盘表面为白色（如图 2.54），小于 $1m^3$ 的分度值为红色，$1m^3$ 以上的分度值为黑色。指针也有红色和黑色两种与度盘分度值颜色对应。灵敏限指针又称红三角指针，它的作用和手表的秒针一样，是鉴别水表动与不动的标志，是用来检查水表灵敏限度的。灵敏限指针动，其他指针才动，灵敏限指针不动其他指针都不动。

旋翼式水表的叶轮为直板形，叶轮转轴与水流方向垂直，阻力较大，启步流量和计量范围较小，多为小口径水表，用以计量较小流量，家用水表均为此类。

3. 螺翼式水表的结构及工作过程

螺翼式水表按不同的分类方法，可分为水平螺翼和垂直螺翼式水表；前者又可分为干式和湿式两类，但后者只有干式一种。

螺翼式水表的结构，如图 2.55 所示。它主要由壳体、整流器、计量机构、指示机构等组成。

整流器安装在水表的进水口处，其作用是使水流按一定的方向流入水表室冲击叶轮转动。

计量机构主要由叶轮、叶轮轴、涡杆和涡轮调整器组成。其中涡杆安装在叶轮轴的后部与轴轮相咬，随着叶轮轴的转动而转动，将叶轮的转速传递给指示机构。

螺翼式水表的工作过程是：水流自水表进口流入整流器，经整流后，直接冲击叶轮 3 顺时针旋转，叶轮轴及涡杆同时转动，并带动涡轮旋转，通过涡轮转轴将叶轮的转速传递给变速齿轮至指示机构，将被测水流的累积流量指示出来。

螺翼式水表叶轮的形状为螺板式，叶轮转轴与水流方向平行，阻力较小，启步流量和计量范围比旋翼式水表大，适用于配水主干管道的流量计量。

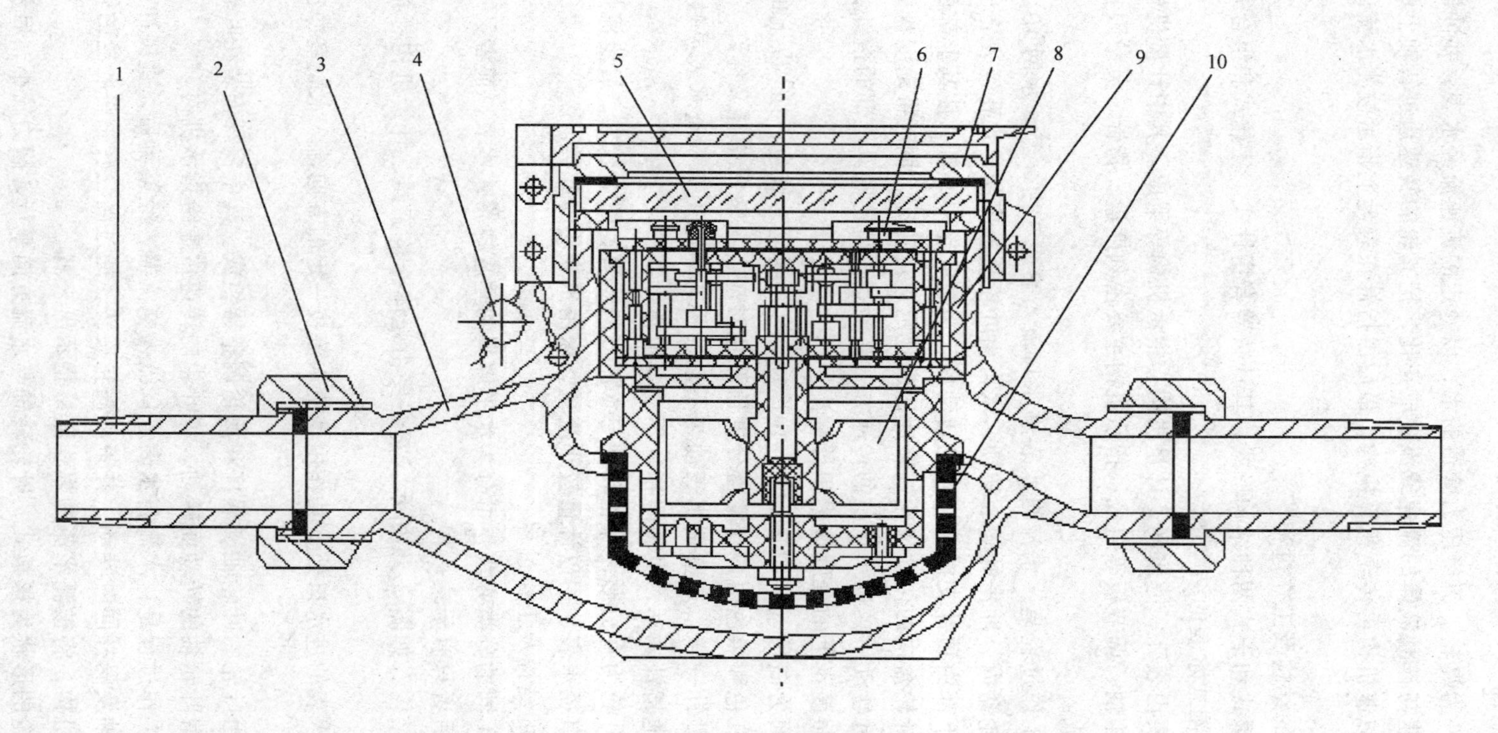

图 2.53　旋益式水表结构示意图

1—管接头；2—连接螺母；3—表壳；4—铅封铜丝；5—表玻璃；
6—罩子；7—知识机构；8—叶轮；9—齿轮盒；10—滤水网

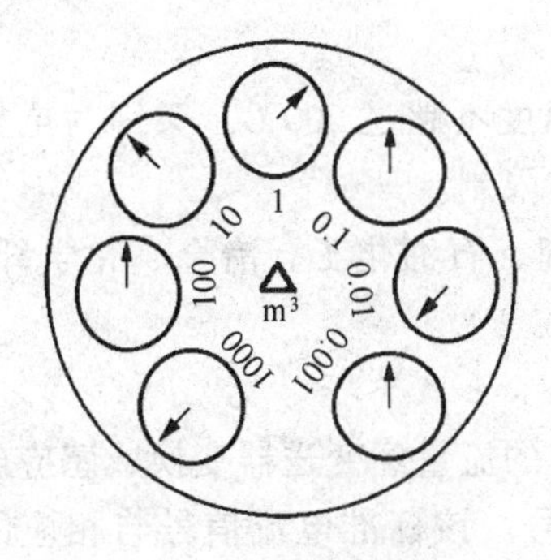

图 2.54　水表度盘示意图

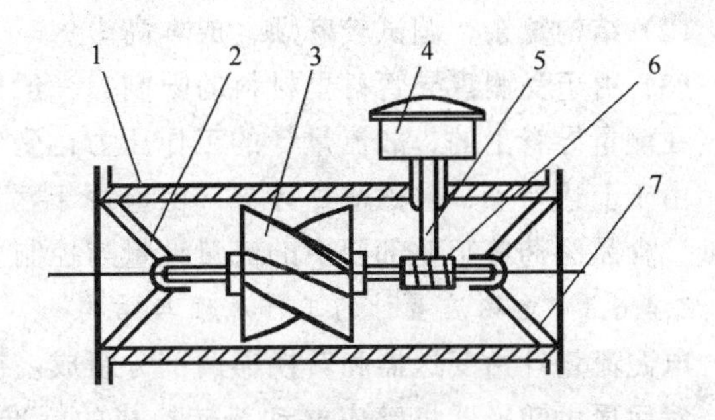

图 2.55　螺翼式水表结构

1—壳体；2—整流器及支架；3—螺旋叶轮；
4—积算器；5—转轴；6—蜗杆；7—支架

2.4.5.2　水表的安装使用与维护

(1) 水表应安装在查看方便，防曝晒，防冰冻和不受污染的地方。

(2) 水表安装前应将管道内的所有杂物清理干净，以免运行时阻塞水表。

(3) 为了计量准确，水表必须安装在管道的直线管段处，且水表上游侧应有不小于水表口径 10 倍的直线管段；下游侧应有不小于水表口径 5 倍的直线管段；水表上游侧的管道直径必须大于或等于水表口径。

(4) 水表安装时应注意使表外壳上所指示的箭头方向与水流方向一致。

(5) 为了便于维修，水表前、后应装检修阀门；对于不允许断水的供水系统，在水表处应设旁通管及相应的旁通阀门。

(6) 水表运行中应定期检查，并按检定周期进行检定。

2.4.6　电磁流量计

电磁流量计是应用电磁感应的原理来测量有压管道中导电流体流量的。它具有以下主要特点。

(1) 电磁流量计的传感器部分无可动部件或突出于管内的部件，因此其压力损失很小，并且也不存在象差压、转子、涡轮等流量计由于可动部件的磨损而影响仪表寿命。

(2) 输出电流与流量间具有线性关系，并且不受流体的物理性质（温度、压力、粘度）变化和流动状态的影响。特别是不受粘度的影响是一般流量计所达不到的。

(3) 测量范围宽，量程比可高达 100:1；流量计的口径范围也宽，可从 1mm 到 2m 以上。

(4) 可用于测量各种导电流体的流量，包括含颗粒、含悬浮物的流体和各种酸、碱、盐等腐蚀性介质的流量。因此，电磁流量计可用作大型污废水管道的流量测量。

(5) 反映迅速，可用于测量脉动流量。

(6) 精度等级一般为 1.0～2.5 级，特殊产品可达 0.5 级，能够满足一般生产的测量要求。

电磁流量计尽管有以上优点，但它也有一定的局限性和不足之处。

(1) 被测流体必须是导电流体，一般要求流体电导率的下限为 $20 \sim 50 \times 10^{-4}$S/cm（西门子每厘米）；对于电导率低的介质，如气体、蒸汽等则不能应用。

（2）结构复杂，调试较麻烦，成本高。

（3）由于受测量导管衬里材料的限制，一般使用的温度不超过200℃。又因为电极是嵌装在测量导管上的，故流量计的工作压力也受到一定的限制。

由于上述特点，电磁流量计被广泛应用于污废水处理、石油化工、冶金、化学纤维、造纸、食品医药等工业部门中的流量计量与控制。

2.4.6.1 电磁流量计的工作原理与结构

电磁流量计由变送器和转换器两部分组成。被测流体的流量经变送器变换成感应电动势，然后再由转换器将感应电动势转换成的标准电流信号。该标准电流信号与相应的显示、控制仪表配套后，可实现被测流体流量的指示、记录或控制。下面主要介绍变送器的工作原理与结构。

由电磁感应定律可知，导体在磁场中作切割磁力线运动时，在导体中便会有感应电动势产生。电磁流量计的变送器正是基于这一原理工作的。

如图2.56，在均匀磁场中，安置一根非导磁材料制成的内径为 D 的测量导管。当导电流体在测量导管内流动时，假如把导管内所有流体质点都等效地看作为以流体的平均流速 v 运动，则可把流体看成许多直径为 D 且连续运动着的薄圆盘结构。这些薄圆盘等效于长度为 D 的导电体，其切割磁力线的速度为 v。如在管道两侧各插入一个电极，则由电磁感应原理可知，由这两个电极可引出的感应电动势为

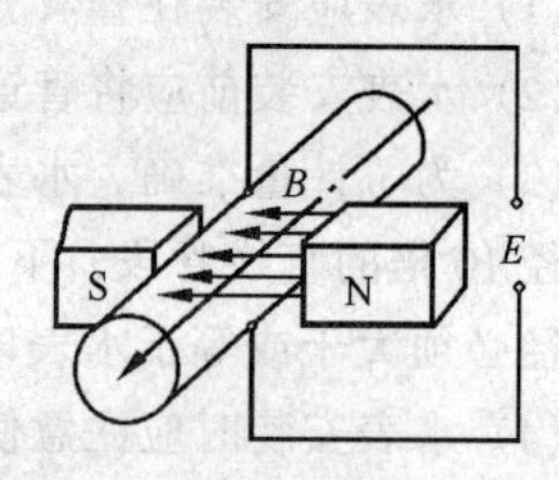

图2.56 变送器原理

$$E = BDv \times 10^{-8} \tag{2.50}$$

式中 E——感应电动势（V）；

B——磁感应强度（T）；

D——测量导管直径（cm）；

v——被测流体的平均流速（cm/s）。

体积流量 Q 与流速 v 的关系为

$$Q = \frac{\pi}{4} D^2 v \tag{2.51}$$

将上式代入式（2.50）可得

$$E = 4 \times 10^{-8} \frac{B}{\pi D} Q = kQ \tag{2.52}$$

式中 $k = 4 \times 10^{-8} \frac{B}{\pi D}$ 称为仪表常数。

可见，在导管直径 D 一定、且维持磁感应强度 B 不变时，k 为一常数。这时，感应电动势与体积流量成线性关系。因此，测量感应电动势即可反映被测流体的流量。

变送器主要由磁路系统、测量导管、电极、外壳、正交干扰调整装置等组成。

磁路系统分为交流激磁和直流激磁两种。两种磁路系统分别用以产生均匀的交流磁场和均匀的直流磁场。一般多采用交流激磁磁路系统构成变送器。

交流激磁磁路系统，按照励磁绕组的不同，可分为变压器铁心式（适用于15mm以下的小口径变送器），集中绕组式（适用于25～100mm的中口径变送器）和分段绕组式（适

用于 100mm 以上的大口径变送器）等不同的结构形式。如图 2.57 为集中绕组式磁路系统的变送器结构。

测量导管通常采用非导磁、低电导率、低热导率和具有一定机械强度的材料（如不锈钢、玻璃钢、铝合金等）制成。为了防止两电极被金属导管短路和增加测量导管内壁的耐磨性和耐腐蚀性，必须在测量导管内粘贴内衬。内衬材料根据被测介质的性质及工作温度而定。常用的内衬材料有耐酸橡胶、聚四氟乙烯、耐酸搪瓷等。

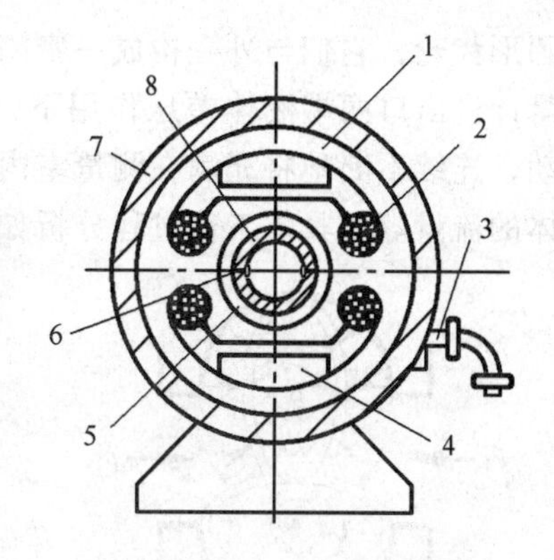

图 2.57　集中绕组式磁路系统
1—磁轭；2—绕组；3—接线盒；4—极轭；5—测量导管通；6—电极；7—外壳；8—内衬

电极采用不导磁且耐腐蚀和耐磨的金属材料（如不锈钢、白金等）制成；电极与内衬齐平，以便流体流过时不受阻碍；电极的结构根据变送器口径、耐压、耐腐蚀性和密封性等要求及内衬材料的不同而定。

正交干扰调整装置是用以消除交变磁场在由电极、被测液体和引出导线所构成的回路中感应出来的干扰电势的大小。该干扰电势与流量信号同步，但相位相差 90°，因此称其为正交干扰。

2.4.6.2　电磁流量计的安装与使用注意事项

电磁流量计的安装与使用注意事项与其他流量计相比，应特别注意以下几点：

（1）变送器的安装地点要远离一切磁源（如大功率电机、变压器等），且不能有振动。

（2）变送器应尽量竖直安装，使被测介质自下而上流经仪表。必须水平安装时，要使两电极在同一平面上。两种安装方式均应在变送器两端设置旁通管和阀门，以便维修。

（3）变送器与测量管道靠法兰或螺纹连接。要求二者有良好的电接触。如果不可靠，可用金属导线将它们连接起来。

（4）变送器输出的信号比较微弱，满量程时只有 2.5～8mV，流量小时，输出仅几微伏，外界略有干扰就能影响测量精度。因此，变送器的外壳、屏蔽线、测量导管及变送器两端的管道都要有良好的接地。并且接地点应单独设，不能将接地线连接在其他电器的公共地线或上、下水管道上。转换器已通过电缆线接地，且勿再行接地，以免因地电位的不同而引入干扰。

（5）变送器和二次仪表必须使用电源中的同一相线供电，否则由于检测信号和反馈信号相差 120°，使仪表不能正常工作。

（6）仪表在校验安装完毕投入使用时，各电位器不得随意调节。

（7）测量的准确度受到测量导管内壁，特别是电极附近积垢的影响，应注意维护。

2.4.7　椭圆齿轮流量计

椭圆齿轮流量计是最常见的一种容积式流量计。其测量精度很高（精度等级可达 0.5 级以上），特别适合于粘度较大的液体（如石油、重油、润滑油、沥青等）测量。但由于检测部件是靠被测液体中齿轮的齿合传动的，要求被测液体纯净，不含机械杂质。

2.4.7.1　椭圆齿轮流量计的工作原理

椭圆齿轮流量计的工作原理如图 2.58 所示。流量计的检测元件是一对相互齿合的椭圆形齿轮，它们与外壳构成一密闭的月牙形空腔作为测量室。相互齿合的椭圆形齿轮在流量计进出口两端液体差压作用下，交替地相互驱动并各自绕轴旋转。通过椭圆齿轮的转动，连续不断地将充满在测量室内的液体一份份排出，并通过计数齿轮的转数得到被测液体的流量。其具体工作过程分析如下：

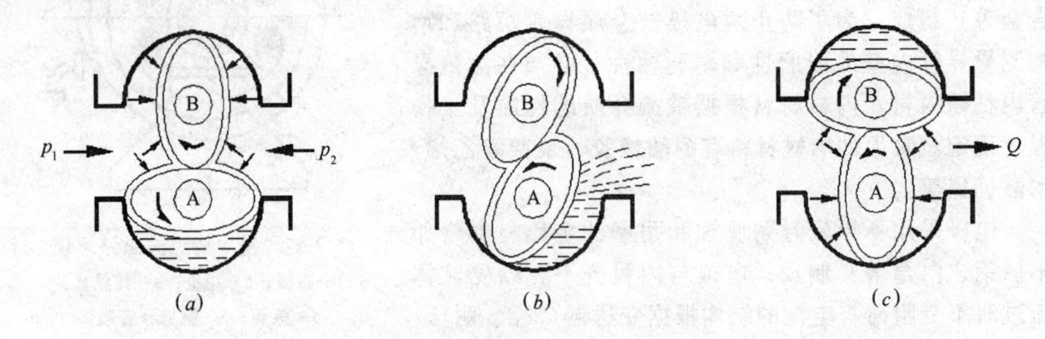

图 2.58 椭圆齿轮流量计工作原理

当两齿轮处于图 2.58（a）所示位置时，A 轮侧的月牙形测量室充满液体。由于上游压力 p_1 大于下游压力 p_2，使 A 轮将受到一个逆时针旋转的力矩，而 B 轮由压力差作用受到的合力矩则为零。此时，A 轮作为主动轮作逆时针转动，并带动 B 轮（从动轮）作顺时针方向转动。于是，将 A 轮侧测量室内的液体逐渐排向下游。当两轮旋转 45°角处于图（b）的位置时，两轮均受力矩作用旋转，方向相反，均为主动轮。当两轮旋转 90°角处于图（c）的位置时，A 轮侧测量室内液体全部被排出，B 轮侧测量室内充满液体。此时，A 轮在压力差作用下，受到的合力矩为零，而 B 轮则受到一个逆时针转动的力矩。从而 B 轮作为主动轮带动 A 轮转动，并将 B 轮侧测量室内的液体逐渐排向下游（图中没有画出）。如此往复循环，两轮交替相互带动，以测量室为计量单位，不断将流量计上游的液体送到下游。图 2.58 中仅为椭圆齿轮转动四分之一周（90°）的情况，相应排出的液体量为一个月牙形测量室容积。所以椭圆齿轮每转一周所排出液体的容积为测量室容积的 4 倍。若设测量室的容积为 V_0，椭圆齿轮转速为 n，则通过椭圆齿轮流量计的流量为

$$Q = 4V_0 n \tag{2.53}$$

可见，在已知测量室容积 V_0 的条件下，只要测出椭圆齿轮的转速 n，便可确定通过流量计的流量。

椭圆齿轮流量计可以将测量体——齿轮的转动，通过一系列的传动机构，带动仪表指针和累积计数器实现瞬时流量与累积流量的就地显示；也可设法将齿轮转动的情况，通过干黄继电器转换为电脉冲，用于流量信号的远传发讯。

2.4.7.2 椭圆齿轮流量计的安装与使用

（1）流量计安装前必须首先清洗上游管道。在流量计上游应加装过滤器，以免杂质污物进入流量计内卡死或损坏测量元件，影响测量精度。

（2）流量计即可水平安装也可竖直安装。但安装时，必须注意流量计的流向标志与液体流动方向一致。

（3）当测量含气液体时，应在过滤器进口端加装消气器。

（4）应使用流量计下游的阀门调节流量，以便被测介质总是充满流量计内部腔体。

（5）应根据所需测量的流量、温度、压力条件及被测液体的腐蚀性等，选择合适的流量计进行测量。

2.4.8 超声波流量计

超声波流量计是一种非接触式流量测量仪表，近20多年发展迅速，已成为流量测量仪表中一种不可缺少的仪表。尤其在大管径管道流量测量，含有固体颗粒的两相流的流量测量，对腐蚀性介质和易燃易爆介质的流量测量，河流和水渠等敞开渠道的流量及非充满水管的流量测量等方面，与其他测量方法相比，具有明显的优点。

2.4.8.1 *超声波流量计的测量原理*

超声波流量计是利用超声波在流体中的传播特性实现流量测量的。超声波在流体中传播时，将载上流体流速的信息。因此，通过接收到的超声波，就可以检测出被测流体的流速，再换算成流量，从而实现测量流量的目的。

利用超声波测量流量的方法很多。根据对信号检测的方式，大致可分为传播速度法、多普勒法、相关法、波束偏移法等。在工业生产测量中应用传播速度法最为普遍。

1. 传播速度法

根据在流动流体中超声波顺流与逆流传播速度的视差与被测流体流速有关的原理，检测出流体流速的方法，称为传播速度法。根据具体测量参数的不同，又可分为时差法、相差法和频差法。

传播速度法的基本原理如图2.59所示。从两个作为发射器的超声换能器 T_1、T_2 发出两束超声波脉冲，各自达到下、上游两个作为接收器的超声换能器 R_1 和 R_2。设流体静止时超声波声速为 C，发射器与接收器的间距为 L。则当流体速度为 v 时，顺流的传播时间为

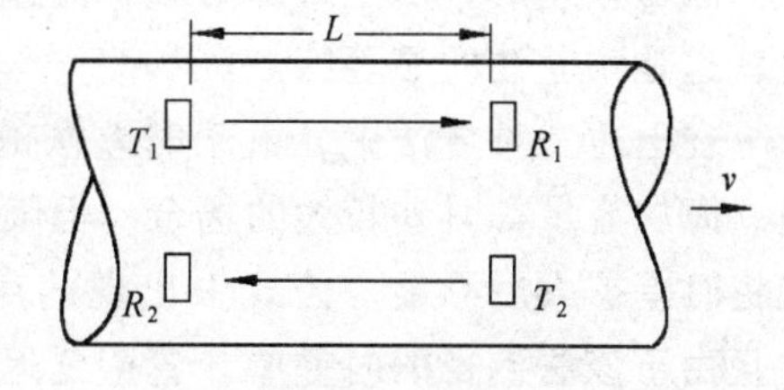

图2.59 传播速度法原理

$$t_1 = \frac{L}{C + v} \tag{2.54}$$

逆流的传播时间为

$$t_2 = \frac{L}{C - v} \tag{2.55}$$

一般来说，工业管道中流体的速段 v 远小于声速 C，即 $v \ll C$，则顺、逆流传播时差为

$$\Delta t = t_2 - t_1 = \frac{2Lv}{C^2 - v^2} \approx \frac{2Lv}{C^2} \tag{2.56}$$

所以

$$v = \frac{\Delta t C^2}{2L} \tag{2.57}$$

式中，L、C 均为常量，所以只要能测得时差 Δt，就可得到流体流速 v，进而求得流量 Q。这就是时差法。

时差法存在两方面问题：一是计算公式中包括有声速 C，它受流体成分、温度影响较大，从而给测量带来误差；另一是顺、逆传播时差 Δt 的数量级很小（约为 $10^{-8} \sim 10^{-9}$s），

测量 Δt，过去需用复杂的电子线路才能实现。

相差法是通过测量上述两超声波信号的相位差 $\Delta\varphi$ 来代替测量时间差 Δt 的方法。

如图 2.61，设顺流方向声波信号的相位为 $\varphi_1=\omega t_1$；逆流方向声波信号的相位为 $\varphi_2=\omega t_2$。则结合式（2.56）可得逆、顺流信号的相位差为

$$\Delta\varphi=\varphi_1-\varphi_2=\omega(t_1-t_2)=\frac{2\omega Lv}{C^2} \tag{2.58}$$

式中　ω——声波信号的角频率。

此方法可通过提高 ω 来取得较大的相位差 $\Delta\varphi$，从而可提高测量精度。但此方法仍然没有解决计算公式中包含声速 C 的影响。

频差法是通过测量顺流和逆流时超声波脉冲的重复频率差来测量流量的方法。该方法是将发射器发射的超声波脉冲信号，经接受器接受并放大后，再次切换到发射器重新发射，形成“回鸣”，并如此重复进行。由于超声波脉冲信号是在发射器⟶流体⟶接收器⟶放大电路⟶发射器系统内循环的，故此法又称为声还法。脉冲在生还系统中一个来回所需时间的倒数称为声还频率（即重复频率），它的周期几乎是由流体中传播声脉冲的时间决定的。假设顺流时声还频率为 $f_1=1/t_1$，逆流时声还频率为 $f_2=1/t_2$，则结合式（2.54）和（2.55）可得

$$\Delta f=f_1-f_2=\frac{C+v}{L}-\frac{C-v}{L}=\frac{2}{L}v \tag{2.59}$$

测得频差后，由上式即可求得流速 v。在频差法中，流速只与频率有关而与声速 C 无关，这是频差法的显著特点。

在上述三种方法中，由于时差法的时差数量级很小，故在早期该法只应用于测量河川、海峡流量等时差较大的场合。但随着新测量技术，如回鸣法和锁相法等技术的出现，能将时差扩大后测量，公式中出现的声速 C 也能通过计算电路或计算机技术加以补偿，并且由于该法测得的时差中，管壁延迟时间是抵消掉的，所以在涉及小管径管道的流量测量中，时差法由于其较高的准确度而得到广泛应用。相差法由于相位测量技术较为复杂，并存在着声速 C 的影响问题，实际应用较少。频差法从原理上可以消除声速 C 的影响，其缺点是响应慢，测量的实时性较差。频差法一般采用单声道结构，顺、逆回鸣频率轮流测量，所以测量周期长。频差法的另一个缺点是，如果回鸣环被液体中的气泡和颗粒阻断，这个取样周期就得到不同测量结果，所以此法只能用于净水测量。现在，频差法和时差法都采用了信息处理技术，使超声波流量计的可靠性、稳定性有了很大提高，气泡及颗粒杂质的影响减小。从而使其不仅能测量污水，还能扩大到水以外的工作介质，并向高温介质发展。

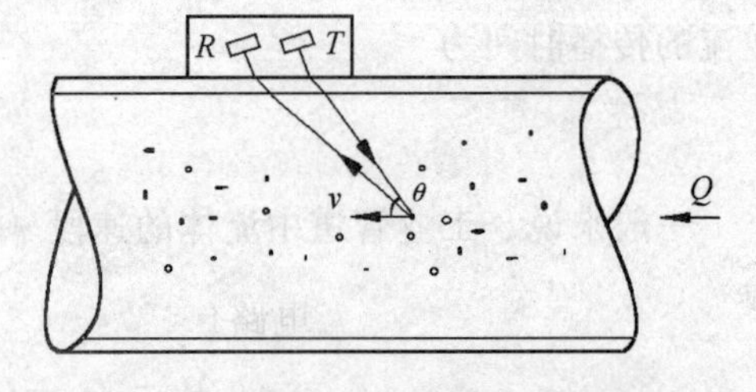

图 2.60　多普勒效应超声波流量计原理

2. 多普勒法

如果被测流体中含有微粒（如固体颗粒或气泡），它与流体介质具有相同的流速 v（如图 2.60），那么当发射器以频率 f_t 连续发射超声波时，接收器所收到的信号频率 f_r 为

则

$$f_r = f_t\left(1 + \frac{2v\cos\theta}{C}\right)$$

$$\left|f_t - f_r\right| = f_a = \frac{2v\cos\theta}{C}f_t \tag{2.60}$$

式中　$f_a = |f_t - f_r|$——多普勒频移；

θ——超声波传播方向与流体流向之间夹角；

C——超声波在静止介质中的速度。

上述现象称为多普勒效应。由上式可知，测得多普勒频移 f_a 就可求得流体的流速 v。

3. 波束偏移法

波束偏移法原理见图 2.61，在管道一侧安装超声波发射器 T，另一侧间隔一定距离安装两个超声波接收器 R_1、R_2。当发射器 T 垂直流体流动方向发射超声波时，由于流体流动的影响，超声波波束产生偏移，因此接收器 R_1、R_2 接收到的超声波的强度（幅值）产生差值。该差值与液体流速有关，通过测量该差值即可求得被测液体的流速和流量。这种方法测量低速流体时灵敏度低，在准确度要求不高的高速流体测量中，由于该方法线路简单，有一定的应用价值。

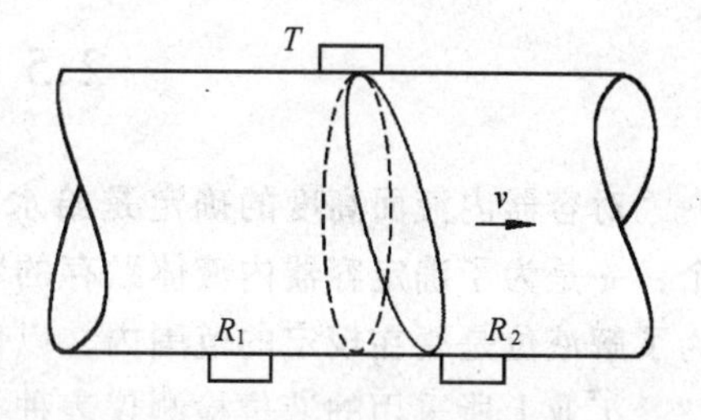

图 2.61　波束偏移法超声波流量计原理

超声波流量计的测量方法、原理及特点见表 2.5。

超声波流量计的测量方法、原理及特点　　**表 2.5**

测量方法		测量原理	检测量	适用场合	准确度（%）
传播速度差法	频差法	超声波顺流与逆流传播视在速度的变化	频率差	中、大管径管道流量的测量	1～1.5
	相差法		相位差	实用性较小	1
	时差法		时间差	河流、海峡等水道流量测量、小口径管道流量测量	1～1.5
多普勒法		多普勒效应	频率偏差	含有颗粒或气泡的液体、两相流流体流量测量	1.5 3～10
波束偏移法		流体流动使声速偏移	接收波幅差	高速流体	3

超声波流量计的测量电路包括发射、接收电路和信号处理电路。测得的瞬时流量和累积流量值可用数字量和模拟量显示。

2.4.8.2　*超声流量计的特点*

超声流量计与前述其他流量计比较，具有如下特点。

(1) 节约能源。该仪表可以夹装在测量管道的外表面，不接触流体，所以不干扰流场，没有压力损失，是一种比较理想的节能仪表。特别是大流量计量时，节能效益更加显著。

(2) 特别适合大口径的流量测量。而且其他流量计随着口径的增加，造价将大幅度增加，而超声流量计的造价基本上与被测管道的口径无关。所以，口径愈大，其优点愈显著。

(3) 解决了流量测量的难题。超声流量计是非接触式仪表，除用于测量水、石油等一般介质外，还能对强腐蚀性介质、非导电性介质、易爆和放射性介质进行流量测量，而且不受流体的压力、温度、粘度、密度的影响。

(4) 安装维修方便。无论是安装还是维修，都不需要切断流体，不会影响管道内流体的正常流通。安装时不需要阀门、法兰、旁通管路等。因此，安装方便，费用低。

(5) 通用性好。其他流量计的仪表结构与管道口径的大小是密切相关的，口径改变时，就需换用不同尺寸的仪表。对超声流量计来说，无论是管道尺寸的改变，还是流量测量范围的变化，都有较大的适应能力。

2.5 液位检测仪表

对容器内液面高度的确定是给水排水工程中常见的检测项目。液位测量的目的有两个：一是为了确定容器内液体贮存的数量，以保证连续生产的需要或进行经济核算；二是为了解液位是否在规定的范围内，以便对液位实施控制，保证生产安全、正常地进行。

工业上所采用的液位检测仪表种类很多，按其工作原理可分为静压式液位计、浮力式液位计、电容式液位计、电极式液位计、超声式液位计及辐射式液位计等。本节主要介绍几种工程常见的液位检测仪表的测量原理。

2.5.1 静压式液位计

静压式液位计是利用液面高度变化时，容器内液面下任一点的压力也随之变化的原理进行工作的。静压式液位计又可进一步分为玻璃液位计、压力式液位计和压差式液位计等。

2.5.1.1 玻璃液位计

玻璃液位计是一种最简单的静压式直读液位计，其测量原理如图2.62所示。液位计的上端通过阀门1与被测容器的气相相通，下端经阀门2与被测容器的液相相通。按照连通器液柱静压平衡的原理，只要被测容器内和玻璃管内液体温度相同，两边的液柱高度必然相等。从而可根据玻璃管3中的液位，在标尺4上直接读取液位高度。

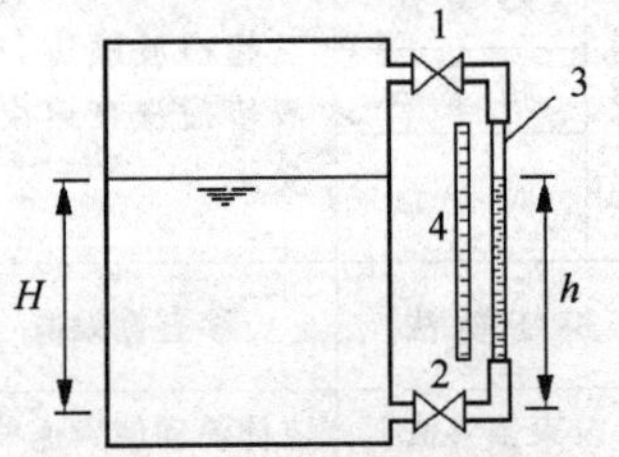

图2.62 玻璃液位计测量原理

1、2—阀门；3—玻璃管；4—标尺

若容器内与玻璃管内介质温度不同，可根据静压平衡原理，由下式修正容器内的液位 H

$$H=\frac{\rho'}{\rho}h \tag{2.61}$$

式中 h——液位计读数；

ρ'——液位计中介质在温度 t' 时的密度；

ρ——容器中介质在温度 t 时的密度。

实际应用时，一般情况下可以认为 $\rho=\rho'$，即温度引起的误差可以忽略不计。

2.5.1.2　压力式液位计

对于敞口容器，多采用直接测量容器底部某点压力的方法来测量液位。如图 2.63（a），将压力仪表通过导压管与容器底部的测压点相连，由压力仪表的压力指示值便可推知容器内液位高度 H 为

$$H = \frac{p}{\gamma} \tag{2.62}$$

式中　p——压力仪表的指示值；

γ——容器内液体的容量。

若选用远传压力表还可将被测的液位信号进行远传。

若用此法测量粘稠、易结晶或有腐蚀性液体的液位时，为防止导压管堵塞或腐蚀，可采用带隔离器的法兰式压力变送器测量液位，如图 2.63（b）所示。测量时，将变送器上的法兰与容器上的法兰直接连接，变送器的敏感元件（如金属膜片、膜盒等）在法兰处将被测介质与导压填充液（一般为沸点高，膨胀系数小，凝固点低的液体硅油）隔开，被测液体的压力经隔离膜传给填充液，然后传给变送器测量室。

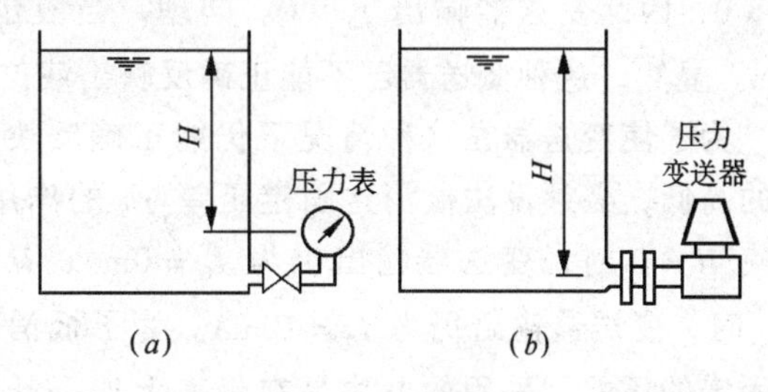

图 2.63　压力式液位计

2.5.1.3　差压式液位计

在密闭容器中，容器下部的液体压力，除与液位高度有关外，还与液面上部气相介质压力有关。因此，不能采用压力仪表直接测量容器内底部压力的方法来测液位。在这种情况下，可采用差压计通过测量容器内底部与容器内液面气相之间的压力差 Δp，如图 2.64 所示，液位 H 可用下式计算

$$H = \frac{\Delta p}{\gamma} \tag{2.63}$$

2.5.1.4　差压变送器测量液位时的零点迁移问题

在工业过程中，广泛采用气动或电动差压变送器来测量液位。它将被测液位 H 转换成正、负压室所感受到的压力差 Δp，再将此差压信号转换成相应的统一标准信号输出。然而，由于工艺条件或安装位置条件等原因，使得液位 H 与压差 Δp 之间的对应关系并不象式（2.63）那么简单。为了准确地测量液位，往往需要对差压变送器的零点进行迁移。

根据不同的场合和使用条件，用差压变送器测量液位时，存在零点无迁移、负迁移及正迁移三种情况。

如图 2.64，若正压室的取压口恰好与容器的最低液位（$H=0$）处于同一水平位置，且负压室直接与容器液面之上的气相相通，则由式（2.63），$H=\Delta p/\gamma$。若假设采用输出为 0～10mA 的电动差压变送器测量，并假设其对应液位变化要求的压差测量范围是 $\Delta p = 0\sim6\text{kPa}$，则差压变送器的特性曲线如图 2.65 中曲线 a 所示。当 $H=0$ 时，作用于正、负压室的压力相等（即 $\Delta p =$

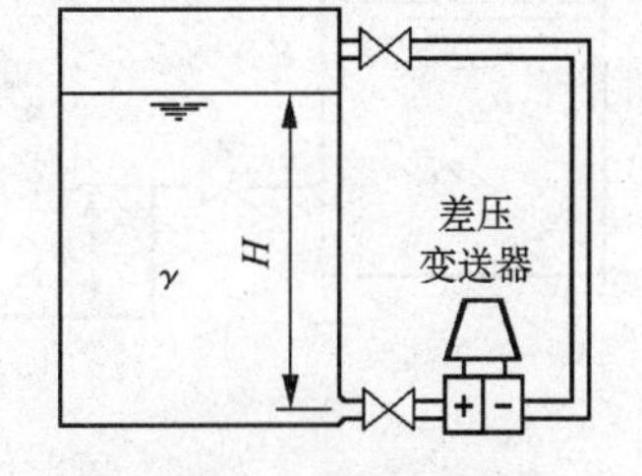

图 2.64　差压式液位计

0kPa)，变送器的输出 $I_0=0\text{mA}$，而当 $H=H_{\max}$，即 $\Delta p=\Delta p_{\max}=6\text{kPa}$ 时，变送器的输出 $I_0=10\text{mA}$。显然，这种情况不存在零迁移问题。

无零点迁移情况并非在任何场合都能够实现，有时由于安装空间受到某种限制，而使变送器测量部分的位置与容器的最低液位（$H=0$）并不处于同一水平位置。例如，图 2.66（*a*）所示的差压变送器的测量部分比最低液位（$H=0$）的位置还要低 h，这时变送器正、负压室之间的压力差为

$$\Delta p = p_{正} - p_{负} = \gamma(H+h) \tag{2.64}$$

若仍使用上述的差压变送器来测量，由式（2.64）可见，当被测液位 $H=0$ 时，$\Delta p=\gamma h>0$，因此变送器输出 $I_0>0$。同理，当液位 $H=H_{\max}$ 时，变送器的输出 I_0 也将大于 10m。显然，这种变送器已不能正确反映出液位的变化。

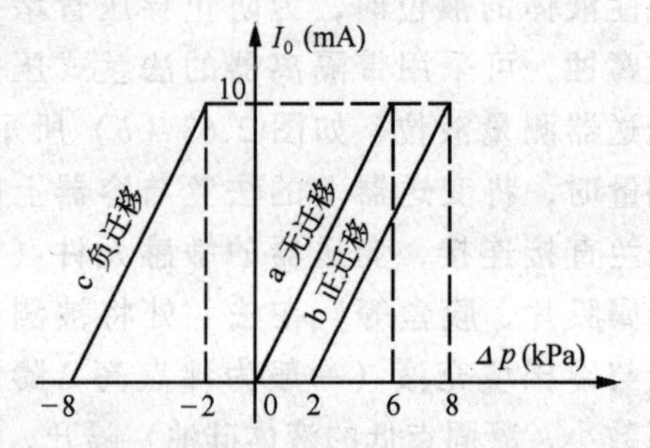

图 2.65 差压变送器零点迁移特性曲线

为了使变送器在这种情况下仍能正确反映水位的高低，必须设法抵消这固定压差 γh 的作用，即使 $H=0$ 时，变送器输出仍为 $I_0=0\text{mA}$；$H=H_{\max}$时，变送器输出仍为 $I_0=10\text{mA}$。为了抵消这一固定的压差，采用的办法是在仪表上加一迁移弹簧，通过调整迁移弹簧（使其拉伸或压缩），从而将变送器的测量起点迁移到某一数值（正值或负值）。对于图 2.66（*a*）所示的情况，若假设 $\gamma h=2\text{kPa}$，且对应液位变化要求，变送器的测量范围仍为 $\Delta p=6\text{kPa}$。则可通过调整迁移弹簧，使得 $H=0$，$\Delta p_{\min}=2\text{kPa}$ 时，变送器的输出仍然回到 $I_0=0\text{mA}$；而当 $H=H_{\max}$，$\Delta p_{\max}=8\text{kPa}$ 时，变送器的输出为 10mA，其特性曲线如图 2.65 中的曲线（*b*）所示。可见，与无零点迁移的情况（曲线 *a*）相比较，此时的特性曲线向正方向平移了 2kPa，因此称之为零点正迁移。

在实际实用中，为了防止容器内液体和气体进入变送器而造成导压管堵塞或腐蚀，以及保持负压室的液柱高度恒定，往往在变送器的正、负压室与取压点之间分别装有隔离罐[如图 2.66（*b*）]，并充以容重为 γ' 的隔离液（通常 $\gamma<\gamma'$）。则这时正、负室压室的压力分别为

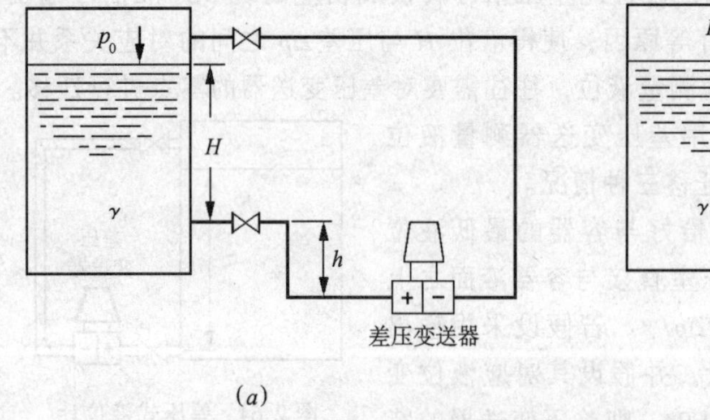

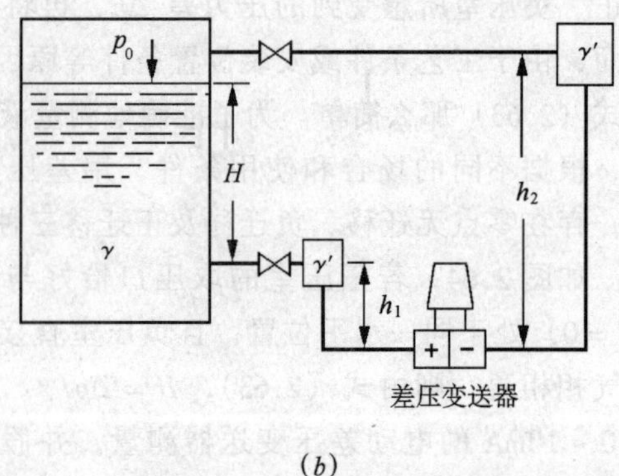

图 2.66 差压变送器测量液位时的安装方式

$$p_{正} = p_{气} + \gamma h + \gamma' h_1$$

$$p_{负} = p_{气} + \gamma' h_2$$

正、负压室之间的压差为

$$\Delta p = p_{正} - p_{负} = \gamma H - \gamma'(h_2 - h_1) \tag{2.65}$$

式中 h_1、h_2——分别为正、负压室隔离罐液位至变送器的高度；

$p_{气}$——容器内液面上气相压力。

由式（2.65）可知，当液位 $H = 0$ 时，$\Delta p_{min} = -\gamma'(h_2 - h_1) < 0$，从而使此时变送器的输出 $I_0 < 0mA$。若设 $\Delta p_{min} = -8kPa$，且对应液位变化要求变送器的测量范围仍为 $\Delta p = 6kPa$。则可通过调整迁移弹簧使得 $H = 0$、$\Delta p_{min} = -8kPa$ 时，变送器的输出仍然回到 $I_0 = 0mA$；而当 $H = H_{max}$，$\Delta p_{max} = -2kPa$ 时，变送器的输出 $I_0 = 10mA$，其特性曲线如图2.67中的曲线 c 所示。与无零点迁移的情况（曲线 a）相比较，此时的特性曲线向负方向平移了8kPa，因此称之为零点负迁移。

从以上讨论可知，正、负迁移的实质是通过迁移弹簧改变了变送器的零点，即同时改变了变送器测量范围的上、下限，而测量范围的大小不变。

在差压变送器的产品手册中，通常注明是否带有迁移装置以及相应的迁移量，应当根据现场的具体情况予以正确选用。

2.5.2 浮力式液位计

浮力式液位计是根据浮力原理工作的。根据测量原理，可将其分为恒浮力式液位计（如浮子式和浮球式液位计）和变浮力式液位计（浮筒式液位计）两种。

2.5.2.1 恒浮力式液位计

浮子式和浮球式液位计是典型的恒浮力式液位计。浮子式液位计的测量原理如图2.67所示。将浮子用绳索悬挂在滑轮上，绳索的另一端有平衡重锤，当浮标所受重力与浮力之差恰好与平衡重锤的重力相平衡时，浮子便漂浮在液面上。当液面高度变化时，浮子所处的高度位置也相应变化，因此可根据悬挂在钢丝绳上的指针在刻度标尺上指示出相应的液位。

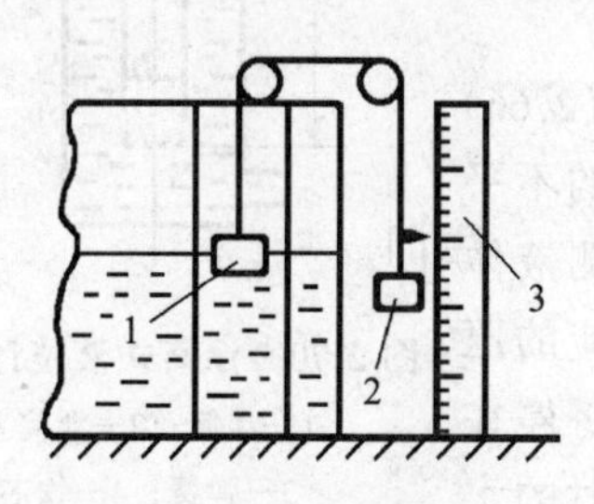

图2.67 浮子式液位计

1—浮子；2—平衡重锤；3—标尺

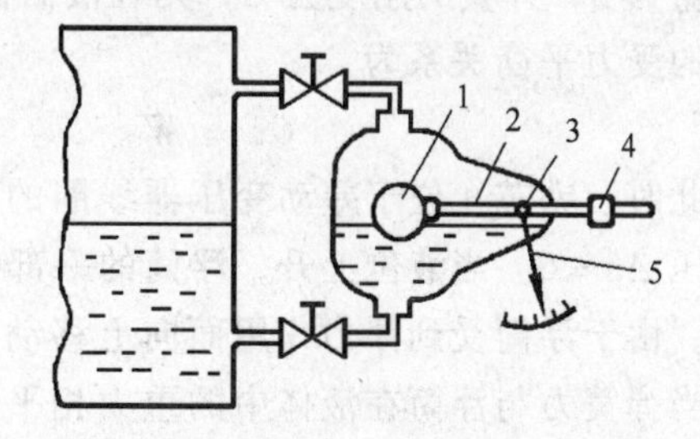

图2.68 浮球式液位计

1—浮球；2—杠杆；3—转轴；4—平衡锤；5—指针

图2.68是一种浮球式液位计的原理示意图，它一般适用于温度、粘度较高，但压力不太高的密闭容器内的液位测量。

恒浮力式液位计实质是通过浮子或浮球等把液位的变化转换为相应的机械位移的变

化，并通过相应的指针指示液位。在实际应用中，可采用各种各样的结构形式来实现液位——机械位移的转换，并通过机械传动机构带动指针对液位就地指示。

如果在浮子或浮球式液位计的基础上增加适当的电或气的转换装置，将液位变化的机械信号转换为相应的标准电或气信号，可实现液位信号的远传、极限报警或液位的自动控制。图2.69就是一种结构形式的电动浮球液位讯号器。它由浮球部分和触头部分组成。浮球部分包括椭圆形浮球1、磁钢2、触头部分包括外壳3、外磁钢4和静触头5。当被测液位变化时，浮球随之升降，使其端部的磁钢2上下摆动，通过磁力推斥安装在外壳3内相同磁极的外磁钢4上下摆动，其另一端的动触头5便可接通成对的上静触头或下静触头，随即在电路中的信号装置发出光或声的报警信号，或启闭电动泵供液或放液，以实现液位的自动控制。

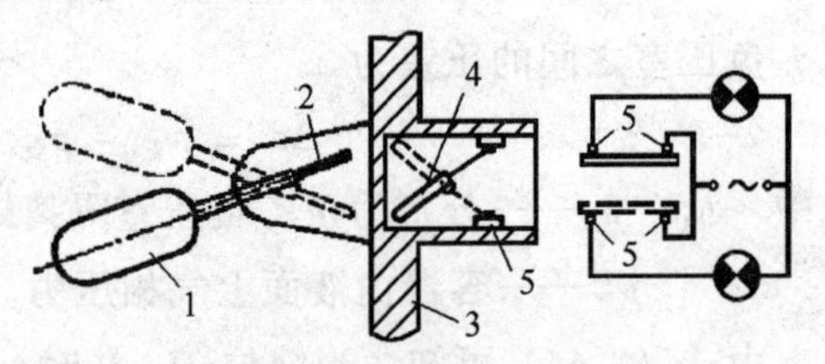

图2.69 浮球式液位计
1—椭圆形浮球；2—磁钢；3—外壳；
4—外磁钢；5—静触头

2.5.2.2 浮筒式液位计

浮筒式（又称沉筒式）液位计是典型变浮力式液位计。浮筒式液位计主要由变送器和显示仪表两部分组成。变送器按浮筒的平衡力可分为用弹簧平衡和扭力管平衡两种结构形式；按变换的信号可分为电动和气动两种液位变送器。

现以用弹簧平衡的电动浮筒式液位变送器为例，说明变浮力式液位计的液位测量原理。

用弹簧平衡的电动浮筒式液位变送器的结构如图2.70所示。图中，圆柱形中空的金属浮筒1被悬挂在弹簧3上，浮筒上端通过直杆与差动变压器的铁芯4相连。

当液面低于浮筒下边缘时，浮筒的重力与弹簧对浮筒的拉力相平衡。若设浮筒的重力为 W，平衡时，弹簧被拉伸的位移量为 x，弹簧的刚度为 C，则在液面低于浮筒下边缘时，浮筒的受力平衡关系为

$$Cx = W \tag{2.66}$$

此时，铁芯4位于差动变压器线圈的中心，输出的不平衡电压 $\Delta u = 0$。当液位上升，浮筒的一部分浸没于被测液体中时，由于浮筒受到浮力作用而向上移动，弹簧被相应的压缩。当弹簧力与浮筒在液体中的重力相平衡时，浮筒将停在一个新的位置上。取浮筒的下边缘恰好与液面相接触时的水平面为基准面，若设浮筒的截面积为 A，达到新的平衡时，液位为 H，弹簧向上被压缩的位移量为 Δx，液体的容重为 γ，则在新平衡条件下，浮筒的受力平衡关系为

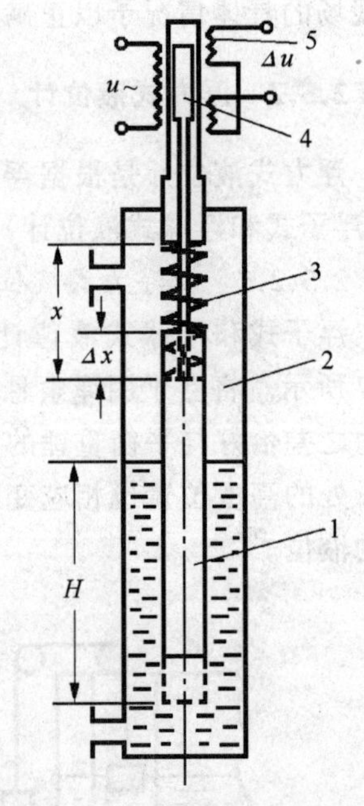

图2.70 浮筒式液位计变送器
1—浮筒；2—浮筒室；
3—弹簧；4—铁芯；
5—差动变压器线圈

$$C(x - \Delta x) = W - \gamma(H - \Delta x)A \tag{2.67}$$

将式（2.66）与式（2.67）相减可得

$$C\Delta x = \gamma(H - \Delta x)A$$

即

$$\Delta x = \frac{\gamma A}{C + \gamma A}H \tag{2.68}$$

上式表明，若弹簧的刚度 C 为常数，并且浮洞的结构及被测液位的容重 γ 一定时，则浮筒向上的压缩位移量 Δx 与液位 H 成正比关系。此时，与浮筒相连的铁芯 4 将偏离差动变压器线圈的中心位置，从而差动变压器将输出一个与液位 H 成正比的不平衡电压 Δu 信号，该电压信号可供液位的指示或对液位进行远传测量与控制。

2.5.3 电容式液位计

电容式液位计由电容液位传感器和相应的测量电路组成。被测液位通过电容液位传感器转换成相应的电容量，利用测量电路测得电容量的变化，从而间接得到被测液位的变化。下面主要介绍电容液位传感器的工作原理。

电容液位传感器是根据圆筒电容器原理进行工作的。根据被测介质导电性能的不同，电容液位传感器可分为测量导电液体（如水等）的和测量非导电液体（如石油等）的两种结构形式。

测量非导电液体的电容液位传感器如图 2.71 所示。它是由金属棒做成的内电极和由外壁带孔的金属圆筒做成的外电极两部分构成的圆筒形电容器。测量时，将其竖直放在被测液体中，若设空气的介电常数为 ε_1，则当液位为零时，该圆筒形电容器的电容量为

$$C_0 = \frac{2\pi\varepsilon_1 L}{\ln\frac{R}{r}} \tag{2.69}$$

式中 L——圆筒电极的高度；

R——外电极的内径；

r——内电极的外径。

当面位高度上升到 H 时，由于液体充入两电极之间，该圆筒形电容器可视为液面上、下两部分电容的并联组合。若设液体的介电常数为 ε_2，则该并联组合的电容量为

$$C = \frac{2\pi\varepsilon_2 H}{\ln\frac{R}{r}} + \frac{2\pi\varepsilon_1(L - H)}{\ln\frac{R}{r}} = \frac{2\pi\varepsilon_1 L}{\ln\frac{R}{r}} + \frac{2\pi(\varepsilon_2 - \varepsilon_1)H}{\ln\frac{R}{r}} \tag{2.70}$$

由式（2.70）可知，当 L、ε_1、ε_2、R、r 一定时，电容量与液位 H 成线性关系，测得此电容量便可获知被测液位 H。

测量导电液体的电容液位传感器如图 2.72 所示。它只由一根带绝缘套管的电极组成。测量时，将其竖直放入被测液体中，由于液体是导电的，若容器也是导电金属制成的，那么容器和液体就可视为电容的外电极，插入的金属电极作为内电极，绝缘套管为中间介质，三者组成圆筒形电容器。若设中间绝缘介质电常数为 ε，电极被导电液体浸没的高度为 H，则该电容器的电容可近似为（液面以上部分的电容忽略不计）

$$C = \frac{2\pi\varepsilon H}{\ln\frac{R}{r}} \tag{2.71}$$

式中　R——绝缘套管的外半径；

　　　r——绝缘套管的内半径。

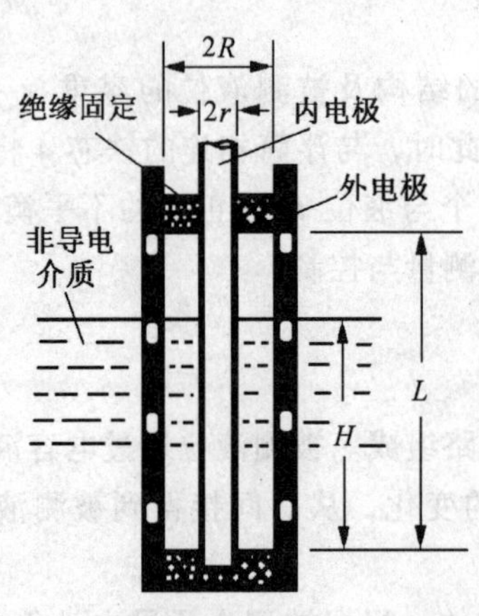

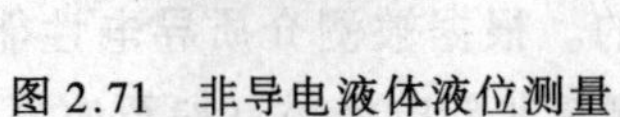

图 2.71　非导电液体液位测量

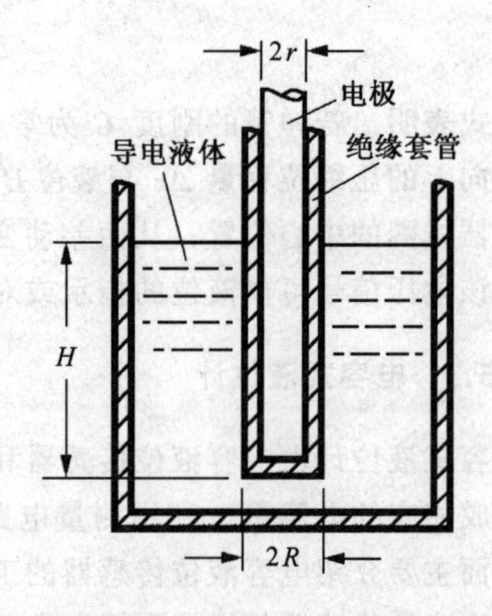

图 2.72　导电液体的电容液位测量

对于一定结构的电容液位传感器，式（2.71）中，ε、R、r 均为常数，故测得电容 C 值便可获知被测液位 H。

应用电容式液位计测量液位时，其电容变化量的数值是很小的（一般为 pF 的数量级），因此往往难以直接准确地进行测量。在实际应用中，通常采用二极管环形电桥等测量电路，将液位计电容的变化量转换并放大为相应的电流或电压信号才能作显示或远传测量与控制。

使用电容式液位计时，对粘稠液体应注意其在电极上的粘附，以免影响测量精度；在测量非导电液体的液位时，应考虑液体的介电常数随温度、杂质及成分的变化而产生的测量误差。

2.6　浊度检测仪表

2.6.1　概述

给水排水工程中涉及到的水，包括天然水体（江河、湖泊等地表水与地下水），经过处理的饮用水（自来水），未经过处理或经过处理的污（废）水。广义的讲，这些水都不是纯净的水，自然界中没有纯净水，或多或少都含有杂质。所含杂质中，有的溶解于水，有的则不溶解于水。不溶解于水的杂质，以沉淀，悬浮和漂浮的形式存在于水中。其中悬浮与漂浮的杂质影响水的透明度，造成综合的光学现象，使人对水体产生感观上的浑浊印象。对于这一光学现象的衡量指标就是浊度，用以表示水的浑浊程度。这是一项水体不溶性杂质含量的综合指标。

目前，浊度及其单位，在国际上统一定义为 NTU。1 升水中含 1mg 纯高岭土时的浊度为 1 度，即浊度为 1NTU，或 1ppm（百万分率）。

浊度测量仪就是根据上述定义配制标准溶液，并以标准溶液为基准标定仪表检测刻度，再反过来直接地测量并显示待测定液体的浊度的仪表。常用的浊度测量仪表一般是以测定光通过溶液时的吸收、散射或折射等的强度变化为原理的。

做为一项综合指标，浊度综合地反映了水体中不溶性杂质的含量，成为给水排水工程中评价水源、选择处理方法、生产过程控制和水质检验的重要参数依据。同时，也为环境保护、生态研究和卫生防疫部门提供了衡量水体质量的一项重要指标。

2.6.2 浊度测量原理与基本方法

按照所能测定浊度的高低，浊度测量仪可分为低浊度仪、中浊度仪和高浊度仪。目前，各种类型的浊度仪都是利用光电光度法原理制成的。

悬浊液是光学不均匀性很强的分散物质，当光线通过这种液体时，会在光学分界面上产生反射、折射、漫反射、漫折射等复杂现象。与溶液浊度有关的光学现象有：第一，光能被吸收。任何介质都要吸收一部分在其中传播的辐射能，因而使光线折射透过水样后的亮度有所减弱。第二，水中悬浊物颗粒尺寸大于照射光线的半波波长时，则光线被反射。若此颗粒为透明体时，则将同时发生折射现象。第三，颗粒尺寸小于照射光线的半波波长时，光线将发生散射 。由于这些光学现象，当射入水样的光束强度固定时，透过水样后的光速强度或散射光的强度将与悬浊物的成分、浓度等呈函数关系。根据比尔——朗白定律和雷莱方程式可提出如下的函数式：

$$I_t = I_0 e^{-kdl} \tag{2.72}$$

式中 I_0——入射光强度；

I_t——透过水样后的光束强度；

k——比例常数；

d——浊度；

l——光线在水样中经过的长度。

$$I_c = \frac{PI_0 NV^2}{\lambda^4} \tag{2.73}$$

式中 I_0——入射光强度；

I_c——散射光强度；

P——比例常数；

N——单位容积内的颗粒数；

V——单个颗粒的体积；

λ——入射光线的波长。

式（2.73）中 N、V 项反映了浊度情况。

公式（2.72）、式（2.73）反映了透射光和散射光强度与浊度的关系。通过光电效应将光束强度转换为电流的大小，用以反映浊度。这就是当前各类浊度仪的基本工作原理。

2.6.3 浊度测量仪表的构造与性能

2.6.3.1 水路系统

浊度测量对流入水样槽的浑浊液有三点要求：

1. 必须除去水中的气泡，水中气泡和水中的颗粒一样，会产生严重的散射而导致测量误差，因此必须除去水中的气泡。通常称为脱泡。

2. 必须防止水中悬浮颗粒的沉积，在流量甚小时，悬浮颗粒将产生沉积。浊度的检测数据将小于实际的浊度。

3. 必须使水流量保持恒定，在采样流量适当且稳定时，能够使水流为湍流，这样悬浊物才能分布均匀并防止沉淀。

为使水样槽中的水样脱泡，可采用脱泡槽。图 2.73 所示为溢流式脱泡槽。其脱泡过程为：

控制水样入口流量大于出口流量以产生溢流，溢流中气泡向上分离，无气泡的水经出口流入测定槽。

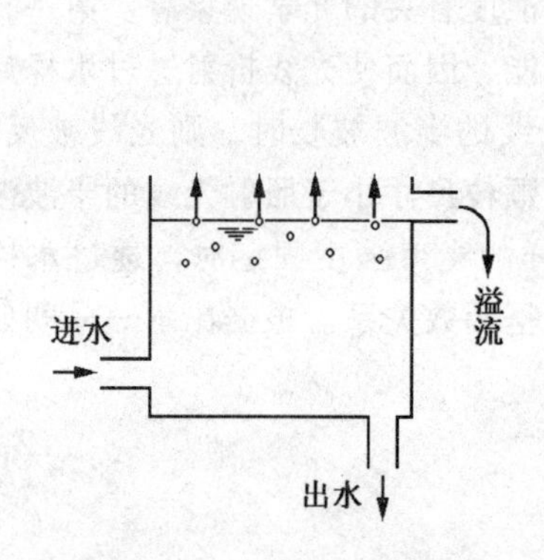

图 2.73　溢流式脱泡槽

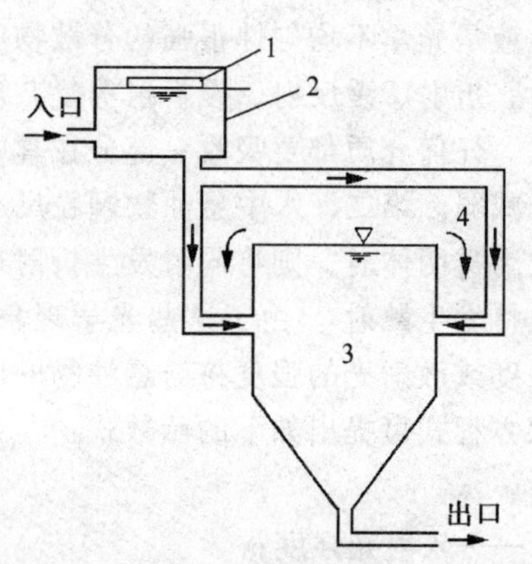

图 2.74　表面散射式浊度仪水路

1—系统溢流口；2—高位稳流器；3—测量水罐；4—溢流

测定槽使经过脱泡和稳流的水样一部分从其中流过并被测定，一部分为制造槽内湍流而溢流。测定槽的进出口布置分上向流和下向流。上向流进水口在下部，出水口在中上部，溢流口在顶部；下向流进水口在中上部，溢流口在顶部，出口在下部。由于水的流动能有效地防止水中颗粒的沉淀，适当的水流量能使槽内水成为湍流，水中的悬浮物就能均匀地分布。

图 2.74 为表面散射式浊度仪水路流程图。被测水样首先进入高位槽稳流器，稳流器上方开有系统溢流口。由于稳流器的作用，测量水罐进水槽水压稳定，以致使流入测量水罐的水流量恒定。被测水经过稳流器后由测量罐的上中部进入测量罐，一部分从罐口溢出，大部分从锥式罐底排出，稳流器的溢流水及测定罐的溢流水都流入底盘内，其中一部分可作为电源部分的冷却水从机箱后部流出，其余则从溢水管排出。

2.6.3.2　光源系统

如上所述，在浊度仪中所要检测的不外是通过水样的透射光强，或通过水样的散射光强，因此光源光强的稳定就特别重要。

在测量无色溶液时，浊度仪的光源灯可以使用白炽灯泡，为了稳定光源电流和延长灯泡的使用寿命，应对光源的供电线路采取稳流稳压措施，也可同时按灯泡的额定功率降额使用。如日本富士 ZWF 型浊度仪采用额定值为 6V、2.7W 灯泡，在使用中却工作在 3.6V 的低电压上。日本富士 CWF 型浊度仪中，还装有光量监视控制装置，自动保持测量光量的恒定。

在测量有色溶液时，应设置滤光片，一般采用各种适当颜色的玻璃片，以使介质吸收最强波段的光线通过，对介质吸收很弱的光则为滤光片所吸收，这样，通过滤光片的光束就变成波段狭窄的单色光了。

例如，红光的波长范围仅为0.610～0.75nm，蓝色光的波长范围仅为0.43～0.48nm，由于使用单色光体为光源，这就使有色物质对光线最大限度的吸收。因此，根据介质颜色选择合适的滤光片，可以增加分析仪表的灵敏度和准确度。

选择滤光片的原则是：滤光片透射性最强的波段应该是介质吸收最强的波段，也就是说，滤光片和被测介质颜色之间的相互关系为互补色。选择光片的方法是根据被测介质和滤光片的吸收光谱来决定。但较为方便的方法是根据介质的颜色，取不同的滤光片吸收浓度曲线，其中检测灵敏度最大的片子就是较合适的滤光片。

透镜和光圈镜头的选用，一般无特殊要求，可选用光学仪器通用产品，为了避免镜头烘烤过热，可在灯泡和镜头之间置一隔热板（吸热玻璃）。

对于具有自动程序控制的浊度仪，还应在光路中间加光闸。测定窗口的玻璃应采用硬质硼硅酸光学玻璃。

2.6.3.3 光电元件

将所受到的光能量及其变化转换为相应的电流或电压及其变化的元件称为光电元件。光电元件可分为两类。一类是外光电效应器件，如光电管，光电倍增管；另一类是内光电效应器件，如光敏电阻、光电池等。原则上所采用各类的光电器件均可达到检测的目的，不过光电池的转换效率较高，不消耗电能，不发热，体积小，因此采用较多。但因受环境的影响，耐热、耐湿性能还不如光电管。

2.6.3.4 自动清污器

为自动清除测定窗和测定槽内壁的污垢，可用机械清污器（活塞式或电动刷式），水射式除垢器，超声清洗等。机械式和水射式效果很好，但只能在停止测量时才能进行清洗。

2.6.3.5 光源室和光电池室透光表面的防雾

在光源室和光电池室内若有湿气，透明的玻璃表面会结雾，将会造成测量误差。当冷的测定液流过测定槽时，也将会产生这种现象。为了防止结雾，在光学系统室内必须装干燥剂。

2.6.4 浊度在线测量仪表

2.6.4.1 透射光式浊度检测仪

射入测定槽的平行测定光束，通过水样受到衰减后，到达受光部的光电池或光电管，并产生相应的电流和电压，由电压表的指示可见，水样浊度高则光电池或光电管所接受的光愈少，产生的电流愈小，电压也愈小。反之亦然。因此，电压表的示值随被测浊度的变化而变化。被测溶液的浊度值可通过浊度与电压的标定曲线求得。

当测定槽通过流动的水样时，则成为连续测定型仪表。

这种方法结构简单，测定范围广，从30ppm至5000ppm，可以测定高浊度。这种方法的缺点是受干扰因素较多，稳定性差，如液槽窗口玻璃因与水样直接接触造成的污染，光源电源的波动，灯泡和光电元件的老化，光电元件的温度影响，及水的色度等均对测量值产生一定的影响。此外，仪器的线性条件较差，外形尺寸较大。

2.6.4.2 散射光式检测仪表

在透射光式检测仪表中，测量透过介质的光强是非散射光，在散射光式检测仪表中，通常是测量垂直于入射光束的散射光。来自光源的光束投到水样中，由于水中存在悬浊物而产生散射。由公式（2.73）可知，这一散射光的强度与悬浮颗粒的数量和体积（反映浊度情况）成正比，因而可以依据测定散射光强度而推知浊度。

按照测定散射光和入射光的角度不同，散射光式检测仪表可以分为90°散射光式、前散射光式和后散射光式检测仪表。

此方法和透射光测定法一样具有测定窗，所以要避免窗口污染的影响。同样，可以采用自动清洗或落流式结构来解决。

散射光法比透射光法能够获得更好的线性，检测灵敏度可以提高，色度影响也较小。这些优点，在低浊度测量时更加明显，因此一些低浊度仪多采用散射光法，而不用透射光法。

基于散射光测定的各类浊度仪是当前浊度仪的主要形式，国际通用的浊度标准也是以这类浊度仪为基础制定的。

2.6.4.3 透射光和散射光比较测定法

这种方法是同时或交替测定透射光和散射光的强度，求出两者之比值来表示浊度的方法。

在一光束通过浑水样后，既有透射光，又有散射光，散射光的强度随浊度的增大而成反比的减小。由于二者向相反的方向差动，其比值将有较大的变化率。这样，同时或交替测定透射光和散射光的强度而求其二者之比的方法可使检测的灵敏度大为提高。其灵敏度可达 0.005ppm。

此方法还有以下的优点，可以把透射光和散射光的光路做成相等的，因而水样色度的影响很小。由于使用同一光源，电源的变化及环境干扰的影响、窗口接触水样的污染影响等都相对减小。另外，可以通过合理地选择接受透射光及散射光的两个光电池的特性及调整两束光路长度等方法，使仪表的线性调整到理想状态。

2.6.4.4 表面散射光测量法

此种方法是使水样溢流，往溢流面照射斜光，在上方测定散射光的强度来求出浊度。这一方法与散射光法原理相同，其优点有：

1. 因为没有直接接触水样的玻璃窗口，所以无测定窗污染问题；
2. 线性好；
3. 色度影响小于散射光法；
4. 测定范围广，从 0~2ppm 的低浊度至 0~2000ppm 的高浊度均可以测定，在测定高浊度水样时，可以直接测定而无需稀释；
5. 在各种取样流量的范围内都能使用；
6. 可以用标准散射板进行校正，日常校正时不用配制标准液。

表面数射光法测定的主要缺点是：

1. 若溶液中的杂质分布不均匀，会造成测定误差；
2. 若溶液中含有表面活性物质，会在水面形成膜，干扰测定。

2.6.4.5 浊度仪的典型产品

表2.6列出了一些典型的在线式浊度仪表产品型号及产品性能指标。

典型在线式浊度仪表主要性能指标 表2.6

型号	测量范围(NTU)	精度	分辨率(NTU)	生产国
1720C	0~100	±2%(0~30 NTU) ±5%(30~100NTU)	0.0001	美国
Surface scatter 6	0~9999	±5%(0~2000 NTU) ±10%(2000~9999 NTU)	0.01 浊度<100NTU 0.1 浊度100~1000NTU 1.0 浊度>1000NTU	美国
Ratio 2000	0~2.0,0~20 0~200,0~2000	±2%(前三档量程) ±5%(最后一档量程)	优于满量程的0.05%	美国
BSZ-D	0~20	±1%	0.01	中国
BSZ-Z	0~1000	±5%	0.1	中国
BSZ-G	0~9999	±5%~10%	1	中国

2.7 pH值检测仪表

pH值是溶液中氢离子活度的负对数,即

$$pH = -\lg\alpha \tag{2.74}$$

式中 α——氢离子活度;

pH值反映了溶液的酸碱性,是衡量水质的基本指标之一。

2.7.1 pH测量原理与基本方法

pH的测量的方法有玻璃电极法,比色法、锑电极法、氢醌电极法等,通常在线测量中普遍使用的是玻璃电极法。玻璃电极法是电极电位法的一种,该方法基于两个电极上所发生的电化学反应。其原理是用两个电极插在被测溶液中(见图2.75)其中一个电极为指示电极(玻璃电极),它的输出电位随被测溶液中的氢离子活度变化而变化;另一个电极为参比电极(氯化银电极),其电位是不变的。上述两个电极在溶液中构成了一个原电池,该电池所产生的电动势 E 的大小与溶液的pH值有关系,如下式所示:

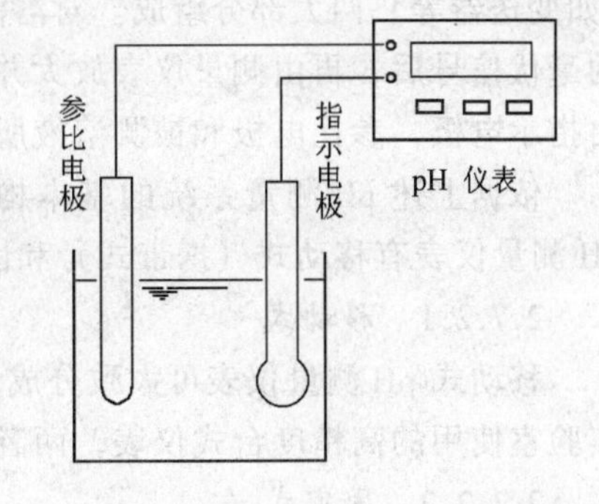

图2.75 玻璃电极法pH值测量

$$E = E^{*} - D \cdot pH \tag{2.75}$$

式中 E——测量电池产生的电动势;

E^{*}——测量电池的电动势常数(与温度有关);

D——测量电极的响应极差(与温度有关);

pH——溶液的pH值。

因此,在已知 E^{*} 和 D 的情况下,则只要准确地测量两个电极间的电动势 E,就可以测得溶液的 pH 值。

工业在线检测 pH 值大都使用复合 pH 电极，因为复合 pH 电极便于安装、标定与使用。

复合 pH 电极结构见图 2.76，它的杆身由内外两个玻璃管构成，其中心为 pH 指示电极，外部为参比电极及参比电解液（也称外参比系统），这种结构不但便于安装与使用，而且外参比液也起屏蔽作用，以防电气干扰作用于指示电极。

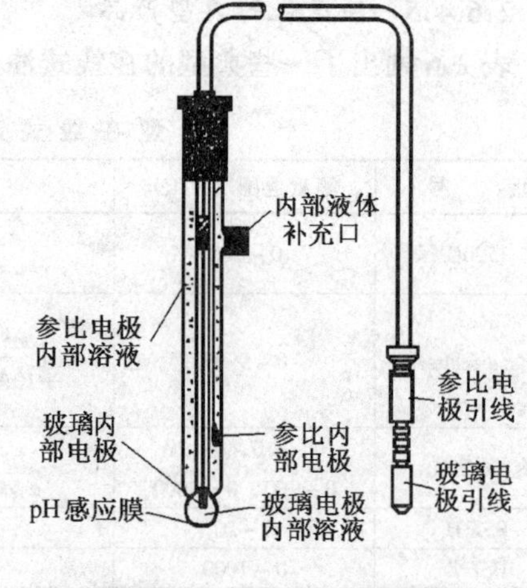

图 2.76　复合 pH 电极结构

当电极插入被测溶液时，就形成了测量电池系统。复合 pH 电极的响应为：

$$E = \frac{E_s + 2.303RTS(pH_s - pH)}{F} \quad (2.76)$$

式中　E_s——不对称电位中不随温度变化的部分，称为等电位点电位；

R——气体常数；

T——绝对温度；

S——电极斜率，等于电极实际差与理论极差之比；

pH_s——复合 pH 电极等电位点 pH 值，与电极玻璃膜不平衡电位的温度系数、隔膜液接界电位的温度系数及内、外参比液中氯的离子活度不一致性有关；

F——法拉第常数。

2.7.2　pH 值测量仪表的构造与性能

根据电极电位法原理构成的 pH 测量系统，都由发送器（即电极部分）和测量仪器（如变送器等）两大部分组成。对溶液 pH 值的测量，实际上是由发送器获得与 pH 值相应的毫伏信号后，再由测量仪表放大并指示其 pH 值。该发送器所得的毫伏信号实际上就是由指示电极，参比电极和被测溶液所组成的原电池的电动势。

依据上述 pH 测量系统的基本构成，结合 pH 测量仪表的适用场所、对象、条件等，pH 测量仪表有移动式（携带式）和固定式（固定放置连续测定式）等形式。

2.7.2.1　移动式

移动式 pH 测量仪表可大致分成便于携带的、以干电池为电源的轻量型便携式仪表和实验室使用的高精度台式仪表，两者的构造都是由复合电极与放大指示部分构成。

2.7.2.2　固定式

固定式 pH 测量仪表可直接设置在室外测试地点，（如废水处理装置等的测定场所附近）连续对 pH 进行测定。常用的有分离式（控制盘安装型）和整体式（现场安装型）两种，主要由检测部分和放大指示部分组成。

1. 检测部分

检测部分的构造特性是：①使参比电极内部液体补充次数要少；②尽量减少和防止电极部分的污染。对于前者而言，已经研究出在参比电极液体接界面液体之间电位差小而使内部液体流出量少的结构。对于后者，则已制造出易于保养的轻量化的以及安装有自动电极清洗器的检测部分。

2. 放大指示部分

根据设置条件，有与检测部分组合为一体和与检测部分分开的两种类型。实际应用中，则以将放大指示部与检测部分直接相连接设置在现场的类型为多。此类仪表系统放大指示部分的电源是由另外放置在一般检测仪表室中的电源供给，此电源也是记录仪，警报器的电源。

2.7.3 pH 值在线测量仪表

pH 在线测量仪表包括 pH 测量仪表和 pH 变送器。pH 测量仪表和 pH 变送器在功能或结构上的主要区别在于是否需要信号隔离与远传作用。

工业在线检测用的 pH 仪表，必须使用具有信号隔离作用的 pH 测量仪表，否则可能造成外参比电位旁路，使外参比电极极化，造成显示不稳，使测量误差增大。下面主要讨论工业在线 pH 测量仪表。

1.pH 测量仪表的基本要求

根据 pH 电极的特点，对工业在线 pH 测量仪表有下列基本要求：

(1) 计量特性：高输入阻抗，低输入电流，高稳定性，低漂移，低显示误差；

(2) 调节特性：要求有零点（定位）调节，斜率（灵敏度）调节，温度补偿调节和等电位点调节；

(3) 使用特性：要求有 pH 显示，信号隔离和电流或电压信号输出。

2.pH 测量仪表的主要技术指标

(1) 仪表的输入阻抗

玻璃 pH 电极内阻约几百兆欧，微小电流流过电极就会引起显著的电压降。因此，pH 测量仪表应有足够高的输入阻抗，所谓仪表输入阻抗是指跨接仪表输入端的等效电阻。为了保证测量误差小于 1‰，仪表输入阻抗应大于测量电池内阻（也即 pH 电极内阻）的 999 倍。

(2) 仪表输入电流

仪表输入电流是由仪表输入端电子器件的泄漏电流所产生的，输入电流一般随输入端电压变化而变化，由于仪表输入电流会在测量电池等效电阻上产生额外电压，从而造成测量误差，例如当仪表输入电流为 1×10^{-12}A 时，将在电阻为 1000MΩ 的 pH 电阻敏感膜上产生 1mV 的额外电压，引起大约 0.015pH 的测量误差。虽然这一误差在电极标定及样品测量两次操作中可以抵消，但由于输入电流和电极内阻会随时间、温度等条件变化而变化，因此 pH 测量仪表的输入电流不得大于 1×10^{-12}A。

(3) 仪表的稳定性

仪表的稳定性是一项综合性指标，温度对元器件的影响，电源引起的波动，仪表的抗干扰性等都将影响仪表的稳定性。仪表的不稳定，将直影响到读数的准确度和重现性，特别是用于连续或自动测量的 pH 测量仪表，对稳定性要求更高，性能良好的仪表当电源电压变化 ±10%或连续使用 24h 后，显示漂移在 ±2mV（约 ±0.03pH）以内，高精密度仪表要求此值在 ±0.5mV（约 ±0.007pH）以内。

(4) 仪表的测量范围及分辨率

目前使用的pH仪表测量范围基本上都设计成0～14pH单位，有些设计成分档可调式。对实验室使用的高精度pH仪表分辨率可达0.001pH；工业现场中使用的在线pH变送器，分辨率大都为0.01pH；因为工业现场影响测量pH准确度的因素主要不是仪表的分辨率，而是其他干扰。

(5) 仪表的信号隔离及信号输出

工业现场中使用的pH测量仪表，必须具有信号隔离功能及信号输出远传的能力，标准信号输出电压为0～5V（或1～5V），或输出电流为0～10mA（或4～20mA）信号。

3、仪表的调节功能

(1) 零点（定位）调节：为使仪表能够校正电极的零点漂移，pH测量仪表通常的零点补偿范围应不小于±60mV。

(2) 斜率（灵敏度）调节：pH电极的斜率与理论斜率大都有一定的偏差，且随着电极的使用和老化，其斜率也不断变化。为了保证测量的准确性，pH测量仪表的斜率补偿范围应不小于理论值的90～105%。

(3) 温度补偿调节：为了校正温度对电极响应差的影响，pH测量仪表通常都设计有温度补偿调节功能。一般要求温度补偿范围为0～60℃，特殊场合下使用的pH测量仪表要求温度补偿范围为－20～120℃。

(4) 等电位点补偿：在非等温环境中测量pH，若想准确测量，所使用的pH测量仪表必须具有等电位点调节功能。

2.8 溶解氧检测仪表

溶解氧是指水中溶解的分子状态氧。在化学方面是一种氧化剂，在生物化学方面是水生生物呼吸不可缺少的成分；在活性污泥法污水处理工艺中，溶解氧测定还是保证处理工艺正常进行的主要控制参数。

2.8.1 溶解氧测量原理

溶解氧的测定方法，可大致分为化学分析方法和电化学方法，而溶解氧在线测量中通常采用的是隔膜电极测定法。

下面结合两种常用的隔膜电极法装置介绍隔膜电极法的原理及仪表的结构和性能。

1. 隔膜极谱仪方式

隔膜极谱仪方式原理如图如2.77所示。这是在水银滴定极谱仪方式基础上改进的一种方式，用氧气透过性高的隔膜（聚乙烯玻璃纸、聚四氟乙烯）在水样溶液中隔开电极和电解槽，电解液用氯化钾或氢氧化钾溶液，当在两电极间加上0.5～0.8V的电压时，通过隔膜的氧在电极上便发生下述还原反应，氧被还原，在外部电路中便有与氧浓度呈比例的极谱仪临界电流流过，这样，即可测得溶解氧的浓度：

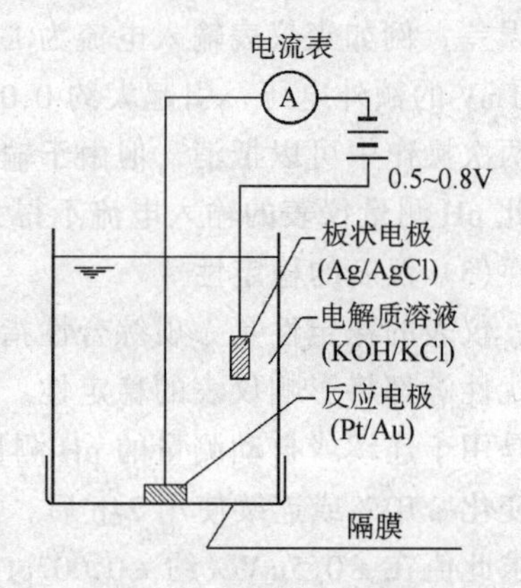

图2.77 隔膜极谱仪方式

板状电极：$4Cl^- + 4Ag \longrightarrow 4AgCl + 4e$

反应电极：$O_2 + 2H_2O + 4e \longrightarrow 4OH^-$

电极材料随着不同的仪表制造厂家而不同，板状电极多数应用银—氧化银、银—氯化银，反应电极则应用金或铂制造。

隔膜材料，初期使用玻璃纸和高压聚乙烯，目前，多使用聚四氟乙烯，厚度为 25μm 或 50μm。

2. 隔膜原电池方式

隔膜原电池方式原理如图 2.78 所示。板状电极用价格便宜的金属制作，反应电极则用贵重金属制作。其测量原理是透过隔膜的氧在反应电极上还原，测定在两电极间与溶解氧呈比例的还原电流。用氢氧化钾作电解液时电极反应如下式：

板状电极：$2Pb + 4OH^- \longrightarrow 2Pb(OH)_2 + 4e$

反应电极：$O_2 + 2H_2O + 4e \longrightarrow 4OH^-$

电极材料的使用，应考虑其加工性能和价格，板状电极应用铅或铝，反应电极使用金或铂，部分尚用银制作。

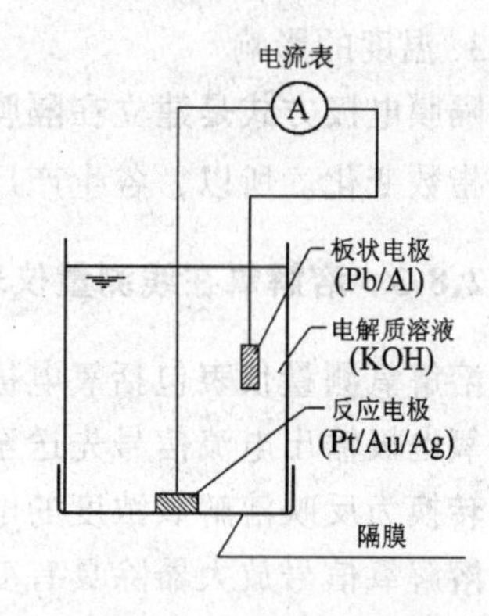

图 2.78　隔膜原电池方式

2.8.2　溶解氧测量仪表的性能

上述隔膜极谱仪方式和隔膜原电池方式，除了是否要从外部加上电压以外，在使用上性能特征基本相同。

1. 隔膜的透过性与扩散电流

由于溶解氧逐步透过隔膜扩散在电解槽内，所以，其扩散系数 D 与膜的透过率 P_m 及水样中的溶解氧浓度 C_s 成正比，与隔膜的厚度成反比。即：

$$D = K' \frac{P_m C_s}{L} \tag{2.77}$$

式中　K'为溶解氧膜透过常数。

曼西等人的实验，给出了隔膜电极在稳定状态下产生的电流与水样中溶解氧浓度的关系式：

$$I = \frac{nFAP_m C_s}{L} \tag{2.78}$$

式中　I——稳定状态下的指示电流（mA）；

n——包括电级反应产生的电子数；

F——法拉第常数（96500 库仑）；

A——作用电极的面积（cm^2）；

P_m——膜的透过率（cm^2/s）；

C_s——水样溶解氧数量（平衡时）；

L——膜的厚度（cm^2）。

由此可见，产生的指示电流正比于水样中溶解氧的浓度，所以，隔膜式溶解氧测量仪表是通过电流检测得出溶解氧浓度的仪表。

2. 灵敏度、线性、响应速度、残余电流

隔膜电极不仅能适用水中检测溶解氧，对于气体中的氧也具有相当的灵敏度，并且使用方法上亦相同，都具有良好的线性。响应速度随电解液数量、膜与阴极间距离变化而变化，就不同产品规格而言，一般均在1分钟以内。残余电流唯极谱电极方式稍为大些。此外，隔膜扩散要求水样的流速常在20 cm/s以上。

3. 温度的影响

隔膜电极方式是建立在隔膜的氧透过性基础之上的，而膜的透过率 P_m 依据温度不同而呈指数变化。所以，各生产厂家都用热敏电阻进行温度补偿。

2.8.3 溶解氧在线测量仪表

溶解氧测量仪表包括氧电极、溶解氧放大器（或溶解氧变送器）及溶解氧显示器三部分。氧电极输出电流信号先送至溶解氧放大器，再由放大器将信号放大，然后把电极电流信号转换为反映溶解氧浓度的电信号通过显示器显示出来。

溶解氧信号放大器除具有变送功能外，还应具有零点（残余电流）补偿、灵敏度（斜率）校正，量程校正、温度补偿等功能。有的仪表还有量程切换和溶氧超限设置与报警功能。根据设置的不同，溶解氧测定仪表通常分为移动式（携带式）和固定式。

现场安装的固定式溶氧测量仪表应考虑其运行维护操作的方便性。如必须考虑溶解氧仪能够长期在污水中运行，溶解氧电极的隔膜必须能自动进行清洁处理，以防其污染，造成测量误差；同时还应考虑能方便地更换隔膜，保持其电解质溶液不受污染。还应具有防尘以及能适应温度变化的特点。

2.9 余氯检测仪表

余氯是保证水质卫生指标的重要参数，也是加氯消毒工艺的基本控制参数。余氯在线分析是进行投氯控制的前提。

2.9.1 余氯测量原理与基本方法

余氯的在线测量可采用电极法进行。在两个电极之间施加电压，利用电极之间电能产生的氧化还原反应测量氯的浓度。

2.9.2 余氯测量仪表的构造性能与在线测量

在线余氯测量仪表通常为微量余氯分析仪表，主要由下列部分构成：采水样系统、加试剂系统、测量传感器、微机处理控制器。

1. 采水样系统

加氯后的水通过取样泵（压力0.11MPa，水量$0.5m^3/h$）、取样管、Y型过滤器、恒位水箱进入自动反冲洗机构和传感器腔室。经测量分析后由排水腔室流入下水道，此流程即为采水样系统。

为保持取样管路、传感器腔室清洁畅通而设置的自动反冲洗机构由流量控制阀控制。控制器设定反冲洗频率和反冲洗时间。反冲洗频率 0～48 次/d 可调（出厂设定 24 次/d），若水质好，1～6 次/d 即可。反冲洗时间 5～30s/次（出厂设定 5s/次），若水质好 5 s/次即可。

2. 加试剂系统

在测定前须向水样中投加二氧化碳气体试剂或液体试剂，将其 pH 值调整至 4.3～4.7 范围内，如果水样本身 pH 为 4～5，可不加试剂。

分别由两个试剂瓶将液体试剂缓冲液和碘化钾供给两个试剂泵，投入恒位水箱前的水样中。测定余氯需加碘化钾，如测污水余氯需另加去污剂。

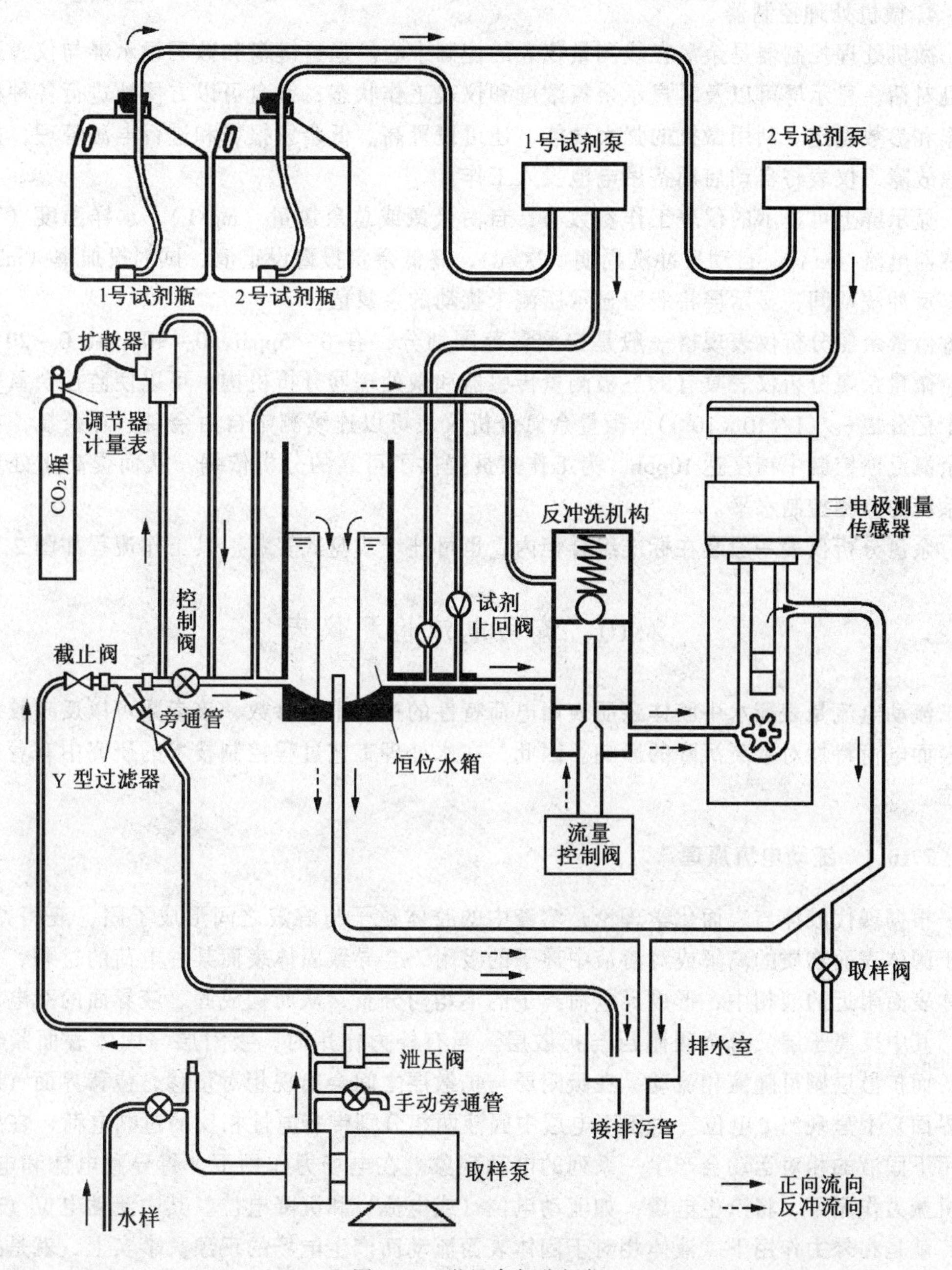

图 2.79　微量余氯分析仪

3. 测量传感器

测量传感器由螺旋状铂测量电极、圆形铂反向电极和银/氯化银基准电极（或称零位电极）构成。当向电极上施加电压时，电极之间发生电解反应，根据电解电流强度可确定溶液中氯的浓度。此外，测量传感器还设有自动温度补偿电路。

测量传感器装于传感器腔室内，由电机驱动电磁耦合叶轮连续搅动石英砂，撞击电极防止表面结垢，并保持水样定速流动（水样流量约 50mL/min）。连续测量水样，并将电流（mA）信号送至控制器。

4. 微机处理控制器

微机处理控制器是余氯在线测量仪表的控制中心。通过键盘和数码显示屏与仪表进行人机对话。显示屏可以及时显示余氯浓度和仪表工作状态；键盘可以方便地进行各种程序操作和参数设定。利用微机的强大功能，还可设置高、低余氯报警和进行电源管理，如遇电源故障，仪表将自动启用备用电池投入工作。

显示屏上可显示的仪表工作参数有：自由余氯或总余氯量（mg/L），水样温度（℃），传感器电流（mA），自动反冲洗周期（次/d），高低余氯报警设定值、试剂投加率（mL/h）等。反冲洗期间，显示屏将滞留显示所测未扰动的余氯值。

微量余氯分析仪表规格一般是按测量范围划分，有 0～5ppm、0～10ppm、0～20 ppm 等。微量余氯分析仪表具有的三极测量传感器和微处理器分析机构，可以使监控余氯精度达十亿分之一（$1/(10 \times 10^8)$）。微量余氯分析仪表可以连续测定自由余氯、总余氯，在连续余氯反馈控制中精度达 10ppb，为工作人员提供了可靠的分析依据，从而提高水处理加氯系统的监测控制水平。

余氯分析仪表一般装在标准组合柜内，也可挂墙或盘式安装。其工作流程如图 2.79。

2.10 流动电流检测仪表

流动电流是表征水中胶体杂质表面电荷特性的一项重要参数，该参数可以反映胶体粒子表面电荷特性对絮凝沉降的影响。因此，在水处理工艺过程控制技术的研究中有着重要地位。

2.10.1 流动电流原理

根据现代胶体与表面化学理论，溶液中的胶体粒子与溶液之间形成了固、液相界面，由于固体表面物质的离解或对溶液中离子的吸附，会导致固体表面某种电荷的过剩，并在固体表面附近的液相中，形成反电荷离子的不均匀分布，从而构成固、液界面的双电层结构，其中反离子层又分为吸附层与扩散层。当有外力作用时，吸附层与固体表面紧密附着，而扩散层则可随液相流动，在吸附层与扩散层之间会出现相对位移，位移界面（即滑动界面）上呈现出 ζ 电位。由于双电层中固液两相分别带有电性相反的过剩电荷，在外力作用下固液的相对运动会产生一系列的电动现象。在电场力作用下，将导致电泳和电渗；在机械力作用下，将产生电场，如流动电位（或电流）和沉降电位。其中流动电位（或电流）就是在外力作用下，液体相对于固体表面流动而产生电场的现象。事实上，就是扩散层中反离子随液相定向流动，负电荷离子定向迁移的现象（图 2.80）。

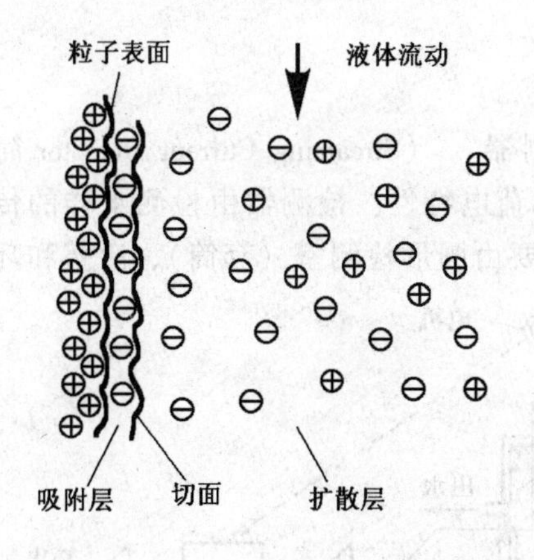

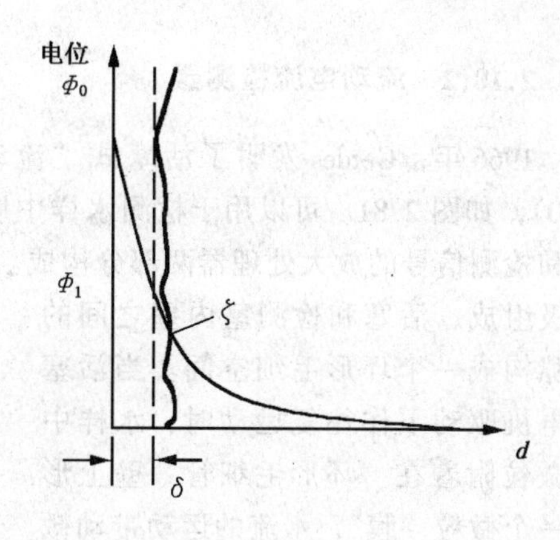

图 2.80 液体相对于固体表面流动产生的电场

当采用毛细管方式在层流条件下进行测定时，在流动电流（流动电位）与ζ电位之间，有下列关系式：

$$i = \frac{\pi\zeta P\varepsilon r^2}{\eta l} \tag{2.79}$$

$$E = \frac{\zeta P\varepsilon}{\eta k} \tag{2.80}$$

式中 i——流动电流；

E——流动电位；

P——毛细管测量装置两端的压力差；

ε——液体介电常数；

r——测量毛细管半径；

l——测量毛细管长度；

η——液体粘度；

k——液体比电导。

式（2.79）和式（2.80）分别为流动电流、流动电位的基本数学表达式，描述了其基本影响因素和内在关系，特别是指明了流动电流同ζ电位之间的正比函数关系。流动电流从一个侧面代表了ζ电位的性质，反映了固液界面双电层的基本特性。

也可以用经验公式表达流动电流的基本关系，下式适合于各种流态：

$$i = C\zeta v \tag{2.81}$$

式中 C——经验系数，与测量装置几何构造以及介质的物理化学特性有关，与流态有关；

v——液体平均流速。

式（2.81）不仅适用于层流，也适用于紊流，但在不同流态下，C 值是不同的。式（2.81）表明在介质条件不变时，流动电流与毛细管内液体的平均流速成正比。

流动电流的大小不仅与固液界面双电层本身的特性有关，还与流体的流动速度、测量装置的几何构造等因素有关，这点与ζ电位有很大差别。ζ电位可以直接反映固体表面的荷电特征，数值具有绝对意义，而考察流动电流数据时，却需要注意测定装置、测定条件等因素的不同，进行综合判断与相对比较。所以，流动电流的绝对值是没有意义的。

2.10.2 流动电流检测器

1966年，Gerdes发明了活塞式“流动电流检测器”（Streaming Current Detector 简称SCD），如图2.81。可以用于检测水样中胶体粒子的荷电特性。检测器由检测水样的传感器和检测信号的放大处理器两部分构成。传感器主要由圆形检测室（套筒）、活塞和环形电极组成，活塞和检测室内壁之间的缝隙构成一个环形毛细空间。当活塞在电机驱动下作往复运动时，水样中的微粒附着在“环形毛细管”壁上形成一个微粒“膜”，水流的运动带动微粒“膜”扩散层中反离子运动，从而在“环形毛细管”的表面产生交变电流，此电流由检测室两端的环形电极收集并经放大处理后输出。

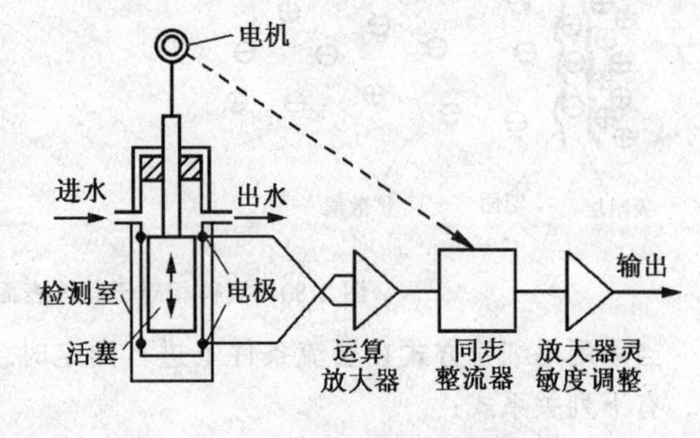

图2.81 流动电流检测器原理

该检测器的原理已与原始的毛细管装置不完全相同，主要检测的对象不是毛细管表面的双电层特性，而是吸附于固体表面上的水中微粒“膜”，其测量结果反映的是水中胶体粒子的表面特性。

应当注意的是，胶体粒子在检测器探头表面吸附必然产生流动电流，但在液体中完全没有胶体粒子的情况下，流动电流仍然存在。事实上，SCD检测的流动电流应由背景电流和非背景电流两部分构成。背景电流是由无胶体粒子吸附的探头表面的双电层发生分离的结果；非背景电流是由吸附于探头表面的胶粒与溶液相对运动时产生的，SCD检测到的是这两者之和；

$$i = i_b + i_c \tag{2.82}$$

式中 i_b——背景电流；

i_c——非背景电流。

在实际应用中，正是利用非背景电流值的变化来反映胶体粒子的荷电特性。

实际应用的流动电流检测仪表一般由检测器与信号处理器构成。为保证流动电流信号的准确有效检测，必须保证检测器的检测室内壁面能得到良好地清洗，使附着于壁面的荷电粒子能及时更新。目前国内开发的流动电流检测器，多采用检测水样自清洗的方法。该方法使进入检测室的检测水样产生一定的射流作用，把检测室内可能积存的杂质冲走，并随检测后水样排出，它能够连续稳定的进行自清洁，结构简单，效果亦较好。

由检测室输出的原始信号极其微弱，在$10^{-8} \sim 10^{-12}$mA数量级，而且由于信号是由活塞的往复运动产生的，因此是一个频率约为4Hz的近似正弦波，必须对之进行适当的处理，调制为有一定信号强度的、与水中胶体杂质电荷变化有一一对应关系的直流响应信号。这一任务就由信号处理部分完成，它包括同步整流、放大及放大倍数调整、滤波等内容，最后的输出值即为所谓的流动电流检测值，以4~20mA、-10~+10V或0~100%等相对单位表示，相对地代表水中胶体的荷电特性，可以作为水处理系统的监测或控制参数。

思考题与习题

1. 根据测量误差本身的性质，可将其分为哪几种类型？各类型的特点如何？

2. 常用的测量误差评价指标有哪几种？各种指标的含义是什么？

3. 什么叫仪表的基本误差、允许误差和精度等级？

4. 从仪表的精度等级和测量范围两个方面考虑选择仪表时，一般应注意那些问题？

5. 已知某测温仪表的测量范围为 - 50 ~ 150℃，最大测量误差为 ± 2.8℃，试求此仪表的基本误差和精度等级。

6. 欲测量稍低于 100℃的温度，要求测量误差 ≤ ± 1.5℃，现有 0.5 级的 0 ~ 300°C 和 1.0 级的 0 ~ 100℃的两种温度计。试问采用哪种温度计测量更合适？

7. 简述单圈弹簧管压力表的测量原理及结构。

8. 电器式压力表一般由哪几个部分组成？各部分的作用是什么？

9. 书中介绍了哪几种电器式压力表？试分别简述它们的测压原理。

10. 试述安装压力表时应注意哪些问题？

11. 某系统压力控制指标为 1.5MPa，并要求其误差不大于 ± 0.05MPa。现若采用一只刻度范围为 0 ~ 2.5MPa，精度为 2.5 级的压力表测量该系统的压力，问其能否满足使用要求？为什么？若不能满足使用要求，应选用什么精度等级的压力表进行测量？

12. 对一只标注的测量范围为 0 ~ 16MPa，精度为 1.5 级的普通弹簧管压力表进行校验，校验结果如下表。试分析该弹簧管压力表能否按原精度继续使用。

设备名称	正行程读数					反行程读数				
被校压力表（MPa）	0	4	8	12	16	16	12	8	4	0
标准压力表（MPa）	0.00	3.85	7.90	12.01	15.95	15.95	12.15	8.10	4.05	0.00

13. 分别试述玻璃液体温度计、双金属温度计和压力式温度计的测温原理及基本构造，并比较它们的特点。

14. 热电偶的均质导体定律、中间导体定律、中间温度定律的内容是什么？它们在热电偶的实际测温中有哪些应用？

15. 热电偶的冷端温度为什么要补偿？常用的补偿方法有哪几种？试分别说出它们对冷端温度的补偿原理。

16. 标准热电偶有哪几种？试分别简述它们的主要特性。

17. 适合做热电阻的金属材料有哪几种？试分别简述它们的主要性能。

18. 半导体热敏电阻与金属热电阻相比较有哪些主要的优点和缺点？

19. 试述差压式流量计、涡轮流量计、电磁流量计和超声波流量计的测量原理，并比较这四种流量计的特点。

20. 试述利用差压变送器测量液位时为什么会出现零点迁移情况？

21. 试简述浮筒式液位计和电容式液位计的测量原理。

22. 入射水样的光线，当水样浊度逐渐增大时，透射光或散射光的光强将怎样变化？

23. 浊度检测中，水样的脱泡和使水样在测定槽中形成湍流各有什么意义？

24. 对于低浊度水样，透射光或散射光式浊度检测仪那种更适合，为什么？

25. 采用复合 pH 电极测定溶液中的 pH 值时，电极引线得到的是何种电信号？为保证 pH 值的测量，对所接仪表有何基本要求？

26. 工业在线测量仪表应具备那些基本特点？一般常用测量仪表可否替代在线测量仪表，为什么？

27. 从溶解氧的测量原理出发，解释在线溶解氧测量仪表氧电极的保养与维护的重要性。

28. 流动电流检测器测定的对象是什么？简述其构造与工作原理原理。

29. 流动电流检测器在水处理工程过程控制系统中，有什么重要意义？

第3章　过程控制仪表与执行设备

3.1　常用过程控制仪表

3.1.1　概述

自动控制技术应用非常广泛，其所控制的对象也各不相同。在常见的给水排水过程控制系统中，经常需要对压力、流量、温度、液位、浊度、pH等参数进行控制。虽然由于受控过程自身的特点各不相同，所需控制的受控参数也有所差别，但对受控过程的自动控制系统提出的控制要求，却往往极为相似。例如，受控过程往往要求其自动控制系统将受控参数（如压力、流量、液位、浊度、pH等）稳定在某个特定的范围内。也就是说，过程控制有可普遍遵循的规律。因此，研究过程控制的普遍规律，并在此基础上发展常规控制仪表，就可以方便地解决那些带有普遍性特点的自动控制系统的组建问题。目前，自动控制仪表的生产已形成了系列化、标准化，并朝着国际化的方向发展。因此，了解已有的能适应一般自动控制过程需要的过程控制仪表，是非常必要的。

常用过程控制仪表是指在自动控制过程中，所应用的参数检测、信号处理、控制执行等仪表。这些仪表按其动力源的不同，有气动、液动、电动等不同系列的控制仪表；按自动控制系统组成形式的不同，有自立式、基地式、单元组合式、组装式、模块式等不同类型的控制仪表；按其传递与处理信号的不同，又有位式、模拟式和数字式等控制仪表；按照仪表是否具有记忆、选择、判断的能力，又可分为非智能仪表与智能仪表。

过程控制仪表也称为自动化仪表。早期的自动化仪表功能比较单一，在闭环控制系统中的主要作用是完成受控过程的闭环调节任务，其中起控制作用的仪表又称为调节器。目前发展的自动化仪表，往往集多种控制功能于一体，并逐渐向智能化仪表方面发展。

3.1.2　自立式调节器

自力式调节器是指在受控参数变化时，利用受控对象自身的能量或经简单的转换，直接驱动调节装置，将受控参数自动控制在所要求的范围内而实现自动控制的一类装置。常见的自立式调节器有浮球式液位调节器、自立式温度调节阀等。自立式温度调节阀是在受控对象的温度发生变化时，利用热膨胀式温度调节器的温包或双金属片的热膨胀作用驱动调节阀，实现温度的自动控制。自力式调节器一般不带显示部分，结构简单，易于维修，适用于控制精度不高的单参数过程控制系统。

3.1.3　基地式调节器

基地式调节器一般指直接安装在控制现场的自动化装置，源于自动化技术发展的初期。基地式调节器将所用的器件都集中装在一起，结构简单，经济实用，便于维修，但占地较大。在早期的给水处理厂自动控制系统中，不少都采用了基地式调节器。目前，早期的基地式调节器的功能已经可以用一台调节仪表替代。一台调节器和一个调节阀，就可以组成简单的控制系统。

3.1.4 位式调节仪表

位式调节仪表对受控对象进行调节时，其动作指令与动作方式只有接通、断开两种状态。以恒温箱温度自动控制系统（图 3.1）为例，说明位式自动控制系统的工作过程如下：当受控对象（恒温箱）的受控参数（温度）低于设定值（如 120℃）时，位式调节仪表就发出指令（开关信号），通知执行器（继电器）动作（接通电加热器的电源），温度调控设备（电加热器）工作，使受控设备的受控参数（恒温箱温度）值上升；当受控参数（恒温箱温度）值高于设定值时，位式调节仪表也将发出指令，通知执行器（继电器）动作（断开电加热器的电源），温度调控设备（电加热器）停止工作，被控参数（恒温箱温度）值停止上升并在室温作用下冷却；这样，受控设备（恒温箱）的受控参数（温度）就将被控制在设定值（120℃）的允许范围（如 120±1℃）内。

上述自动控制系统虽能对温度进行控制，但控制系统将在温度设定值（120℃）附近频繁动作，使控制元器件的工作寿命大大降低。另外，很多受控过程允许受控参数有较大的波动范围（如±10℃），并不要求控制系统有很高的控制精度。因此，在实际应用的位式控制系统中，常常使用上、下限位式控制方式。

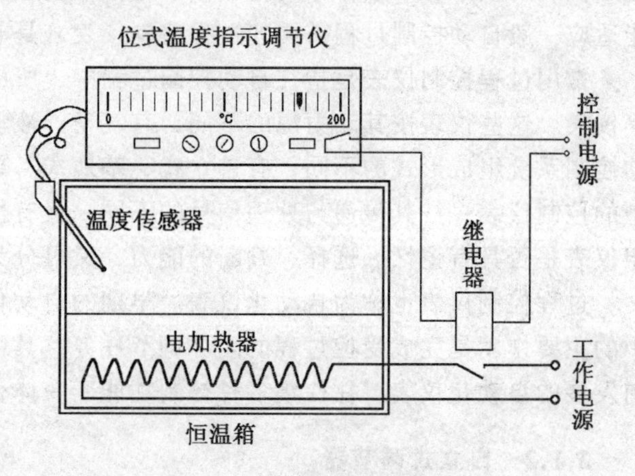

图 3.1 恒温箱温度控制系统

现仍以图 3.1 恒温箱温度控制系统为例。设该系统的控制要求为 120℃±10℃，则该系统的下限温度为 110℃、上限温度为 130℃。当恒温箱温度低于下限 110℃时，调节仪表动作，加热器开始加热，恒温箱温度持续上升；当恒温箱温度达到或高于上限 130℃时，调节仪表动作，加热器停止加热，恒温箱由于自然冷却而持续降温；在 110~130℃之间，调节仪表维持已有的调节状态不变。这种上下限位式控制在实际工程中经常用到，如水箱的水位控制常常采取位式控制方式。

对不同的受控过程，其自动控制系统的控制方式彼此之间往往有着极为相似的控制特征。为使受控过程的自动控制系统在进行具有位式控制普遍特征的系统控制时，无需进行繁琐复杂的系统设计和设备研制，而是选用按标准化、系列化生产的位式调节控制仪表产品，以此满足位式过程控制的需要。位式调节仪表已有多种系列产品可供选择，很多模拟、数字和智能型调节控制仪表均带有位式控制的功能。

常用位式调节控制仪表的工作原理如下：

设定位式调节控制仪表动作（给出开关信号）的限位（单限位、双限位或多限位）

值；将反映受控参数的模拟信号或数字信号作为输入信号；比较当前输入信号与所设限位值是否相等；当输入信号与某个所设的限位值相等或超出时，做出相应的动作（给出开关信号），对受控过程进行位式自动控制。

位式调节控制仪表多与继电—接触器控制方式联合使用，对受控对象进行控制。

除上述位式调节控制仪表可用于位式控制外，很多仪器仪表都可用于位式控制。如可编程控制器（PLC）、单片机控制系统、计算机控制系统等。

3.1.5　单元组合仪表

对于大多数自动控制系统，虽然受控对象各不相同，但控制系统各个环节所完成的控制任务相近，其控制过程（也称为调节过程，以下称为调节）往往可以分解出以下几个具有共同特点的工作环节：提取来自受控对象的反映受控参数变化情况的信号；将信号转换成便于传递的、统一的标准信号；按照受控对象的控制要求给出调节系统工作的参照值；将反映受控参数变化情况的信号与系统工作的参照值进行比较、运算处理、并向执行机构发出调节指令；接受调节指令，调节受控对象使其受控参数逐渐接近或达到预期值；显示受控对象的过程参数，以便了解受控对象及其控制系统的运行状态。上述各个具有共同特点的环节，可以依次称为取样、变送、给定、调节、执行环节。如图 3.2 所示。

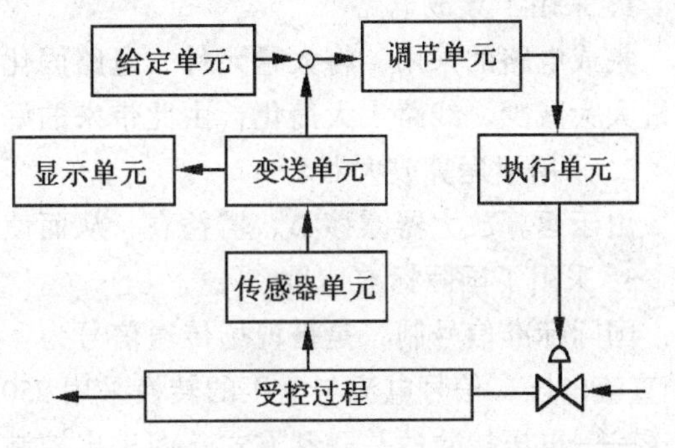

图 3.2　一般自动控制系统单元划分示意图

根据自动控制系统的上述特点，我们又可以将整套的调节系统分成具有共性的控制单元，将控制系统的整套设备分解成单元设备，每个单元设备完成控制系统中的一个控制环节，各单元之间用便于传递的、统一规定的标准信号连接，这样，一个控制系统就可以方便地用单元设备彼此连接构建而成。

如果按照一个统一的标准分解大多数自动控制系统中具有共性的功能单元，并进行统一地单元仪表设计并形成产品，就构成了自动控制系统设备的标准化、系列化。有了标准化、系列化的单元仪表，从中选择合适的设备，我们就可以方便地建立、维护、管理、维修过程自动控制系统。单元组合仪表就是按照上述思想和原理设计生产的。

常用单元组合仪表按照其驱动的能源不同，可分为气动单元组合仪表（QDZ）和电动单元组合仪表（DDZ）两类。从单元仪表的发展进程看，两者都经历了从Ⅰ型、Ⅱ型至Ⅲ型的发展过程。气动单元组合仪表Ⅰ型、Ⅱ型、Ⅲ型的发展主要在于内部结构与原理的更新，其外部特性并没有改变。电动单元组台仪表Ⅰ型、Ⅱ型、Ⅲ型的发展不仅内部结构有了改进，而且外部信号也发生了变化，其仪表特性对照见表 3.1。

Ⅰ、Ⅱ、Ⅲ型电动单元组合仪表特性对照表　　**表 3.1**

比　较　项　目	Ⅰ型	Ⅱ型	Ⅲ型
主要元器件	电子管	晶体管	集成电路

续表

比 较 项 目	Ⅰ型	Ⅱ型	Ⅲ型
传递信号	0～10mA -5～0～+5mA	0～10mA 0～5V	4～20mA 1～5V
稳定性	不够稳定	比较稳定	稳定、可靠
供电电源	220V，AC	220V，AC	24V，DC
外形尺寸	较大	较小	较小

由于Ⅲ型电动单元组合仪表比Ⅰ型、Ⅱ型有更好的性能，所以Ⅰ型、Ⅱ型表已被Ⅲ型表所取代。

DDZ-Ⅲ型电动单元组合仪表有以下主要特点：

1. 采用了集成电路

集成电路的采用，将大量元件、电路固化为整体，使得线路板从外观上看单体元器件数量大大减少，线路大大简化，由此带来的好处是仪表稳定性和可靠性提高；

2. 采用了运算放大器

由于运算放大器漂移小、增益高，从而使仪表稳定性和精度得到了提高；

3. 采用了国际标准信号

国际标准信号制，是指现场传输信号为4～20mA直流电流；控制室内联络信号为1～5V直流电压；信号电流与电压的转换采用250Ω电阻的信号传输体制。信号传输采用电流传送——电压接收的并联制方式，即进出控制室的传输信号为电流信号（4～20mA，DC），该信号再通过电阻（250Ω）转换成相应的电压信号（1～5V），以并联方式传输给控制室各仪表。并联制传输方式如图3.3所示。这种信号传输方式有下述优点：使Ⅲ型仪表信号的下限为4mA，避免了与机械零点重合，便于真假零点的辨别，识别断电、断线等故障，而且不加特殊的措施就可以使仪表中的晶体管工作于线性段；信号的上限值为20mA，比Ⅱ型仪表的10mA大一倍，有利于提高信号传输的质量；仪表可以有公共接地点，便于同计算机、巡回检测装置等配套使用；由于仪表负载并联，阻值变小，使得变送器的功率放大级供电电压大大降低，这就解决了功率管耐压不够，易被击穿损坏等问题，从而提高了仪表的可靠性；只要改变转换电阻的阻值，就可以将其他“活零点”的电流信号如1～5mA，10～50mA等直流电流信号转换为1～5V直流电压信号，从而与它们配套使用。由于最小信号电流不是零，为现场变送器实现两线制创造了条件。两线制是指现场变送器和

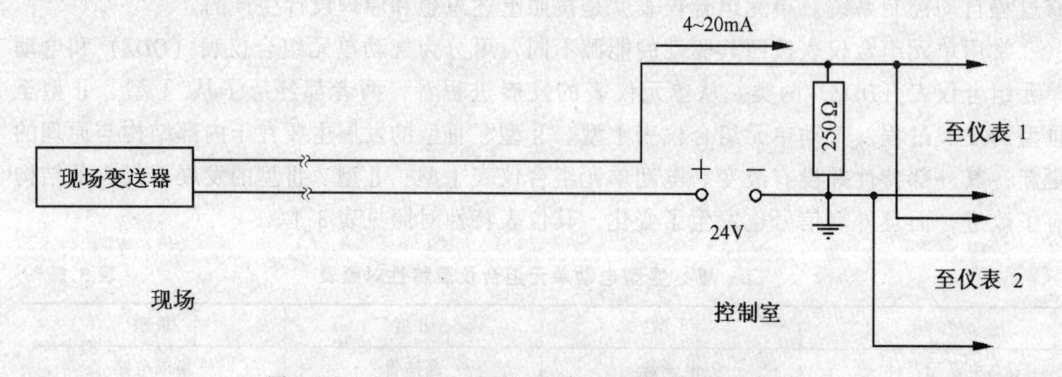

图3.3　DDZ-Ⅲ型电动单元组合仪表信号传输示意图

控制室仪表联系仅用两根导线，如图3.3所示，这两根线既是电源线，又是信号线。这样不但节省了大量的电缆线和安装费用，而且还避免了使用220V的交流电源，有利于仪表的安全防爆。

4. 集中统一供电

Ⅲ型电动单元组合仪表统一由电源箱供给各单元24V的直流电源，并备有蓄电池作为备用电源。这种供电方式有以下优点：

各单元省掉了自身的电源变压器，避免了工频电源进入各单元仪表，既解决了仪表的发热问题，也为仪表的防爆提供了有利条件；在工频市电停电的情况下，备用电源投入工作，使整套仪表在一定时间内仍可照常工作，继续发挥其监视控制作用，构成了停电现场保护装置；各单元仪表省掉了整流滤波装置，避免了其中大容量滤波电容易于击穿的危害，提高了仪表工作的可靠性。

5. 结构进一步完善，仪表功能进一步增强

Ⅲ型电动单元组合仪表在机械结构和线路的设计上有所改进，具有以下新的特点：

差压变送器的机械结构采用了矢量机构，稳定性和抗振性好，装配调整方便；温度变送器具有线性化电路，便于直接指示；调节器的自动、手动切换实现了无平衡无扰动；调节器的功能进一步扩大，附加单元进一步增多；能与计算机配套使用组成计算机监控系统，也可按需要组成DDC控制的备用系统。

6. 安全火花型防爆系统

安全火花型防爆是Ⅲ型电动单元组合仪表的一个突出的特点。

常用DDZ-Ⅲ型单元组合仪表有：温度、压力、压差、流量、液位、浓度等变送单元；气电、电流、毫伏、脉冲/电压、频率等转换单元；加法器、乘法器、开方器、函数发生器等运算单元；比例积算器、开方积算器、单双针指示仪、单双色带指示仪、单双笔指示纪录仪、多点数字显示仪、报警器等显示输出单元；恒流、比值、时间程序、参数程序等给定器；PID、PID自整定、PID继续、SPC、DDC备用、自动选择、抗积分饱和等调节器；Q型、D型、便携式等操作器；电动角行程执行器、电动直行程执行器、阀门定位器等执行仪表；直流稳压电源；配电器；安全栅等功能齐全的系列仪表。

单元仪表的品种不一定很多，但只要加以组合，就可构成不同的自动控制系统。

3.1.6 智能型测控仪表

目前，在自动过程控制系统中，智能型测控仪表得到了越来越广泛的使用。智能型测控仪表的种类越来越多，功能也越来越强，使用范围也越来越广。

3.1.6.1 智能型测控制仪表及其原理

随着微电子技术的不断发展，微处理器芯片的集成度越来越高，已经可以在一块芯片上同时集成中央处理单元（CPU）、存贮器（RAM、ROM）、定时器、计数器、并行和串行接口、甚至A/D转换器等。这种超大规模集成电路芯片称作“单片微控制器”（Single Chip Microcontroller），又称为“单片机”。单片机的应用，使得新的智能化测量控制仪表随之出现。这种新型的智能仪表在测量过程自动化，测量结果的数据处理以及仪表功能的多样化方面，都有了飞跃性的进展。目前，几乎所有的智能型高精度、高性能、多功能的测量控制仪表都毫无例外地采用了微处理器，而在仪器仪表中使用得最多的微处理器就是单

片机。在测量控制仪表中采用单片机技术使之成为智能仪表后，解决了许多传统仪表不能或不易解决的难题，同时还简化了仪表电路，提高了仪表的可靠性，降低了仪表的成本，加快了新产品的开发速度。目前，智能化测量控制仪表已经能够实现四则运算、逻辑判断、命令识别、自我诊断、自我校正，甚至自适应和自学习的功能。

以单片机为核心的智能化测量控制仪表的基本组成如图 3.4 所示。

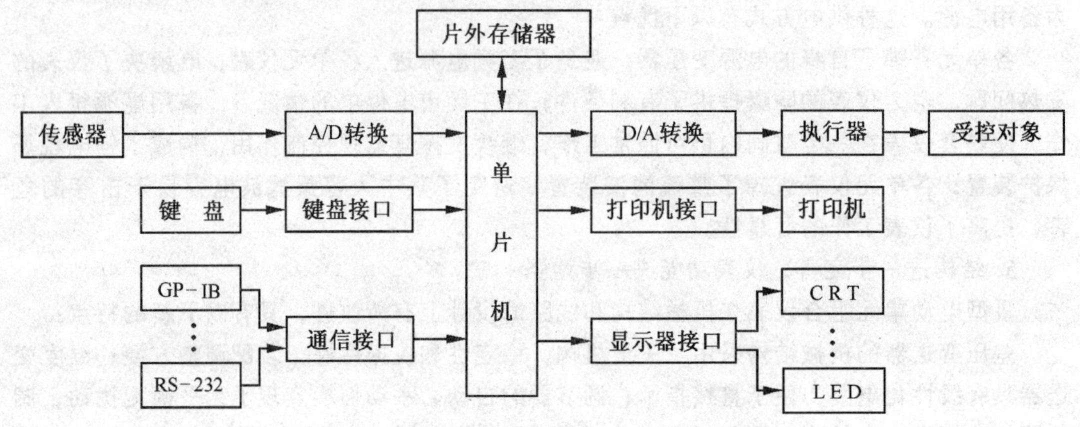

图 3.4　智能化测量控制仪表的基本组成

单片机是智能型仪表的核心。对于小型仪表，单片机内部存贮器的容量已经足够；而对于大型的仪表，其数据量较大，而且需要进行复杂的数据处理，其测量数据较多、监控程序大、运算程序复杂，这时可以在单片机外部扩展外存贮器。此外，还可根据具体的需要，进行其他功能的扩充。单片机的这种可扩充性，使得它的应用更加广泛。

一般智能仪表的工作过程如下：经传感器检测的被测参数的模拟信号，先经过 A/D 转换，通过输入通道进入单片机内部；单片机根据事先规定好的工作程序对数据进行各种运算或操作；然后将其或者送往打印机打印、或者送往显示器显示、或者送往通讯接口作远距离通讯、或者送往 D/A 转换器转换成为模拟控制信号。

智能化测量控制仪表的整个工作过程都是在软件程序的控制下自动完成的。软件程序装在仪表内部的 EPROM 中，其中最重要的是监控程序。监控程序由许多程序模块组成，每一个模块完成一种特定的功能，如实现某种算法、执行某一中断服务程序、接受并分析键盘输入命令等。按照需要编制的监控程序中某些程序模块的功能，可以取代某些硬件电路的功能。这就是说引入单片机之后，可以降低对某些硬件电路的要求，而用程序来取代。但这绝不是说可以忽略直接获取被测信号的传感器测试电路的重要性，有时提高整台仪表性能的关键仍然在于测试电路尤其是传感器性能的改进。

近年来智能化测量控制仪表的发展很快。国内市场上已经出现了许多种类的智能化测量控制仪表。例如，能够自动进行差压补偿的智能节流式流量计，能够对各种谱图进行分析和数据处理的智能色谱仪，能够进行程序控温的智能多段温度控制仪，以及能够实现数字 PID 和各种复杂控制规律的智能型调节器等等。智能型调节器特别适合于对象变化频繁或非线性的控制系统。由于这种调节器能够自动整定调节参数，使得整个受控过程在运行中始终保持最佳品质。

传统测控仪表输入信号的准确性，完全取决于仪表内部各功能部件的精密性和稳定性水平。智能化测量控制仪表则可以采用自动校准技术来消除仪表内部器件所产生的漂移。

在每次实际测量之前，单片机就可发出指令，此时仪表的输入为零，仪表的测量值即是仪表内部器件（滤波器、衰减器、放大器和 A/D 转换器等）所产生的零点漂移值，将此值存入单片机的内部数据存贮器 RAM 中；然后单片机再发出指令使线路接入被测参数进行实际测量，由于偏移数据的存在，可以将实际测量值中包含有零点漂移值的信号与零点漂移值相减，即可获得准确的被测参数值。

传统仪表的校准通常是采用与更高一级的同类仪表进行对比测量来实现。这种核准方法费时费力，而且核准后，在使用时还要反复查对检定部门给出的误差修正值表，给用户造成很大的不便。智能化测量控制仪表提供了一种先进而方便的自动校准方法。校准时，单片机发出指令接通基准源（基准源可以是仪表外部加入的标准量，也可以是仪表自带的基准量），仪表将对这一标准量的测量值存入表内的非易失性 RAM 中（一个采用铝镍电池供电的非易失性 RAM 中的信息可保存 10 年以上），作为表内标准，从而可以在以后的各次实际测量中，用这一标准值对测量值进行修正。这种校准方法完全基于单片机的计算与存贮功能，校准时间短，非专业人员也可操作，使用方便。

在提高仪表的可靠性，保证测量结果的正确性方面，智能化测量控制仪表也明显优于传统仪表。通常智能化测量控制仪表都设置有自检功能。所谓自检，就是仪表对其自身各主要部件进行的一种自我检测过程，目的是检查各部件的状态是否正常，以保证测量结果的正确性。自检一般可分为开机自检、周期性自检和受控自检三类。开机自检是每当接通电源或复位时，仪表进行的一次自检过程。周期性自检是在仪表工作的过程中，利用间歇时间，周期性地插入自检操作程序，完全自动进行，不干扰正常测量过程（除非是检查到故障），也不会被仪表操作者所感觉。受控自检是在仪表的面板上设置一个专门的自检按键。需要时可由操作人员启动仪表自检程序进行自检。在进行自检的过程中，如果检测到仪表的某一部分存在故障，仪表将以某种特殊的显示方式提醒操作人员注意，并显示当前的故障状态或故障代码，从而使仪表的故障定位更加方便。一般来说，仪表的自检项目越多，则使用和维修也就越方便，但是相应的自检硬件和软件也就越复杂。

智能化测量控制仪表内含单片机，可以充分利用单片机对数据的处理能力，最大限度地消除仪表的随机误差和系统误差。为减少随机误差的影响，智能化测量控制仪表往往采用对被测量量进行了 N 次采样之后，取 N 次采样值的平均值的方法来尽量消除误差。对于系统误差的消除可以采用前面介绍的自动校准方法。利用单片机对于测量数据的计算处理能力，是智能化测量控制仪表提高测量和控制准确度的一个重要方法。此外还可以用这种方法来进行仪表的非线性特性校正。根据仪表功能的不同，数据处理的方法也多种多样。

智能化测量控制仪表除了具有上述功能之外，还可以带有串行或并行通讯接口，从而使之具有数据远传和远地程控的能力。利用若干台带有 GP－IB 接口的智能化测量控制仪表，可以方便地组成一个自动测控系统。

智能化测量控制仪表是科学技术发展到今天的最新产物，尽管目前这类仪表的智能化程度还不是很高，但是可以预计，随着微电子技术、信息技术、计算技术以及人工智能技术的不断发展和完善，这种新一代的智能化测量控制仪表的智能程度必将越来越高。

3.1.6.2 可编程控制器

可编程控制器（简称 PLC）是在继电器控制和计算机技术的基础上发展起来的，目前已发展成以微处理器为核心，集计算机技术、自动控制技术及数字通信技术于一体的新型控制装置。可编程控制器以其可靠性高、组合灵活、编程简单、维护方便等特有的优势被日趋广泛地应用于自动控制领域。

早期的可编程控制器只是用来取代继电器控制，执行逻辑运算、计时、计数等顺序控制功能，因此人们称之为可编程序逻辑控制器（Programmable Logic Controller），简称 PLC。随着微电子技术的发展，微处理器被用于 PLC，使之在原来逻辑运算功能基础上，增加了数值运算、数据处理和闭环调节等功能，运算速度提高，输入输出规模扩大，应用更加广泛。

美国电器制造商协会 NEMA 于 1980 年正式将其命名为可编程控制器（Programmable Controller），简称 PC。为了避免把可编程控制器与个人计算机 PC（Personal Computer）相混淆，目前仍习惯地将可编程控制器称为 PLC。下面统一称为 PLC。

随着 16 位和 32 位微处理的出现，微机化的 PLC 得到了惊人的发展。不仅控制功能大大增强、可靠性进一步提高、功耗降低、体积减小、成本下降、编程和故障检测更加灵活方便，而且随着数据处理、网络通信、各种智能、特殊功能模块的开发，使 PLC 也同样能进行模拟量控制，应用面不断扩大。目前，可编程控制器的主要控制功能和特点如下：

1. 条件控制功能

条件控制（或称逻辑控制或顺序控制）功能是指用 PLC 的与、或、非指令取代继电器触点串联、并联及其他各种逻辑连接，进行开关控制。

2. 定时/计数控制功能

定时计数控制功能就是用 PLC 提供的定时器、计数器指令实现对某种操作的定时或计数控制，以取代时间继电器和计数继电器。

3. 步进控制功能

步进控制功能就是用步进指令来实现在有多道加工工序的控制中，只有前一道工序完成后，才能进行下一道工序操作的控制，以取代由硬件构成的步进控制器。

4. 数据处理功能

数据处理功能是指 PLC 进行数据传送、比较、移位、数制转换、算术运算、逻辑运算以及编码和译码等操作。

5. A/D 与 D/A 转换功能

A/D 与 D/A 转换功能就是完成模拟量/数字量或数字量/模拟量之间的转换。

6. 过程控制功能

过程控制功能是指通过 PLC 的 PID 控制模块实现对温度、压力、速度、流量等过程参数进行闭环控制。

7. 扩展功能

扩展功能是指通过连接输入输出扩展单元（即 I/O 扩展单元）模块来增加输入输出点数，通过附加各种智能单元及特殊功能单元来提高 PLC 的控制能力。

8. 通信功能

通信功能是指通过 PLC 之间的联网、PLC 与上位计算机的通信等，实现远程 I/O 控制或数据交换，以完成系统规模较大的复杂控制。

9. 监控功能

监控功能是指 PLC 能监视系统各部分的运行状态和进程，对系统中出现的异常情况进行报警和记录，甚至自动终止运行。也可以实现在线调整、修改控制程序中的定时器、计数器等设定值或强制 I/O 状态。

可编程控制器的主要特点：

可靠性高、抗干扰能力强　PLC 在设计和生产过程中采取了一系列硬件和软件的抗干扰措施：①隔离，这是抗干扰的主要措施之一。PLC 信号的输入、输出接口电路一般采用光电耦合器来传递信号，使外部电路与内部电路之间避免了直接的电联系，有效地抑制了外部干扰源对 PLC 的影响，减少了故障和误动作。②滤波，这是抗干扰的重要措施。在 PLC 的电源、输入、输出电路中，设置了多种滤波电路用以对高频干扰信号进行有效抑制；③对 PLC 的内部电源采取了屏蔽、稳压、保护等措施，以减少外界干扰，保证供电质量。另外，使输入输出接口电路的电源相互独立，以避免电源之间的干扰。④内部设置连锁、环境检测与诊断、watchdog（“看门狗”）等电路，一旦发现故障或程序循环执行时间超过了警戒时钟规定时间（预示程序可能进入了死循环）立即报警，以保证 CPU 可靠工作。⑤利用系统软件定期进行系统状态、用户程序、工作环境和故障检测，采取信息保护和恢复措施。⑥采用后备电池对用户程序及动态工作数据进行掉电保护，以保障停电后有关状态与信息不丢失。⑦采用密封、防尘、抗压的外壳封装结构，以适应工作现场的恶劣环境。⑧以集成电路为基本元件的电子设备工作时，内部过程不依赖于机械触点，这也是保障可靠性高的重要原因。⑨采用循环扫描的工作方式，也提高了 PLC 的抗干扰能力。通过以上措施，保证了 PLC 能在恶劣的环境中可靠地工作，使平均故障间隔时间（MTBF）长而故障修复时间短。目前，一般的 PLC 的 MTBF 可达 $4 \sim 5 \times 10^4$h。

功能完善、扩充方便、组合灵活、实用性强　现代 PLC 的功能及其各种扩展单元、智能单元和特殊功能模块，可以方便、灵活地组合成各种不同规模和要求的控制系统，以适应各种工业过程自动控制的需要。

编程简单、使用方便　PLC 的控制程序可变、具有很好的适应性。它继承了传统继电器控制电路清晰直观的特点，采用面向控制过程和操作者的“自然语言”——梯形图为编程语言，容易学习和掌握。PLC 控制系统采用软件编程来实现控制功能，其外围只需将信号输入设备（按钮、开关等）和输出设备（如接触器、电磁阀等执行元件）与 PLC 的输入、输出端子相连接，安装简单、工作量少。当生产工艺流程改变或生产线设备更新时，不必改变 PLC 硬设备，只需改编程序即可，灵活方便，具有很强的适应性。

体积小、重量轻、功耗低　由于 PLC 是专为工业控制而设计的，其结构紧密、坚固、体积小，易于装入机械设备内部，是实现机电一体化的理想控制设备。

PLC 既可用于开关量控制，又可用于模拟量控制；既可用于单机控制系统，又可用于组成多级控制系统；既可控制简单系统，又可控制复杂系统。其应用范围可归纳为以下几类：

逻辑控制　逻辑控制是 PLC 最基本、应用最广泛的功能。用 PLC 可替代传统继电器控制系统和顺序控制器，实现单机、多机的自动控制及生产线自动控制。

运动控制　运动控制是通过配用 PLC 生产厂家提供的单轴或多轴等位置控制模块、高速计数模块等来控制步进电机或伺服电机，从而使运动部件能以适当的速度或加速度实现平滑的直线运动或圆周运动。

过程控制　过程控制是通过配用 A/D、D/A 转换模块及智能 PID 模块实现对生产过程中的温度、压力、流量、液位等连续变化的模拟量进行单回路或多回路闭环调节控制，使这些受控参数保持在设定值上。

数据处理　有些 PLC 具有数学运算（包括逻辑运算、函数运算、矩阵运算等）、数据的传输、转换、排序、检索、移位以及数制转换、位操作、编码、译码等功能，可以完成数据的采集、分析和处理任务。

多级控制　利用 PLC 的网络通信功能模块及远程 I/O 控制模块，可以实现多台 PLC 之间的通信、PLC 与上位计算机的通信。这种由 PLC 进行分散控制、计算机进行集中管理的方式，能够完成较大规模的复杂控制，实现整个工厂生产的自动化。

3.2　常用过程控制执行设备

过程控制执行设备是指在控制过程中，能接受控制系统发出的控制指令并执行操作，使受控设备的状态按照控制系统的要求发生改变的装置。常用的过程控制执行设备有：电磁阀和电动阀、执行器、调节阀、计量泵、变频器等。关于电磁阀和电动阀，二者都是接受开关信号完成启闭任务的执行设备，这里不再赘述。下面介绍其他的常用执行设备。

3.2.1　执行器

执行器是自动化仪表中执行控制命令的功能单元，是自动控制系统控制命令的执行机构。常用执行器按驱动方式可分为三大类：电动执行器、气动执行器和液动执行器；按作用方式又可分为直行程和角行程执行器。下面以电动执行器为例，介绍执行器的工作原理。

电动执行器是电动单元组合仪表中的执行单元，它的主要任务是将调节器送来的控制信号成比例地转换成角位移或直线位移，去带动阀门、挡板等调节控制机构，以实现对受控对象的自动控制。角行程执行器和直行程执行器两者的电路原理完全相同，只是减速器的机械部分有所区别。电动执行器的主要组成部分如图 3.5 所示。

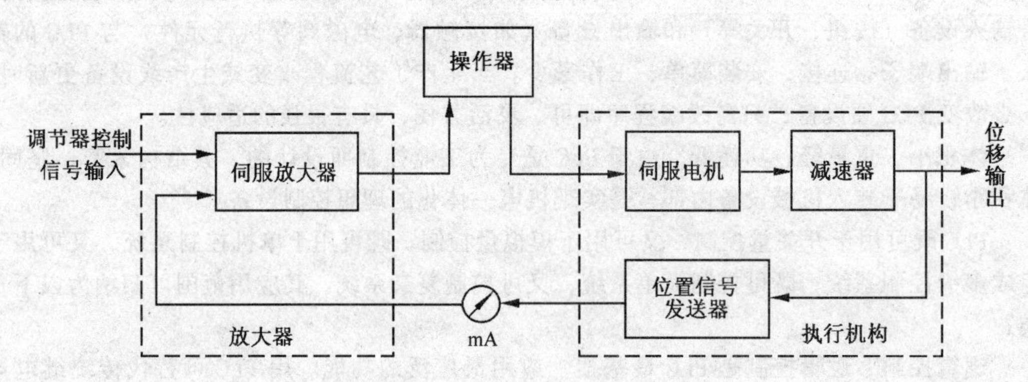

图 3.5　电动执行器主要组成原理图

图中，来自调节器的信号送到伺服放大器的输入端，与反映当时执行机构所处位置的反馈信号相比较，其差值经伺服放大器放大后，送至伺服电机并控制其正转或反转，经减速装置后使输出轴旋转，在旋转轴的驱动下，执行机构发生位移（如旋转阀杆启闭阀门），位移的大小又经位置发送器转换成位置信号，该位置信号一方面送往显示装置指示当前执行机构的位置，另一方面用于反馈信号，被送回到伺服放大器的输入端。当反馈信号等于输入信号时，电动机停止转动，此时，执行机构的位移就稳定在与输入信号成比例的位置上。执行机构不仅可以通过控制指令自动完成操作，也可以通过操作器进行手动操作，还可以用手轮直接驱动。

在执行器中，伺服放大器负责接受输入信号和位置反馈信号，并将它们比较放大后送至操作器。伺服放大器一般有三个输入通道和一个反馈通道，可以同时输入三个输入信号和一个反馈信号，以满足复杂控制系统的要求。一般简单控制系统只用其中的一个输入通道和一个反馈通道。伺服放大器由前置磁放大器、触发器以及可控硅主回路等组成。

伺服放大器工作时，来自调节器的输入信号和位置反馈信号在磁放大器中进行比较，当两者不相等时，放大器便把偏差进行放大，并把信号送到触发器使主回路的可控硅导通，两相伺服电机接通电源而旋转，带动调节机构位移的改变实施自动控制操作。可控硅在电路中起无触点开关作用，伺服放大器有两组开关电路，各自分别接受正偏差或负偏差输入信号，以控制伺服电机的正转或反转。与此同时，位置反馈信号随电机转角的变化而变化，当位置反馈信号与输入信号相等时，前置放大器设有信号输出，伺服电机停转。

执行器中的另一主要功能组件是执行机构，执行机构由两相交流伺服电机、位置发送器和减速器组成。两相伺服电机是执行机构的动力部分，它实质上是一个电容分相式异步电动机，由定子和转子两大部件组成。两相伺服电机具有启动转矩大和启动电流小的特点，在其内部装有制动机构，用于克服输出轴的惯性和负载的反力矩。

位置发送器是根据差动变压器的工作原理，利用执行机构的物理位移带动差动线圈中铁芯的位置，以此产生与位移相应的位置信号，送往伺服放大器。

3.2.2 调节阀

调节阀是液体输送系统中常用的流量调节设备。调节阀的工作是由执行机构和阀体两部分共同完成的。一个包含调节阀的简单单环控制系统，可由受控对象、测量变送装置、调节器、执行器和调节阀等几部分组成。

在系统中，调节阀的作用是按照根据调节器的指令而动作的执行器的位移量，调节阀芯的开启和关闭量，以次调节管道中介质的流量，从而实现对受控对象的自动化控制。

调节阀有多种类型，按其所用能源可分为气动、电动和液动三类。虽然所用能源不同，但其工作原理与基本构造是基本相同的。以下主要介绍电动调节阀。由于调节阀控制简单，因而被广泛用于给水排水工程、化工、石油、冶金、电力等自动过程控制系统。

3.2.2.1 调节阀的构造

调节阀由执行机构和阀体（或称阀体组件）两部分组成。图 3.6 是调节阀的构造原理图。阀体内部起调节作

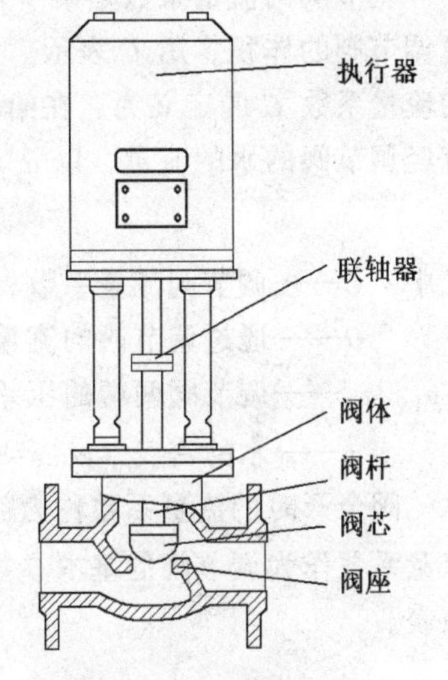

图 3.6　调节阀的基本构造

用的主要是阀芯与阀座，阀芯与阀座配合，形成局部阻力可变的节流元件。调节阀工作时，执行器按照控制信号的大小产生相应的位移，驱动阀杆移动，通过改变阀芯与阀座间的节流面积，调节管道中的流量。

节流元件形状与构造的不同，阀门的性能也不同，如图3.7。按其结构形式，可将调节阀分为：单座阀、双座阀，角形阀、三通阀、隔膜阀等。

由于单座调节阀构造简单、在一般流体介质控制工程中经常使用。与单座阀比较，双座阀所需的推动力较小，动作灵敏，但不如单座阀关闭严密。根据流体通过调节阀时对阀芯作用的方向不同，可将阀分为流开阀和流闭阀，如图3.8。流开阀稳定性好，有利于调节。一般情况，多采用流开阀。阀芯有正装和反装两种形式，阀芯下移，阀芯与阀座间的流通截面积减小的称为正装；相反，阀芯下移使它与阀座间流通截面积增大者为反装。对于双导向阀，只要将阀杆与阀芯下端连接处相接，即为反装阀。

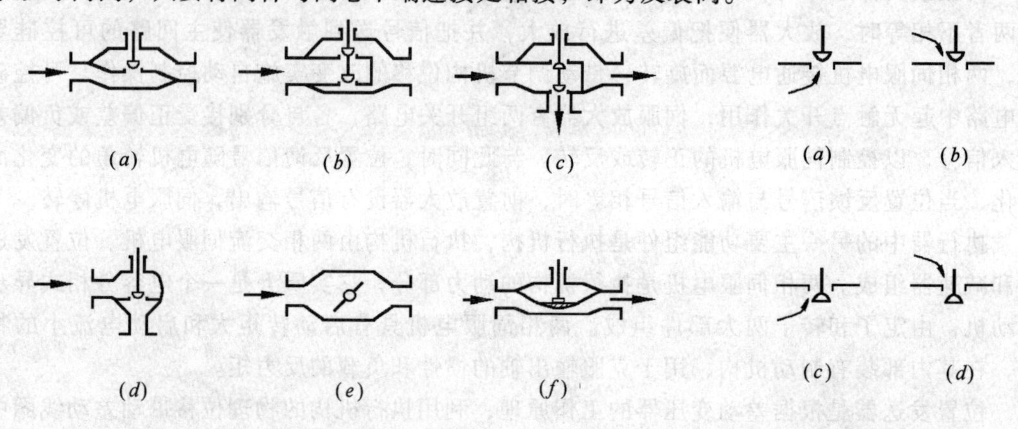

图3.7 常用调节阀的构造类型

(a) 单座阀；(b) 双座阀；(c) 三通阀；(d) 角型阀；(e) 蝶型阀；(f) 隔膜阀

图3.8 阀芯与流向的关系

(a)、(d) 流开型；(b)、(c) 流闭型

3.2.2.2 调节阀的流量系数

调节阀的流量系数是调节阀重要的特性参数，它是在特定条件下，流体单位时间内通过调节阀的体积，用 C 表示。为了使各类调节阀在比较时有一个统一的标准，我国规定的流量系数 C 的定义为：在给定行程下，阀两端压差为0.1MPa，水的密度为 $1g/cm^3$ 时，流经调节阀的水的流量，以 m^3/h 表示，如式(3.1)。

$$C = 10Q\sqrt{\rho/(p_1 - p_2)} \tag{3.1}$$

式中 C——调节阀流量系数；

Q——通过调节阀的流量 (m^3/h)；

p_1、p_2——调节阀两端的压差 (kPa)；

ρ——水的密度 (g/cm^3)。

阀全开时的流量系数称为额定流量系数，以 C_{100} 表示。C_{100} 是表示阀流通能力的参数。流量系数作为调节阀的基本参数由阀门制造厂提供。表3.2为调节阀的规格与流量系数对照表。

调节阀规格与流量系数对照表 **表 3.2**

公称直径 DN	mm	19.15（3/4″）						20				25
阀座直径 d	mm	3	4	5	6	7	8	10	12	15	20	25
额定流量系数	单座阀	0.08	0.12	0.20	0.32	0.50	0.80	1.2	2.0	3.2	5.0	8
C_{100}	双座阀											10
公称直径 DN	mm	32	40	50	65	80	100	125	150	200	250	300
阀座直径 d	mm	32	40	50	65	80	100	125	150	200	250	300
额定流量系数	单座阀	12	20	32	56	80	120	200	280	450		
C_{100}	双座阀	16	25	40	63	100	160	250	400	630	1000	1600

例如一台额定流量系数 C 为 32 的调节阀，如果阀全开且其两端的压差为 100kPa，流经水的密度为 $1g/cm^3$ 时，其通过的流量为 $32m^3/h$。

调节阀是一个局部阻力可变的节流元件，其阀门的开度不同，即便其他条件相同，所对应的流量也将不同。流量系数 C 不仅与流通截面积 F（或公称直径 DN）有关，而且还与阻力系数 ξ 有关。口径越大，流量系数也随之增大；同类结构的调节阀在相同的开度下具有相近的阻力系数；类型不同、口径不同的调节阀，阀门的阻力系数不同，因而流量系数也不一样。

3.2.2.3 调节阀的结构特性

调节阀的结构特性是指阀芯与阀座间节流面积与阀门开度间的关系，即

$$f = \phi(l) \tag{3.2}$$

式中 f——F/F_{100}，调节阀在某一开度下的节流面积 F 与阀门全开时节流面积 F_{100} 的比值。

l——L/L_{100}，调节阀在某一开度下的行程 L 与阀门全开时行程 L_{100} 的比值。

调节阀的结构特性取决于阀芯的形状，不同的阀芯曲面对应不同的结构特性。如图 3.9 所示。阀芯形状有快开、直线、抛物线和等百分比等四种，其对应的结构特性如图 3.10 所示。

1. 直线结构特性

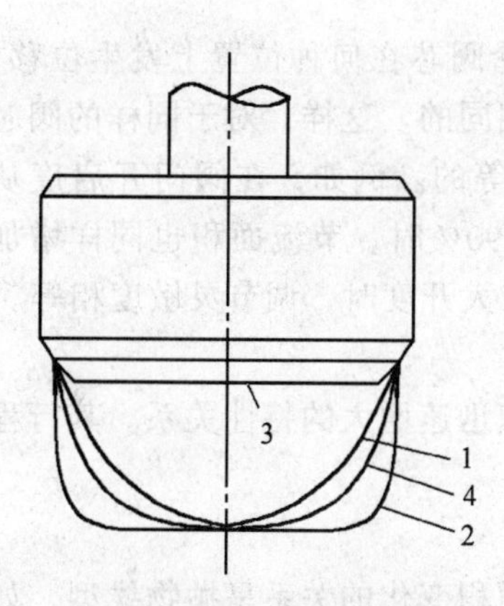

图 3.9 阀芯曲面形状

1—直线型；2—等百分比型；

3—快开型；4—抛物线型

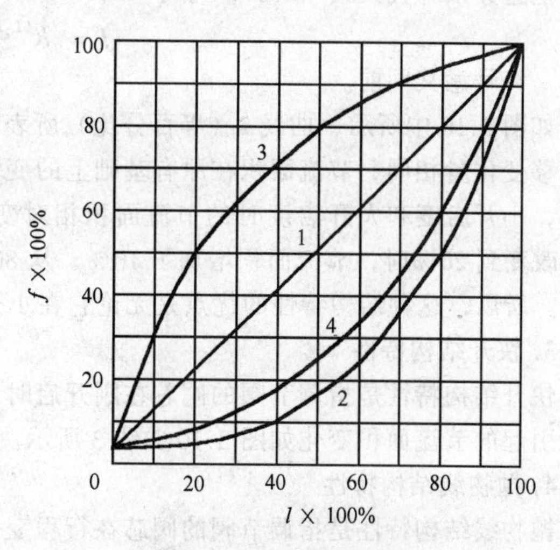

图 3.10 调节阀结构特性

1—直线特性；2—等百分比特性；

3—快开特性；4—抛物线特性

直线结构特性是指调节阀的节流面积与阀的开启度成直线关系，即

$$\frac{df}{dl} = K_f \tag{3.3}$$

对式（3.3）积分可得

$$f = K_f l + C \tag{3.4}$$

式中　K_f、C——常数。

若已知边界条件，当 $L=0$ 时，$F = F_0$；$L = L_{100}$时，$F = F_{100}$。

把边界条件代入式（3.4），可得

$$f = \frac{1}{R}[1 + (R-1)l] \tag{3.5}$$

式中　$R = f_{100}/F_0$ 称为调节阀的可调范围。

如图 3.10 中所示，曲线 1（直线）所表现的是面积变化与行程变化的关系特性，在全行程范围内面积与行程的比值始终为一个常数。只要阀芯位移变化量相同，节流面积变化量也是相同的。对于同样的阀芯位移，小开度时的节流面积相对变化量大；大开度时的节流面积相对变化小。例如，在阀门开度从 10%改变到 20%时，节流面积增加了一倍，而从 80%改变到 90%时，节流面积仅增加了 1/8。所以，这种结构特性的缺点是它在小开启度时调节灵敏度过高，而在大开度时调节又不够灵敏。

2. 等百分比（对数）结构特性

等百分比（对数）结构特性是指调节阀的开启度与节流面积的关系在任意开度下，行程变化量引起的节流面积变化量与该开度下的面积成正比，即

$$\frac{df}{dl} = K_f f \tag{3.6}$$

式中　K_f——常数。

若已知边界条件，当 $L=0$ 时，$F = F_0$；$L = L_{100}$时，$F = F_{100}$。

把边界条件代入式（3.6），可得

$$f = R^{(l-1)} \tag{3.7}$$

式中　符号意义同前。

如图 3.10 中所示，曲线 2（等百分比）所表现的是无论阀芯在何种位置上发生位移，且位移变化量相同，节流面积在原有基础上的变化量也是相同的。这样，对于同样的阀芯位移，小开启度和大开启度时的节流面积相对变化量是相等的。例如，在阀门开启度从 10%改变到 20%时，节流面积增加了 10%，从 80%改变到 90%时，节流面积也同样增加 10%。所以，这种结构特性的优点是无论它在小开度还是在大开度时，调节灵敏度相等。

3. 快开结构特性

快开结构特性是指调节阀的阀芯在刚开启时，节流面积迅速增大的特性关系。其行程变化引起的节流面积变化如图 3.10 曲线 3 所示。

4. 抛物线结构特性

抛物线结构特性是指调节阀的阀芯在行程变化与节流面积变化的关系呈抛物线型，如图 3.10 曲线 4 所示。这种结构的特点与等百分比阀门相近。

3.2.2.4　调节阀的流量特性

调节阀的流量特性就是流体流过调节阀时，流量与阀门开度之间的关系，用相对量表

示如式（3.8）。

$$q = f(l) \tag{3.8}$$

式中　q——调节阀某一开启度下的流量 Q 与全开时的流量 Q_{100} 之比；

其他符号同前。

调节阀的流量不仅与调节阀的开启度有关，还与阀前、阀后的压差有关。

1. 理想流量特性

调节阀前后压差不变的情况下，得到的调节阀的流量特性称为理想流量特性。

假设调节阀流量系数与节流面积呈线性关系：

$$\frac{C}{C_{100}} = f \tag{3.9}$$

式中　C、C_{100}——调解阀流量系数和额定流量系数；

f——F/F_{100}，调节阀节流面积与额定节流面积的比值。

由式（3.1）可知通过调节阀的流量应为

$$Q = \frac{1}{10}C\sqrt{(p_1 - p_2)/\rho} = \frac{f}{10}C_{100}\sqrt{(p_1 - p_2)/\rho} \tag{3.10}$$

调节阀全开时，$f = l$，$Q = Q_{100}$，上式变为

$$Q_{100} = \frac{1}{10}C_{100}\sqrt{(p_1 - p_2)/\rho} \tag{3.11}$$

当 $p_1 - p_2$ 为常数时，上式可为

$$q = f \tag{3.12}$$

式中符号意义同前。

式（3.12）表明，若调节阀流量系数与节流面积成线性关系，那么调节阀的结构特性就是理想流量特性。

应当指出，由于 C 与 f 的关系并不是严格线性的，因此上述结论只是大致正确。

2. 工作流量特性

调节阀在实际使用时，不可能单独存在，而必须与管道系统相连接。在实际系统中，其流量与开启度之间的关系称为调节阀的工作流量特性。根据调节阀与管道的联接情况，可分为串联连接和并联联接两种情况，下面分别加以讨论。

串联联接调节阀的工作流量特性如图 3.11 所示。调节阀与管道串联工作时，调节阀上的压降只是管道系统总压降的一部分。由于管道系统总压降 $\Sigma\Delta p$ 与通过流量的平方呈正比关系，当总压降 $\Sigma\Delta p$ 一定时，随着调节阀开启度的增大，管道系统的流量将增加，串联管路管道因流量增加而压降增大，调节阀因开启度增加、局部阻力损失下降而压降减少，如图 3.12 所示。

若以 S_{100} 为调节阀的全开启阀阻比，Δp_{100} 表示调节阀全开启时的压降，$\Sigma\Delta p$ 表示系统总压降，则 S_{100} 可用下式表示：

$$S_{100} = \frac{\Delta p_{100}}{\Sigma\Delta p} = \frac{\Delta p_{100}}{\Delta p_{100} + \Sigma\Delta p_e} \tag{3.13}$$

式中　$\Sigma\Delta p_e$——除调节阀外管道系统其余各部分压降之和。

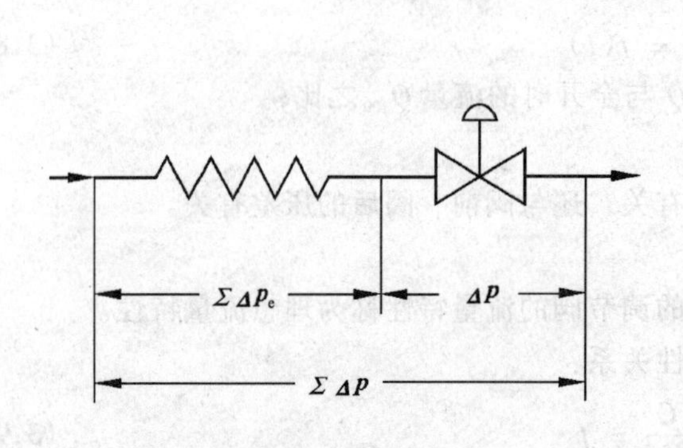

图 3.11　调节阀与管路串联工作

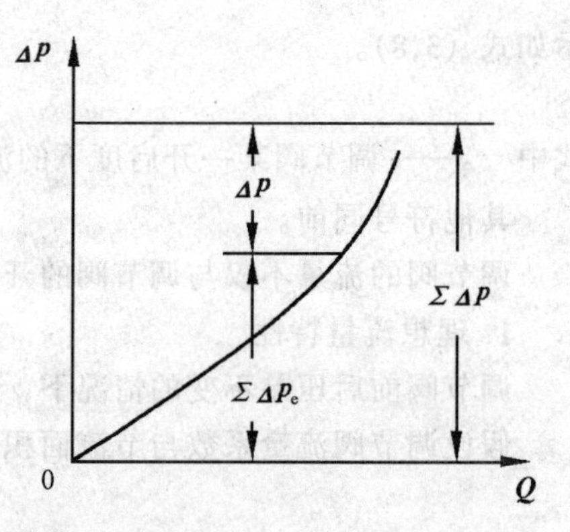

图 3.12　串联管道调节阀上的压降变化

阀阻比 S_{100} 是串联管路中管道水力条件的一个重要参数。不同的阀阻比，调节阀在管道中所起的作用也不同，如图 3.13 所示，阀阻比越小，调节阀的调节作用越弱；反之，阀阻比越接近 1，调节阀的调节作用就越强。

对于直线结构特性的调节阀，由于串联管道阻力的影响，使得理想流量特性曲线畸变成斜率愈来愈小的曲线，如图 3.13 所示。随着 S_{100} 值的减小，流量特性将畸变为快开特性，以致开启度到达 50%～70%时，流量已接近全开时的数值。对于等百分比结构特性的调节阀，情况与直线型调节阀相似，如图 3.14 所示。随着 S_{100} 值逐渐减小，流量特性也将畸变成直线特性。在实际应用中，S_{100} 值一般不希望低于 0.3～0.5。如果 S_{100} 很小，就意味着调节阀上的压降在整个管道系统总压降中所占比重甚小，无足轻重，以至于它在较大开启度下调节流量的作用很不灵敏。这在调节阀管路设计时应予以充分的重视。

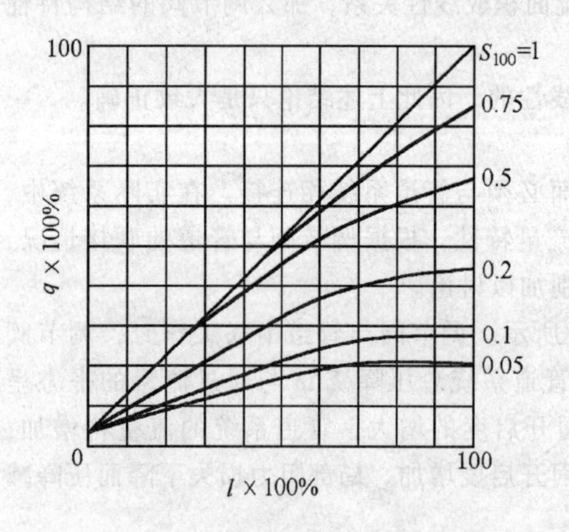

图 3.13　串联管路直线型调节阀工作流量特性

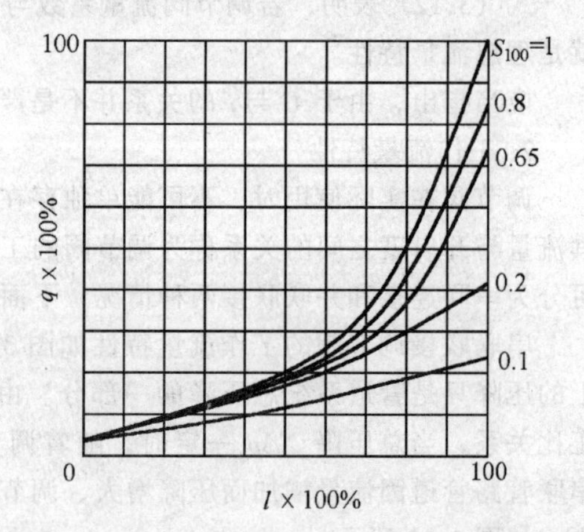

图 3.14　串联管路等百分比型调节阀工作流量特性

并联管路直线性调节阀的工作流量特性如图 3.15 所示，等百分比调节阀的工作流量特性如图 3.16 所示。在实际使用中，调节阀一般都装有旁路管道及阀门，便于调节阀的维护和管路系统采用手动操作控制方式。生产量提高或其他原因使介质流量不能满足工艺生产要求时，可以打开旁路阀，以适应生产的需要。

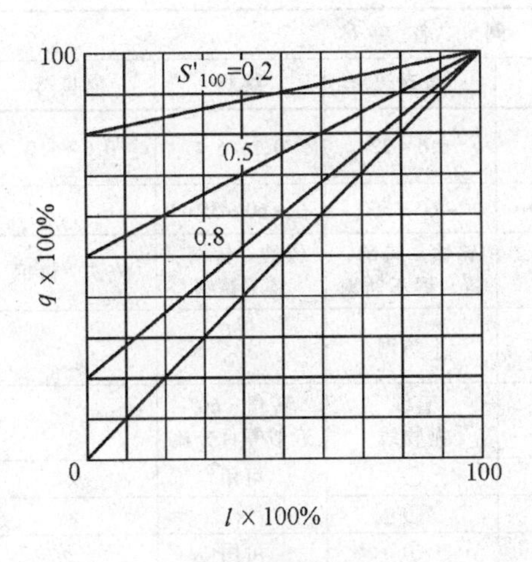

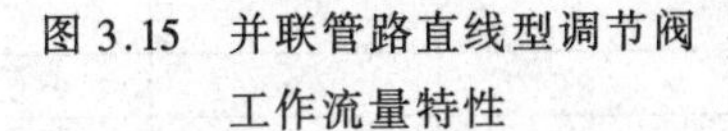

图 3.15　并联管路直线型调节阀工作流量特性

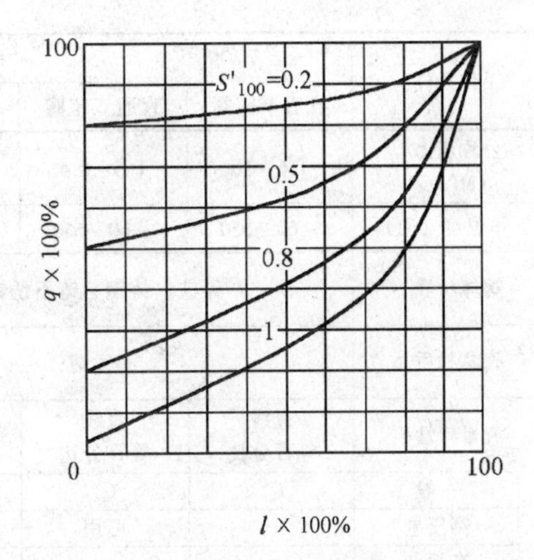

图 3.16　并联管路等百分比型调节阀工作流量特性

同样，若设 S'_{100} 为并联管路中调节阀全开启流量 Q_{100} 与并联管路最大流量 $Q_{\Sigma\max}$ 的比值，称为阀全开流量比，则

$$S'_{100} = \frac{Q_{100}}{Q_{\Sigma\max}} = \frac{C_{100}}{C_{100} + C_e} \tag{3.14}$$

式中　C_e——并联管路的流量系数。

S'_{100} 是表征并联管路水力条件的一个重要参数。在并联管路中，总流量等于通过调节阀的流量与旁路管道流量之和。不同的 S'_{100} 值，调节阀在管路中的调节作用也不同，如图 3.15、3.16 所示。由图可见，调节阀的 S'_{100} 越小，阀门的可调范围就越小。实际应用时，应使 $S'_{100} > 0.8$，否则，管路的可控调节性变差。

3.2.2.5　调节阀的选型

调节阀是常用的管道流体控制执行设备，其选型优劣，直接关系到系统的控制性能。必须认真给予足够的重视。

1. 调节阀结构形式的选择

调节阀结构形式的选择应根据以下条件进行。

(1) 工艺介质的种类，腐蚀性和粘性；

(2) 流体介质的温度、压力（入口和出口压力）、比重；

(3) 流经阀的最大、最小流量，正常流量以及正常流量时阀上的压降。

各种调节阀门特性的比较见表 3.3。

各种调节阀特性比较　　表 3.3

工作条件	调节阀名称					
	直通单座阀	直通双座阀	三通阀	角型阀	蝶阀	隔膜阀
额定流量系数（C_{100}）	0.08～110	10～1600	8.5～1360	0.04～630		8～1200
公称直径（mm）	20～300	25～300	25～300	6～200	50～1600	15～20

续表

工作条件		调节阀名称					
		直通单座阀	直通双座阀	三通阀	角型阀	蝶阀	隔膜阀
公称压力（MPa）		1.6～16	1.6～6.4	1.6～6.4	1.6～22	0.1～6.4	0.6～1.0
工作温度（℃）		-60～650	-60～650	-60～550	-60～550	-60～550	
阀体材质		铸铁、铸钢、铸不锈钢			铸铁、铸钢、铸、锻不锈钢	铸铁、铸钢、铸不锈钢	铸铁、铸钢
阀芯材质		不锈钢			不锈钢		
流量特性		直线 等百分比	直线 等百分比	直线 抛物线	直线 抛物线	转角 < 60° 近似等百分比	
使用场合	一般	○	○	○	○	可用	×
	高压差	×	可用	×	○	×	×
	高粘度	×	×	×	○	可用	○
	含悬浮物	×	×	×	○	×	○
	腐蚀流体	×	×	×	×	×	○
	有毒流体	×	×	×	×	×	可用
	真空	×	×	×	×	×	可用
	气蚀	×	×	×	○	×	×

注：“○”适用，“×”不适用。

一般情况下，应优先选用直通单、双座调节阀。直通单座阀适用于泄漏量要求小和阀前后压降较小的场合；双座阀一般适用于对泄漏量要求不高和阀前后压降较大的场合。对于高粘度或含悬浮物的流体，以及要求直角配管的场合，可选用角形阀。对于浓浊浆液和含悬浮颗粒的流体以及在大口径、大流量和低压降的场合，可选择蝶阀。

三通调节阀既可用于混合两种流体，又可以将一种流体分为两股，多用于换热器的温度控制系统。隔膜阀具有结构简单、流道阻力小、流通能力大、无外漏等优点。广泛用于高粘度、含悬浮颗粒、纤维以及有毒的流体。

根据实际受控过程的需要还可选用波纹管密封阀，低噪声阀、自力式调节阀等。对于特殊的受控过程，还需选用专用调节阀。

调节阀动开、动闭形式的选择主要从工艺生产的安全出发。当仪表系统故障或控制信号突然中断时，调节阀阀芯应处于使生产装置安全的状态。例如，进入工艺设备的流体易燃易爆，为防止爆炸，调节阀应选动开式。如果流体容易结晶，调节阀应选动闭式，以防堵塞。

2. 调节阀流量特性的选择

调节阀流量特性的选择一般有直线、等百分比和快开三种。它们基本上能满足绝大多数控制系统的要求。快开特性适用于双位控制和程序控制系统，所以调节阀流量特性的选择实际上是直线特性和等百分比特性的选择。

选择方法大致可归结为理论计算和经验法两种。但是，这些方法都比较复杂，工程设计中多采用经验准则。即从控制系统特性、负荷变化和 S 值大小三个方面综合考虑选择调节阀流量特性。对于受控对象特性不十分清楚的情况，建议参考表 3.4 的选择原则确定调节阀的流量特性。

调节阀流量特性的选择原则 **表 3.4**

S值	直线特性	等百分比特性
$S_{100} > 0.75$	液位定值或主要扰动为定值的流量温度控制系统	流量、压力、温度定值控制及主要扰动为设定值的压力控制系统
$S_{100} \leqslant 0.75$		各种控制系统

3.2.3 变频器

变频器是将固定频率（通常为50Hz）的交流电变换成连续可调频率（通常为0~400Hz）的交流电的设备。在给水排水管道的自动控制系统中，变频器经常用于水泵调速运行自动控制系统中水泵电机的控制执行设备。随着变频器应用技术的日臻成熟与完善，变频器会在越来越多的工程技术领域中得到更加广泛的应用。

3.2.3.1 变频调速的工作原理

在给水排水工程中，绝大多数水泵都是采用异步电动机作为动力的。根据异步电动机的工作原理可知，其转轴的转动是源于转子转速与定子旋转磁场转速之间存在着转速差，转子绕组切割磁力线而产生旋转力矩的。定子的旋转磁场与转子转速的转差率，是异步电动机工作的基础。定子旋转磁场的转速又称为同步转速，与电源的供电频率和电动机的磁极对数有关，如式（3.15）所示。

$$n_1 = \frac{60f_1}{n_p} \tag{3.15}$$

式中 n_1——同步转速（r/min）；

f_1——供电频率（Hz）；

n_p——磁极对数。

异步电动机转轴的转速，可用式（3.16）求得：

$$n = n_1(1-s) = \frac{60f_1}{n_p}(1-s) \tag{3.16}$$

式中 n——电动机转轴转速（r/min）；

s——转差率；

其他符号意义同前。

由式（3.16）可见，在电动机磁极对数 n_p 已定的前提下，改变电动机的供电频率 f_1，即可改变异步电动机转轴的转速 n；如果能设法连续改变电动机的供电频率 f_1，电动机就可得到连续变化的转速。这就是异步电动机的变频调速的基本机理。因此，要解决异步电动机调速运行问题，可以采用改变供电电源频率的方法，实现这一方法的设备就是变频器。

由异步电动机的基本理论可知，在改变异步电动机供电频率的同时，还必须采取相应的措施控制电动机的主磁通保持额定值不变。磁通太弱，铁心利用不充分，同样转子电流时电磁转矩小，电动机的负载能力下降；磁通太强，处于过励磁状态，励磁电流过大，限制了定子电流的负载分量，这时，负载能力要下降，以防电机过热。定子每相电动势有效值、供电频率及磁通量之间的关系如（3.17）式所示：

$$E_1 = 4.44 f_1 N_1 \Phi_m \tag{3.17}$$

式中　E_1——定子每相由气隙磁通感应的电动势的方均根值（V）；

f_1——定子供电频率（Hz）；

N_1——定子每相绕组有效匝数；

Φ_m——每极磁通量（Wb）。

由上式可知，要保证磁通量不变，在改变供电频率的同时，必须改变感应电动势的大小；若当感应电动势受额定电压限制不能提高时，升高频率的同时应相应降低磁通量。异步电动机变频控制特性如图 3.17 所示。图中 U_{1l}、Φ_{ml} 为额定频率 f_{1l} 时相应的电压与磁通量。

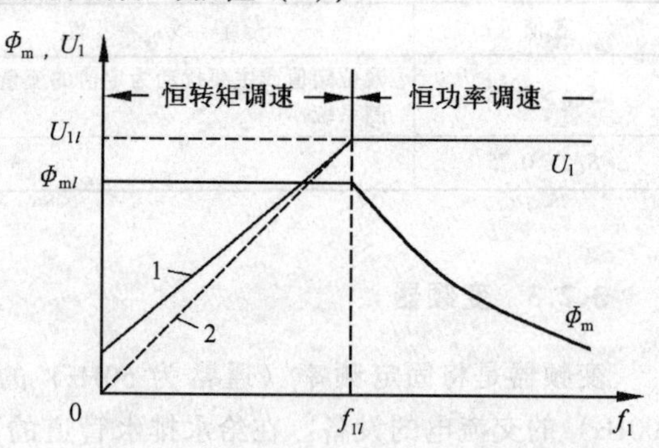

图 3.17　异步电动机变频调速控制特性

1—有电压补偿曲线；2—无电压补偿曲线

3.2.3.2　变频器的分类

变频器的种类比较多，现按不同的分类方法可将其分类如下：

1. 按变换环节进行分类

交—交变频器　该种变频器把频率固定的交流电源直接变换成频率连续可调的交流电源。其主要优点是没有中间环节，故变换效率高。但其连续可调的频率范围窄，一般为额定频率的 1/2（0～$<f_{1l}/2$）以下故它主要用于容量较大的低速拖动系统中。

交—直—交变频器　该种变频器先把频率固定的交流电整流成直流电，再把直流电逆变成频率连续可调的三相交流电。由于把直流电逆变成交流电的环节较易控制，因此这种变频器在频率的调节范围以及改善变频后电动机的特性等方面都具有明显的优势。目前迅速普及应用的主要是这种变频器。

2. 按电压的调制方式分类

PAM（脉幅调制）变频器　该种变频器输出电压的大小通过改变直流电压大小的方式进行调制。在中小容量变频器中，这种变频器已很少见到。

PWM（脉宽调制）变频器　该种变频器输出电压的大小通过改变输出脉冲的占空比的方式进行调制。目前普遍应用的是占空比按正弦规律安排的正弦波脉宽调制（SPWM）方式。

3. 按直流环节的贮能方式分类

电流型变频器　该种变频器直流环节的贮能元件是电感线圈，无功功率将由该电感线圈来缓冲。其主要优点是当电动机处于再生发电状态工作时，再生电能可方便地回馈至交流电网。电流型变频器可用于频繁急加减速的大容量电动机的传动，在大容量风机、水泵节能调速系统中也有应用。

电压型变频器　该种变频器直流环节的贮能元件是电容器。无功功率将由该电容来缓冲。其主要优点是在不超过容量限度的情况下，可以驱动多台并联运行的电动机，对所驱动的负载无严格要求。

4. 按控制方式分类

U/f 控制变频器　该种变频器按图 3.17 所示的电压、频率关系对变频器的频率和电压进行控制，这种控制方式又称为 VVVF（变压变频）控制方式。额定频率以下为恒转矩

调速，额定频率以上为恒功率调速。*U/f* 控制是开环控制，控制线路简单，经济性好。负载可以是通用的标准异步电动机，因此具有通用性强的特点。

转差率控制变频器　该种变频器根据速度传感器所检测的速度求出转差率，然后确定变频器的频率设定值，以此达到转差补偿的比环控制方式。与 *U/f* 控制方式相比，其调速精度较高，但因需要按电动机的机械特性调整控制参数，故通用性较差。

矢量控制变频器　该种变频器是将电动机的定子电流分解成磁场分量电流和转矩分量电流，然后加以分别控制，因此具有较好的动态控制性能。矢量控制的引入，使异步电动机的调速性能达到了足以和直流电机调速性能媲美的程度，大大提高了异步电动机在电动机调速领域里的地位，并越来越显示出其自身的优势。

3.2.3.3　变频器的额定值和频率指标

1. 输入侧的额定值

电压、相数和频率　中小容量变频器中输入侧的额定值主要为输入电压值和输入相数。输入电压的额定值（均为线电压）与相数主要有 380V，3 相；220V，3 相；220V，单相三种。输入侧电源电压的频率通常为工频，50Hz 或 60Hz。

2. 输出侧的额定值

额定输出电压　由于变频器在变频的同时也要变压，所以额定输出电压是指输出电压的最大值。在大多数情况下，它就是输出频率等于电动机额定频率时的输出电压值。通常，额定输出电压总是和输入电压相等。

额定输出电流　额定输出电流指允许长时间输出的最大电流，是用户在选择变频器时的主要依据。

额定输出容量　额定输出容量取决于额定输出电压与额定输出电流的乘积。

配用电动机容量　配用电动机容量是变频器说明书中所规定的负载电动机的容量。需要注意的是，虽然电动机容量的标称值比较统一，但配用电动机容量相同的不同品牌的变频器的容量却常常不相同。因此，在配套变频器和异步电动机时必须以说明书的要求为准。说明书中的配用电动机容量，仅对长期连续运行的负载才是适合的，对于各种变动负载来说，则不能适用。

过载能力　变频器的过载能力是指其输出电流超过额定电流的允许范围和时间。大多数变频器规定的过载电流为额定电流的 150%，过载允许时间为 1min。

3. 频率指标

频率范围　即变频器输出的最高频率 f_{max} 和最低频率 f_{min}。为适应不同的用途，各种变频器有着不同的频率范围。通常变频器的最低工作频率约为 0.1～1Hz；最高工作频率约为 200～500Hz。

频率精度　频率精度指变频器输出频率的准确程度，为变频器实际输出频率与设定频率的最大差值与最高工作频率之比，用百分数表示。一般情况下，由数字量设定时的频率精度约比模拟量设定时的频率精度高出一个数量级。

频率分辨率　频率分辨率指输出频率的最小改变量，即每相邻两档频率之间的最小差值。

3.2.3.4　变频器的运行参数及设置

1. 工作频率的给定

与给定信号相应的变频器的工作频率称为给定工作频率。若要变频器工作在给定工作频率，可以采用下列几种方法。

面板操作给定　对于采用模拟量控制的变频器，可以利用操作面板上的频率调节旋钮设定给定工作频率；对于采用数字控制的变频器，可以利用操作面板上的频率调节按钮设定给定工作频率。这种给定方法可在变频器运行或不运行时，手动调节给定。

程序预置给定　通过在变频器投入运行前编制程序的方法，预置给定工作频率。

外接信号给定　外接电压（或电流）信号，接在变频器控制器相应的接线端子上，用其控制变频器的工作频率。改变外接信号电压（或电流）的大小，给定工作频率也会相应发生变化。变频器工作频率与外接信号之间的函数关系，可以在变频器所提供的函数关系种类中选定，这种函数关系又称为给定频率线。

上限频率与下限频率　变频器工作时，根据需要可以限定上限频率与下限频率。当给定信号超过与上限频率对应的信号时，变频器的工作频率不再增加；若给定信号超出与下限频率对应的信号时，变频器的工作频率不再降低。

回避频率　为了避免机械谐振而造成系统破坏，变频器可设置回避频率。

2. 升速启动

为避免异步电动机启动时较大电流（约为额定电流的 4～7 倍）对变频器产生冲击，或突然启动对设备装置本身的不利影响（如管道系统的水锤效应），变频器可根据设备启动的需要设定启动方式。

升速时间　变频器为用户提供了可在一定范围内任意设定升速时间的功能。一般最短为 0～120s，最长为 0～6000s。

升速方式　升速频率与升速时间的对应关系可为直线型、S 型和半 S 型。

启动频率　对于惯性较大的负载或由于静摩擦的存在要求启动转矩惯性较大的负载，可以设定变频器的启动频率。

3. 减速制动

为避免异步电动机减速比同步转速减速过快时产生较大的再生电流，从而导致变频器直流电路的过电压，或克服较大惯性系统在再生制动状态低速时停不住的“爬行”现象，或消除如管道系统的水锤效应，变频器可根据设备减速制动的需要设定减速或停止方式。

减速时间　变频器为用户提供的减速时间设定范围一般情况下与升速时间的范围相同。

减速方式　减速频率与减速时间的对应关系可为直线型、S 型和半 S 型，与升速方式相同。

直流制动电压　直流制动电压是指施加在定子绕组上利于制动的直流电压。拖动系统的惯性越大，直流制动电压的设定值也应相应增大。

直流制动时间　直流制动时间是指向定子绕组施加直流制动电压的时间，它比异步电动机的停泵时间略长一些。

直流制动起始频率　设定异步电动机停机时从多大频率开始实施直流制动。一般应尽可能小一些。

4. 变频变压控制设定

基本 U/f 设定　基本 U/f 控制曲线是进行变压变频控制的基准曲线，它表明了在没有补偿时电压和频率之间的关系。一般情况下，基本频率应按异步电动机的额定频率设定。基本 U/f 设定包含基本工作频率 f_b 和最高工作频率 f_{max} 与电压 U 对应关系的设定，如图 3.18 所示。

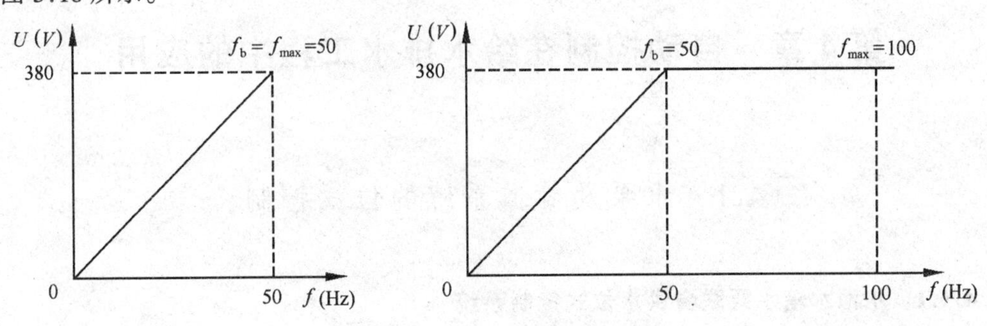

图 3.18　基本工作频率 f_b 与最高工作频率 f_{max} 与电压 U 的对应关系

转矩补偿 U/f 设定　转矩补偿 U/f 设定一般可采用单一 U/f 补偿设定线、分段 U/f 补偿设定线和自动 U/f 补偿设定线三种设定方式。其中自动补偿是靠在平行补偿线之间转移完成的。对于水泵类负载，可考虑采用单一 U/f 负补偿设定线。如图 3.19 所示。

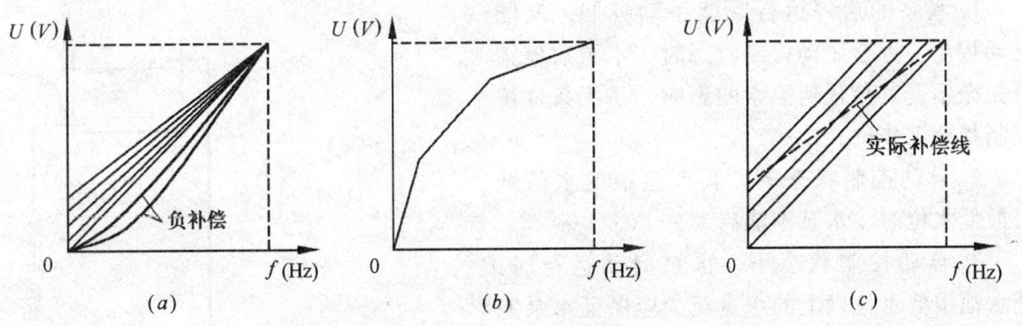

图 3.19　转矩补偿线设定方式

(a) 单一补偿线；(b) 分段补偿线；(c) 自动补偿线

思　考　题

1. 某工程中，需要对水池进行恒温控制。温度控制范围 50℃ ± 5℃，现利用剩余蒸汽作为能源，试拟定其位式控制方案。

2. 采用电动单元组合仪表组成闭环自动控制最小系统，至少需要那些单元仪表？

3. DDZ-Ⅲ型系列电动单元组合仪表与早期电动组合仪表相比有哪些优点？

4. 智能化测量控制仪表示如何工作的？它的主要优点由那些？

5. 常用过程控制执行设备有那些？它们在自动控制系统中主要担负什么任务？

6. 常用调节阀的构造类型有那些？如何根据工艺流程的特点选用不同构造的调节阀？

7. 常用调节阀的阀芯有哪几种形状？各自有何结构特性？如何对其进行选择？

8. 串联（或并联）管道与调节阀联接后，调节阀的调节能力是增强了还是减弱了？如何正确联接调节阀才能保证其在系统中应有的调节能力？

9. 变频器的主要功能是什么？如何利用变频器实现水泵的调速工作？

10. 变频器选用时应满足那些额定指标？变频器的运行参数一般有那些？

第4章　自动控制在给水排水工程中的应用

4.1　水泵及管道系统的位式控制

4.1.1　水池水箱水泵联合供水位式控制系统

水池水箱水泵联合供水系统在给水排水工程中应用非常广泛，典型的水池水箱水泵联合供水系统如图4.1所示。水池水箱水泵联合供水系统由水池、水箱、水泵、水泵管路系统与用户管路系统组成。一般情况下，该系统的自动控制主要是高水箱水位的位式控制，系统的控制应满足下列要求：

1. 水泵的启停运行既能手动控制，又能自动控制。处于手动控制状态时，水泵启停运行完全不受其他任何因素的影响，是无条件按控制指令工作的；

2. 自动控制状态下，低水池中的水位低于最低水位时，水泵不能启动；

3. 自动控制状态下，水泵启动运行时，低水池中低水位以上的水量至少应保证水泵能向高水箱供水一次，以避免水泵的频繁启动；

4. 水池中的水至溢流警戒水位时，及时发出报警信号；

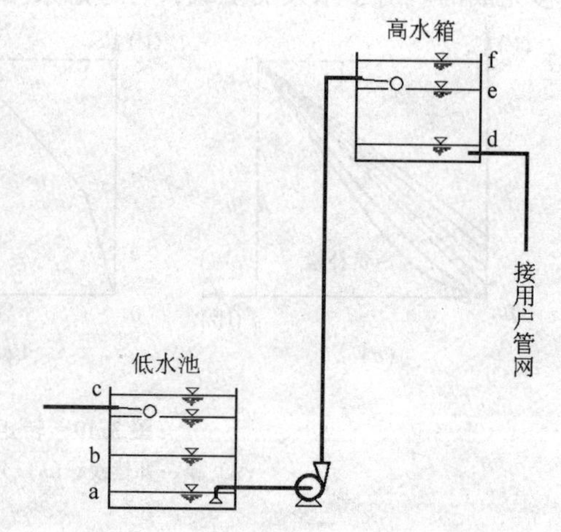

图4.1　水池水箱水泵联合供水系统

5. 高水箱低水位时水泵启动供水；

6. 高水箱高水位时水泵停止供水；

7. 高水箱中的水至溢流警戒水位时，发出报警信号。

根据水池水箱水泵管路系统提出的控制要求，选择位式控制方式即可完全满足系统的控制需要。选用浮子式水位开关作为位式控制系统的传感器，水位信号为浮子式水位开关提供的开关信号。该水位开关无水时自然下垂，常开触点处于断开状态，常闭触点处于闭合状态，如图4.2所示。当浮子被水淹没后，浮子浮起，水位开关动作，常开触点闭合，常闭触点断开。

根据控制要求，在低水池和高水箱中设置水位开关如下：

1. 在低水池 *a* 水位处设置低水位开关Ka，在COM、NO端子上接出开关信号线，为常开连接。该水位开关被水淹没时接通，无水断开，发出缺水停泵信号；

2. 在低水池 *b* 水位处设置中水位开关Kb，在COM、NO端子上接出开关信号线，为常开连接。该开关应高于低水位开关，其位置应满足 *a*、*b* 水位之间的储水量能保证水泵

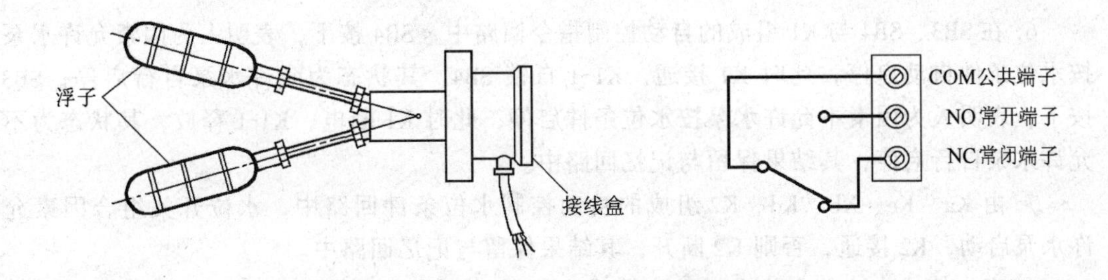

图 4.2　水位开关及常开常闭触点端子示意图

开启供水一次，水位开关无水时断开，淹没时接通，表示可以开启水泵；

3. 在低水池 *c* 水位处设置溢流警戒水位开关 Kc，在 COM、NO 端子上接出开关信号线，为常开连接。该水位开关无水时断开，被水淹没时接通，发出报警信号；

4. 在高水箱 *d* 水位处设置低水位开关 Kd，在 COM、NC 端子上接出开关信号线，为常闭连接。该水位开关被水淹没时断开，无水时接通，发出启泵信号；

5. 在高水箱 *e* 水位处设置高水位开关 Ke，在 COM、NC 端子上接出开关信号线，为常闭连接。该水位开关无水时接通，被水淹没时断开，发出停泵信号。

6. 在高水箱 *f* 水位处设置溢流警戒水位开关 Kf，在 COM、NO 端子上接出开关信号线，为常开连接。该水位开关无水时断开，有水时接通，发出报警信号。

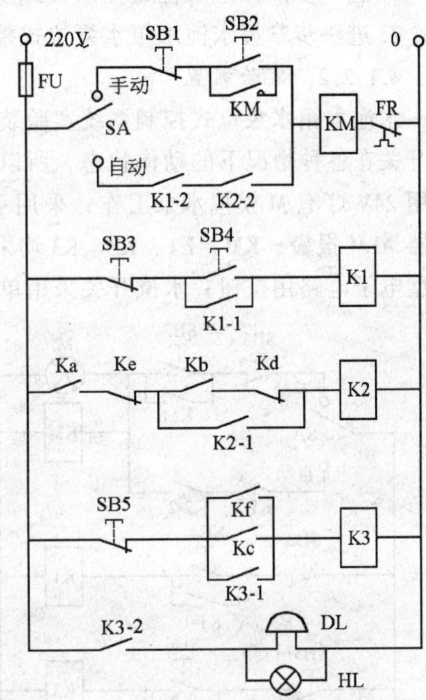

图 4.3　水池水箱水泵供水系统双位控制电原理图

水池水箱水泵供水系统双位控制电原理图如图 4.3 所示。电路器件及各回路功能说明如下：

1. 设置手动启停、自动运行转换开关 SA，使系统能够在手动运行状态和自动运行状态之间转换；

2. 在手动状态下，SB2 为手动启动，SB1 为手动停止，KM 为控制水泵运行的交流接触器，常开触点 KM 的功能为自锁 SB2；

3. 设置 K1、K2、K3 中间继电器，分别在如下状态时动作：人为因素是否允许水泵处于自动运行状态；Ka、Ke、Kb、Kd 水位开关组合连接后，给出的信号是否允许水泵启停；水池水箱中的 Kc、Kf 水位开关是否给出了超过溢流警戒水位的信号。

4. 设置报警设备警铃 DL、警灯 HL，在水箱水位超过溢流水位时报警。

5. 在 K1、K2 两继电器常开触点 K1-2、K2-2 组成的自动控制记忆回路中，K1-2、K2-2 串联连接。K1-2 接通，表明人为因素允许水泵自动运行；K2-2 接通表明水池、水箱水位条件因素允许水泵自动运行。

6. 在SB3、SB4与K1组成的自动控制指令回路中，SB4按下，表明人为因素允许水泵按水位条件自动启停，此时K1接通，K1-1自锁SB4，其状态为允许水泵自行启停；SB3按下，表明人为因素不允许水泵按水位条件启停，此时K1断电，K1-1释放，其状态为不允许水泵自行启停，其结果保留与记忆回路中。

7. 由Ka、Ke、Kb、Kd、K2组成的自动控制水位条件回路中，水位开关组合因素允许水泵启动，K2接通，否则K2断开，其结果保留与记忆回路中。

8. 当水箱或水池的水位升至溢流警戒水位时，Kc或Kf接通，K3-1自锁，K3-2接通报警设备警铃DL、警灯HL电源，报警设备持续发出报警声光信号。该报警信号直至按下SB5警报解除按钮后，方可解除报警。

4.1.2 水池水箱水泵联合供水位式控制系统实验

4.1.2.1 实验目的

1. 进一步加深理解位式控制方式及继电控制电路工作原理；
2. 进一步掌握水池水箱水泵位式控制系统的各种运行状态。

4.1.2.2 实验装置

水池水箱水泵位式控制系统实验装置电原理图如图4.4所示。该实验装置主要用于水位开关在各种情况下的动作状态，所以在实验装置中：采用24V直流电源作为供电电源；采用24V灯泡M模拟水泵工作；采用手动按钮SB6模拟水箱溢流水位开关动作；采用蜂鸣器ALM报警；KM、K1、K2、K3均采用24V小型继电器；SB1、SB2、SB3、SB4均采用小型电子电路用按钮；水位开关采用单刀双掷开关，手动进行水位状态模拟操作。

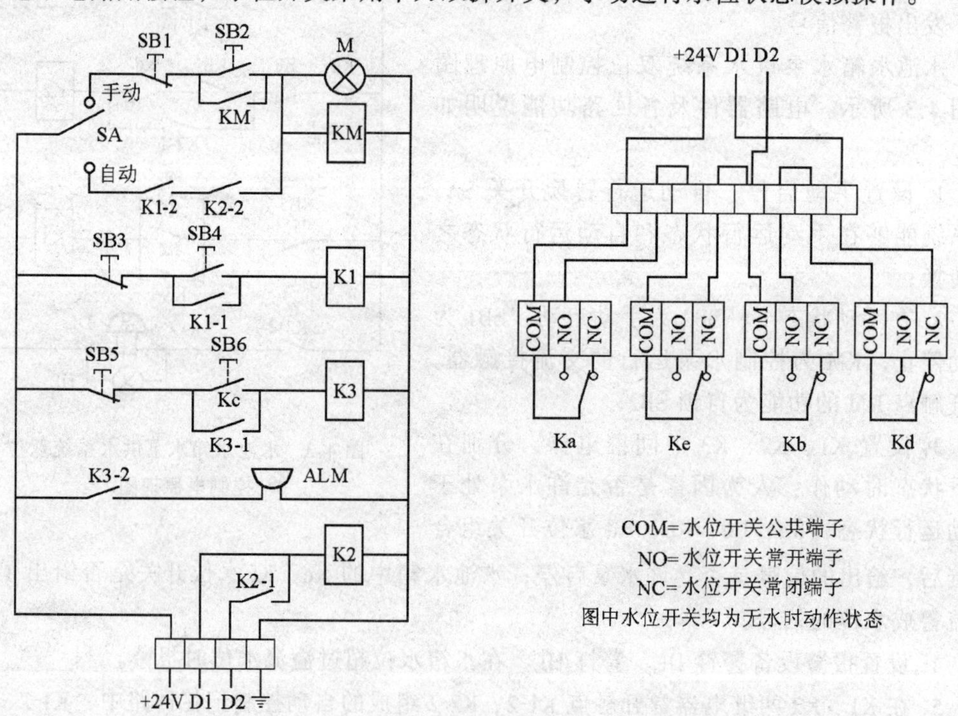

图4.4 水池水箱水泵位式控制系统实验装置电原理图

4.1.2.3 实验步骤

本实验主要通过手动模拟操作的过程了解水池水箱水泵位式控制系统在不同条件下的工作状态。实验过程按表4.1与4.2的步骤进行。

1. 手动操作步骤

将SA开关掷向手动启动一侧，按表4.1顺序进行操作，“1”表示按一下按钮或器件通电，“0”表示器件掉电，操作完成后观察并记录实验操作结果。

手动操作实验记录表 **表4.1**

序号	实验内容	实验操作				操作结果		
		SB1	SB2	SB6	SB5	KM	M	ALM
1	启动水泵		1					
2	停止水泵运转	1						
3	启动水泵		1					
4	模拟水位超限			1				
5	解除报警				1			
6	停止水泵运转	1						
7	模拟水位超限			1				
8	解除报警				1			

2. 自动操作步骤

将SA开关掷向自动启动一侧，按表4.2顺序进行操作。“√”表示搬动水位开关改变原有通断状态一次，其他符号意义同表4.1。

自动操作实验记录表 **表4.2**

序号	实验内容	实验操作						操作结果		
		SB3	SB4	Ka	Ke	Kb	Kd	K1	K2	M
1	模拟水池水箱均无水			0	1	0	1			
2	人为允许水泵自动启动		1	0	1	0	1			
3	模拟水池进水超过水位开关Ka			√	1	0	1			
4	模拟水池进水超过水位开关Kb			1	1	√	1			
5	人为停止水泵自动启动	1		1	1	1	1			
6	人为允许水泵自动启动		1	1	1	1	1			
7	模拟水箱进水超过水位开关Kd			1	1	1	√			
8	模拟水箱进水超过水位开关Ke			1	√	1	0			
9	模拟用户用水水位低于开关Ke			1	√	1	0			
10	模拟用户用水水位低于开关Kd			1	1	1	√			

4.2 消防给水系统的自动控制

4.2.1 消防给水自动控制系统的组成

消防给水自动控制系统主要由火灾探测器以及手动报警器，信号与控制总线，火灾报警控制器，火灾报警装置，火灾消防给水装置等组成。消防给水自动控制系统可根据工程实际情况的不同，采用不同的火灾报警系统。常用的火灾报警系统有区域报警系统、集中报警系统、控制中心报警系统等。消防给水自动控制系统接火灾报警系统的报警信号后，控制启动消防泵向消防给水系统供水，以确保及时控制和扑灭火灾。

4.2.1.1 消防给水自动报警系统

区域报警系统　区域报警系统由火灾探测器、手动报警器、区域控制器、火灾报警装置等组成。该系统适合于小型建筑及防火对象单独使用。

集中报警系统　集中报警系统由火灾探测器、手动报警器、区域控制器、集中报警器、火灾报警装置等组成。该系统适合于中高层建筑等防火对象使用。

控制中心报警系统　控制中心报警系统由火灾探测器、手动报警器、区域控制器、集中火灾控制报警器、火灾报警装置等控制报警系统，以及火灾电话、火灾广播、火灾事故照明等辅助系统组成，如图 4.5 所示。该种系统适于高层及超高层建筑、商场、宾馆等大型建筑群使用。

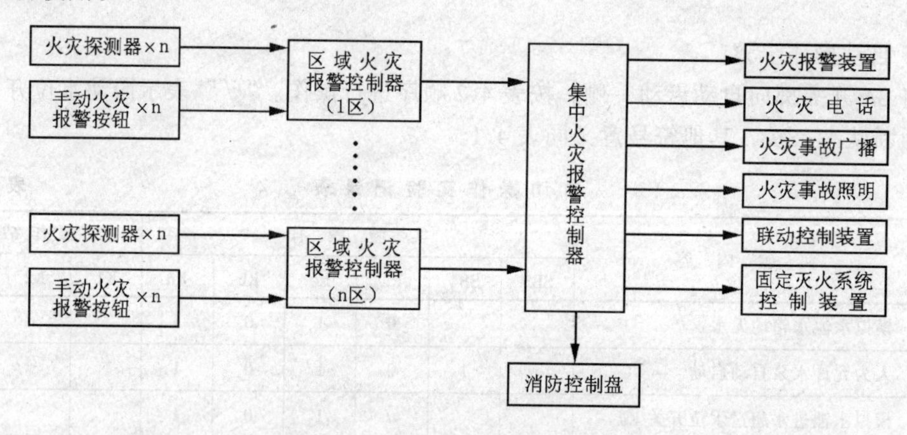

图 4.5　控制中心报警系统框图

4.2.1.2 火灾探测器布线方式

消防给水自动控制系统根据其布线方式的不同，可分为分立式布线制系统与总线式布线制系统。

分立式布线制系统　分立式布线制系统中，每个探测器分别与控制器一一硬线连接，采用直流工作信号传递信息，控制器要对所有的信号线进行检测，以此判断是否有探测器发出了报警信号。这种采取的布线方式接线复杂繁琐，一个报警系统的信号线在几十至几百条，在早期的火灾自动报警系统中常常使用。这种系统施工维护困难，现已逐渐被新的系统所淘汰。

总线式布线制系统　总线式布线制系统中，每个探测器都与从控制器引出的总线相连接，采用数字脉冲信号与控制器通信，探测器与控制器的编码与译码的通信方式可以准确的对报警信号进行定位。这种布线方式大大减少了连线总数，便于施工和维护，目前已被广泛使用。常用的总线制式为2线制总线和4线制总线。

4.2.1.3　火灾探测器

火灾探测器的作用是在火灾发生时，通过信号线向火灾报警控制器发出火灾信号。常用的火灾探测器有离子感烟火灾探测器、光电感烟火灾探测器和电子感温火灾探测器。

离子感烟火灾探测器　当火灾初期有阴燃阶段，能产生大量烟雾且烟气溶胶微粒很小，只产生少量的热，很少或没有火焰辐射时，一般可采用离子感烟火灾探测器。

离子感烟火灾探测器按一定周期把检测到的烟雾浓度转换成数字信号，并传送到火灾自动报警控制器中，然后可由计算机对烟雾的浓度及其变化速率等条件因素进行计算处理，并根据探测器的位置及其预先设定的温度、灵敏度及烟浓度等参数，进一步判定是否有火灾发生，最终确定是否报警。利用计算机处理信号数据并进行判断决策，大大减少了火灾误报的可能性。

目前常用的离子感烟火灾探测器，不仅体积小，厚度薄、重量轻，新颖大方，而且探测器本身具有编码电路，不需要外加编码底座，可直接采用二线制总线进行布线，极大地方便了工程施工和系统维护管理。

光电感烟火灾探测器　光电感烟火灾探测器与离子感烟火灾探测器使用条件比较接近，区别是当烟雾浓度大且烟气溶胶微粒也较大时，考虑采用。

光电感烟火灾探测器的工作过程与离子感烟火灾探测器基本相同，由光电感烟火灾探测器周期性地把检测到的烟雾浓度转换成数字信号送至火灾自动报警控制器，由计算机进行计算处理，并将计算结果与预先设定的烟雾的浓度及其变化速率、探测器的位置及其温度、灵敏度及烟浓度等条件参数纪行比较，从而判定是否有火灾发生，最终确定是否报警。这种利用计算机按照设定模式进行判断决策的报警方式，可以大大减少火灾的误报。

目前常用的光电感烟火灾探测器体积小，厚度薄、重量轻，具有编码电路，可直接采用二线制总线进行布线，极大地方便了工程施工和系统维护管理。

电子感温火灾探测器　电子感温火灾探测器用于火灾形成阶段以火情能迅速发展并产生大量的热，同时伴有大量烟雾和火焰辐射时，一般可采用电子感温火灾探测器。

常用电子感温火灾探测器有二总线模拟超薄电子感温火灾探测器，这种探测器周期性地把所检测到的温度信号传送到火灾报警控制器，火灾报警控制器对信号进行分析、处理，根据温度及其变化速率对是否发生火灾进行判断，以此做出尽量正确的报警结论。这种火灾预报的方式大大提高了系统的可靠性与稳定性，减少了误报。

4.2.1.4　手动报警器

手动报警器安装于公共场所，当确认火灾发生后，由人工操作按下手动按钮，向消防控制室发出火灾报警信号。

目前常用的手动报警器可以直接接到火灾探测器的总线上，其作用相当于一个手动火灾探测器。也可以专门接到专用总线（如人工报警总线）上。手动报警器可用其内部的编码开关按现场位置进行编码。确认火灾发生后，手动操作按钮开关，其内部开关动作，把火警信号传输到火灾报警控制器。火警消失后，手动报警器仍可恢复原来状态，以备再次使用。

4.2.1.5 火灾报警控制器

区域火灾报警控制器　区域火灾报警控制器工作时，不断向火灾探测器连接总线上连续的发送地址信号，当火灾探测器收到与自身地址编码相同的地址信号后，立即把所采集的现场数据通过总线发回至火灾报警控制器，所发送的数据中包含有烟雾浓度、温度及其相关数据。当火灾报警控制器收到数据后，立即将其与前几次返回的数据进行比较，根据设定条件判断是否有火灾发生。如果没有火灾发生，则转向查询下一个地址；如果有火灾发生，则做出相应的报警反应，如在面板上显示发生火灾的位置，给出声光等报警信号，向上一级报警控制系统发出信号等。在区域集中火灾报警系统中，发现火灾的探测器信息还要传送至集中火灾报警控制器，以至最终自动启动消防给水系统。

集中火灾报警控制器　集中火灾报警控制器的任务是将来自火灾探测器、手动报警器、区域火灾报控制器等预警设备的火灾或故障信息进行存储、分析处理，并根据结果进行显示或报警，如果有火灾发生，立即给出联动信号，通知自动控制消防给水系统及时启动，投入火灾的扑救。

集中火灾报警控制器工作时，不断向控制总线发送一系列的地址信号，当与发送的地址信号地址相同的预警设备接收到信号后，立即将现场采集的信息送回集中火灾报警控制器，现场信息可以是火灾探测器送回的烟雾浓度、温度、火焰强度等数据，也可以是手动报警器送回的火灾信号，或者是通过区域火灾报警控制器转送来的火灾信号。火灾报警控制器接到信号后，与此前的信号数据进行比较，判断是否有火灾发生，若发生火灾，立即进行报警或发出联动信号；若无火灾发生，则进行下一地址的查询。集中火灾报警控制器与其他火灾预警设备的通信，同样可以采用总线制，以方便施工和维护。集中火灾报警控制器往往配有计算机接口，以便与计算机进行通信，或直接采用微型计算机作为控制中心，以进一步扩展其报警控制功能。

4.2.1.6 火灾报警辅助系统

消防电话　消防电话是火灾报警后火灾现场与消防控制中心方便快捷的一种通信工具。消防电话启用后，任何一部消防电话的分机只要将电话插头插入火灾现场中的任何一个消防电话专用插孔，消防中心即出现该分机要求通话的声光报警，并指示是现场的那一个位置的分机要求与中心通话。此时按下相应的按键，便可实现与消防分机的通话，无需拨号。

消防广播　消防广播是火灾报警后用于指挥灭火和疏散人群的工具。消防广播可通过消防报警信号自动启动，采用话筒播音和循环播放消防广播录音盘的方式播音。

消防照明　消防照明是火灾报警并切断火灾现场电源后，实施的应急照明。该照明系统可通过消防报警信号自动启动。

4.2.1.7 消防给水联动系统

消防给水联动系统一般由报警部分和联动控制部分组成。报警部分是指火灾报警设备发出报警信号信号后，由火灾报警控制器或集中火灾报警控制器对现场传来的报警信号进行分析、判断，然后根据火灾现场的实际情况向消防联动控制部分发出指令；联动控制部分是指联动控制指令发出后，消防联动设备根据联动指令进行动作，有序地进行消防灭火，联动设备主要包括消火拴系统、自动喷洒灭火系统、水幕消防系统、卤代烷灭火系统、防火卷帘、防火排烟系统及防火照明、防火警报、防火广播等。

4.2.2 消防给水联动控制

建筑消防给水联动系统设备包括火灾报警控制器、消防联动控制按钮、消防联动控制模块、消防给水泵等设备。如图 4.6 所示。

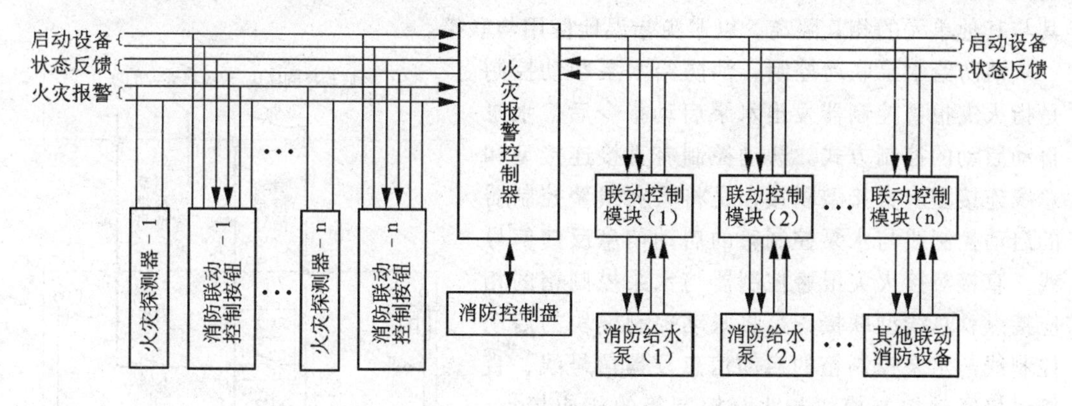

图 4.6　总线制消防控制系统水泵联动控制示意图

消防联动控制按钮　消防联动控制按钮可单独设置或在消火栓箱内设置，其主要作用是在火灾发生时手动向火灾报警控制器发出报警信号，同时启动消防给水设备。消防联动控制按钮可由其内部的编码开关进行现场编址，以便消防控制中心及时了解火灾发生位置。消防联动控制按钮箱内有信号灯接口，一旦消防泵启动，信号灯亮。消防联动控制按钮箱与火灾报警控制器间的信息传递多采用总线制联络方式。根据信息传递的种类与产品型号的不同，消防联动控制按钮箱的总线根数也有所不同，一般为 3～6 根。如图 4.6 为 6 总线制，2 条报警线、2 条消防设备启动状态信息反馈线、2 条消防设备启动控制线。报警总线可与其他各种报警设备总线合用；状态反馈总线用于将消防泵的启动状态反馈至报警端，便于消防人员了解系统工作状态；启动控制线用于给出直接启动消防泵的指令，经火灾报警控制器分析确定后，向消防泵发出启动控制指令。

消防联动控制模块　消防联动控制模块是消防泵与火灾报警控制器联接的辅助设备。当联动控制指令通过总线方式传到消防联动设备时，应采用消防联动控制模块进行联接。消防联动控制模块的主要功能，是将总线上含有地址信息的联动控制指令进行解码，若指令中的地址信息与所联接设备的地址相同时，向该设备给出开关指令，启动设备，并将设备的启动信息反馈至火灾报警控制器，如图 4.6。图 4.6 中，火灾报警控制器后采用的是 4 总线，2 条消防泵启动状态信息反馈线、2 条消防设备启动控制线。状态反馈线用于将消防设备的启动状态反馈至火灾报警控制器，便于消防控制中心了解系统工作状态；设备启动控制线用于给出含地址信息的消防泵直接启动指令，经联动控制模块解码后向消防泵给出开关控制信号，启动消防设备。

如果消防设备与火灾报警控制器之间不采用总线联接而采用直接联结，就不必使用消防联动控制模块。

联动控制模块除联接消防给水泵外，还可连接其他消防设备，如防火卷帘、防火照明灯、防火排烟机等。根据所连接的设备不同，联动控制模块的型号也不同。一般与水泵连接的联动控制模块启动水泵的控制信号为延时断开信号，水泵启动完成后，启动开关信号由闭合延时后恢复为断开，相当于按下启动按钮接通后反弹断开。延时时间一般为 3～10s。

联动控制模块产品工作原理不一、种类繁多、功能各异，使用时应根据产品说明慎重选择与使用。要特别注意两端所要求和提供的信号种类、总线根数、是否需要工作电源及其与其他单元的相互隔离，以避免错误地使用与联接。

消防给水泵联动控制　消防给水泵联动控制是指火灾报警控制器发出水泵启动指令后，水泵自动启动的控制方式。联动控制有直接连接型和总线连接型。直接型联接，是将火灾报警控制器的启动控制线与水泵控制箱的启动信息反馈信号线，直接对接火灾报警控制器与水泵控制箱的相应接点；总线型联接，是将联动控制模块的启动控制线与水泵控制箱的启动信息反馈信号线，直接对接联动控制模块与水泵控制箱的相应接点；如图 4.7 所示。该图仅为电原理示意图，实际工程中，水泵控制箱的功能还包括一用一备主从启动，主从状态互换，水泵启动事故报警，主泵事故状态时从泵启动等功能。

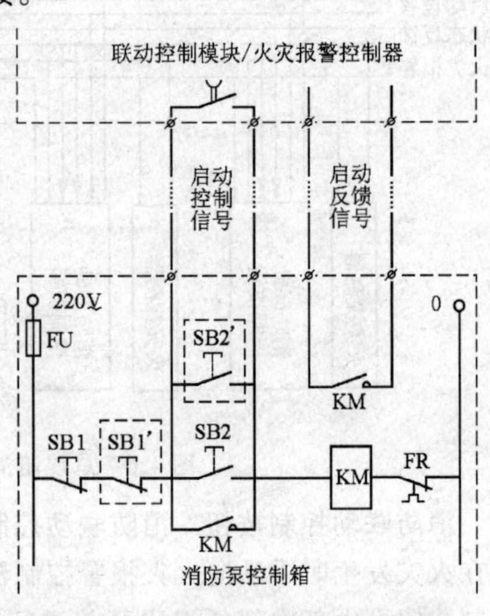

图 4.7　消防给水泵联动控制示意

图 4.7 消防给水泵联动控制示意图中，联动控制模块或火灾报警控制器的延时断开启动控制信号，经启动控制信号线送入消防泵控制箱启动水泵；水泵启动后 KM 常开触点闭合，经启动反馈信号线反馈至联动控制模块或火灾报警控制器，确认水泵启动后，启动控制信号延时断开，完成水泵自动控制启动。图中 SB1、SB2 为就地启动手动控制按钮，SB1'、SB2' 为引至中心控制室的手动启动按钮。以保证两地均能手动启动消防泵。

4.3　管道系统的 PID 控制

4.3.1　水箱恒水位调节阀比例调节系统

水箱恒水位调节阀比例调节系统如图 4.8 所示。系统由水箱、出水管道、水位传感器 WG、给定器、调节器、执行器、调节阀和进水管道组成。该系统水箱的最小出水流量大于调节阀的泄漏流量 $Q_{cmin} > Q_{xl}$，最大出水流量为 Q_{cmax}，水箱中最低水位为 0m，最高水位为 4.0m。系统的控制要求为水箱水位维持在 3.5m ± 0.2m。

分析水箱对自动控制系统的要求可知，水箱水位在 3.5m 附近允许有上下 0.2m 的变化，允许误差存在，因此可采用简单的比例调节对系统进行控制。由于例调节需要连续的水位信号，故选用可提供连续信号的水位传感器。根据系统要求，选用具有比例调节功能的调节器。执行器选用电动直行程执行器，调节阀按所需流量选取。各单元功能如下：

水位传感器 WG　水箱水位的连续变化情况由水位传感器 WG 提取信号，送出 1～5V 的标准信号；

给定器　手动整定给定信号，以此作为水位信号的参比值；

调节器　根据给定器与水位传感器两者比较产生的偏差信号 e，按设定的比例增益 K_C（或比例带 δ）计算得出输出信号 u；

执行器　接收调节器送来的信号 u，并将电信号转化为相应的机械位移，控制调节阀；

调节阀　在执行器机械传动的推动下，开启和关闭水箱进水阀门的大小，控制水箱进水流量。

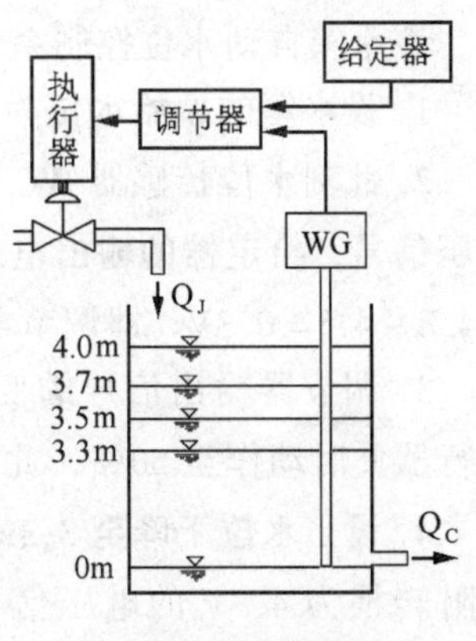

图 4.8　水箱水位控制系统原理框图

系统各部分的参数设定如下：

水位传感器 WG 的设定　水位传感器 WG 的输出信号为电流信号，I_{WG}与水位成正比。当水位为 0m 时，水位传感器的输出信号 $I_{WG}=4mA$；当水位为 4.0m 时，水位传感器的输出信号 $I_{WG}=20mA$。水位传感器在不同特定水位时的信号电流如表 4.3：

水位传感器在不同特定水位时的信号电流　　**表 4.3**

水箱水位（m）	信号电流（mA）	转换电压（V）
4.0	20.0	5.0
3.7	18.8	4.7
3.5	18.0	4.5
3.3	17.2	4.3
0	4.0	1.0

给定器输出电压 V_G与调节器的比例增益 K_C 的设定　当水位为控制最高水位 3.7m 时，水位传感器的电流信号为 18.8mA，经 250Ω 电阻转换为 4.7V 电压信号，调节器输入偏差 e 为（$V_G-4.7$），调节器输出应为 1V，此时调节阀应关闭；当水位为控制最低水位 3.3m 时，水位传感器的电流信号为 17.2mA，经 250Ω 电阻转换为 4.3V 电压信号，调节器输入偏差 e 为（$V_G-4.3$），调节器输出应为 5V，此时调节阀应全部开启；设给定电压为 V_G，调节器比例增益为 K_C，则可列出方程：

$$\begin{cases}(V_G-4.7)K_C=1\\(V_G-4.3)K_C=5\end{cases}\tag{4.1}$$

解方程（4.1）可得：$V_G=4.8$（V）、$K_C=10.0$（或比例带 $\delta=10.0\%$），故将给定器的给定电压设定在 4.8V，调节器的比例增益 K_C 设定在 $K_C=10.0$（或比例带 δ 设定在 = 10.0%）；

执行器的设定　当执行器接收 1～5V 的输入信号时，其位移为 0～100%；

调节阀的设定　选用等百分比特性阀门，当执行器的位移自 0～100% 动作时，调节阀的开启度的变化从 0～100%，相应水箱的进水流量 Q_J 从泄漏流量变化为最大流量 $Q_J=Q_{xl}\sim Q_{Jmax}$，且有 $Q_{Jmax}\geqslant Q_{cmax}$。

该水箱自动水位控制系统的调节过程如下：

1. 设水箱的原始水位为3.5m，此时水箱的出水流量突然增加，$Q_c = Q_{cmax}$；

2. 此刻水位传感器WG传出的水位信号 I_{WG} = 18.0mA，经250Ω电阻转换为4.5V的电压信号，给定器的输出电压 V_G 设定在4.8V，调节器的输入信号为两输入电压的差值 $e = 4.8 - 4.5 = 0.3$V，即调节器偏差信号为0.3V；

3. 调节器输出信号的变化量 $u = K_c e = 10 \times 0.3 = 3.0$V，即调节器输出电压为3.0V，执行器此时动作至50%，此时水箱进水流量小于水箱出水流量 $Q_J < Q_C$，水位持续下降；

4. 设当水位下降至3.3m时，水位传感器WG传出的水位信号 I_{WG} = 17.2mA，经250Ω电阻转换为4.3V的电压信号，给定器的输出电压 V_G 在4.8V，调节器的偏差信号 $e = 4.8 - 4.3 = 0.5$V,调节器的输出信号变化量 $u = K_c e = 10.0 \times 0.5 = 5.0$V，即调节器输出电压为5.0V，执行器接收到5V信号后，行程由原来的50%向上位移至全程的100%，调节阀此时开启至全程的100%，$Q_J = Q_{Jmax}$，此时 $Q_J > Q_c$ 时，水位不再下降；

5. 若此时出水流量 Q_c 不再变化，水箱进水量与水箱最大出水量相等 $Q_J = Q_{cmax}$，则水箱水位也相应稳定在允许范围内的最低值。

关于系统中几个问题的讨论：

1. 调节阀在最高水位全部关闭时泄漏流量不为零，此时若水箱出流量 $Q_c = 0$，则会造成水位无限制的上升。要解决调节阀泄漏问题，就必须另外采取措施，当 $Q_c = 0$ 时，设法关断水箱进水。

2. 系统中比例带 $\delta = \frac{1}{K_c} = \frac{1}{10.0} = 10.0\%$，表明输入量 e 变化为输出量 u 的10.0%时，输出量 u 即可变化100%；

3. 比例调节为有差调节。系统中，只有水位降低至最低点3.3m时，调节器的输出信号 u 才有可能达到执行器位移至100%行程所需的信号电压5V，使调节阀全部开启，水箱进水流量增至最大，使得水箱进水流量 Q_J 大与或等于出流流量 Q_c，水箱进出流量平衡，水箱水位才得以稳定。

4.3.2 水泵变频调速控制供水系统

随着变频控制技术的不断进步，采用变频调速技术实现水泵的调速运行，已成为水泵调速的首选方案。由于水泵变频调速供水系统具有控制灵活、启停平稳、压力稳定、节约能源等优点，因此，它在给水排水工程中得到了越来越广泛的应用。

图4.9为水泵变频调速恒压供水系统图。该水泵供水系统主要由水泵机组、变频器、PID调节器、压力传感器、管道系统等组成。如图管路系统的用户对水泵的供水要求是：管网起端（压力传感器所在位置）定压，当用户用水流量在4～14m^3/h内变化时，供水压力恒定在28±1（mH_2O）。

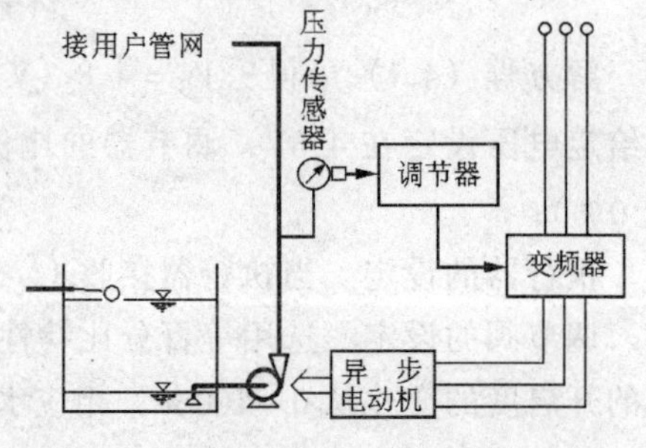

图4.9 水泵变频调速恒压供水系统

根据供水要求，确定系统主要设备及其参数如下：

水泵　选用IS50-32-160型离心式清水泵，Q～H曲线见图4.10，电动机功率3kW；

变频器　选用西门子公司（SIEMENS）带PID闭环调节功能的变频器。根据SIEMENS提供的产品选择软件，选择型号为MMV300/3型号的变频器。该变频器功能齐全，非常适合于简单恒压、恒流控制；可灵活编程设定输入信号的类型、输入信号的作用比值，PID控制参数；启泵与停泵的延时时间设定；提供设备超限运行的安全保证；等等。还可提供数字输入输出接口，与计算机进行通信。

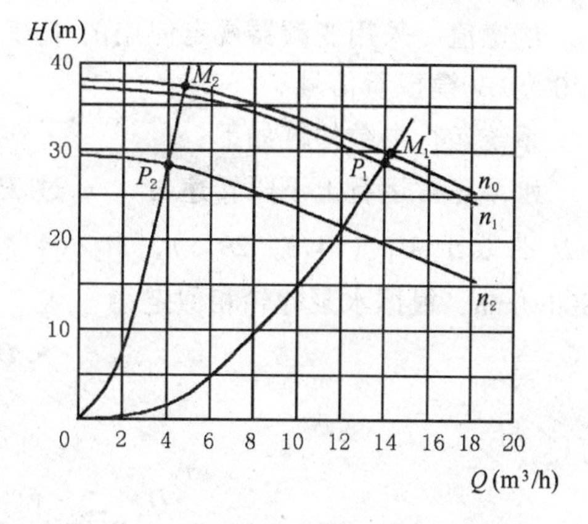

图4.10　IS50-32-160离心泵特性曲线

现将变频器的主要参数设定如表4.4。

变频器主要运行参数设定表　　表4.4

参数代码	参数功能	参数范围	参数设定值	参数说明
P001	显示选择	0～9	0	显示输出频率
P002	加速时间（s）	0～650	20	水泵启动时间为20s
P003	减速时间（s）	0～650	20	水泵停泵时间为20s
P006	频率设定方式选择	0～3	1	通过模拟量输入完成频率控制
P010	显示量比例系数	0～500	1	输出频率实际值
P021	最小给定模拟量频率	0～650	0	最小给定模拟量时输出频率为工作频率（50Hz）的0%
P022	最大给定模拟量频率	0～650	100	最大给定模拟量时输出频率为工作频率（50Hz）的100%
P023	给定模拟量输入类型	0～3	0	0～10V模拟量信号输入
P201	PID闭环模式	0～1	1	闭环控制，使用反馈模拟量输入作为反馈值
P202	P增益	0.0～999.9	1.2	比例增益
P203	I增益	0.0～999.9	0.2	积分增益
P204	D增益	0.0～999.9	10.0	微分增益
P208	反馈传感器作用类型	0～1	0	电机转速升高，引起反馈信号值增加
P211	反馈信号（0%）	0～100	0	反馈信号0%对应输出频率的最小工作频率
P212	反馈信号（100%）	0～100	50	反馈信号50%对应输出频率的最大工作频率
P321	最小反馈模拟量频率	0～650	0	最小反馈模拟量时输出频率为工作频率（50Hz）的0%
P322	最大反馈模拟量频率	0～650	50	最大反馈模拟量时输出频率为工作频率（50Hz）的100%
P323	反馈模拟量输入类型	0～2	0	0～10V模拟量信号输入

传感器　选用量程范围为0～0.5MPa、精度为1%、零点至满量程对应输出0～5V信号电压的压力传感器。因传感器满量程信号仅为变频器规定输入信号的50%，故上表参数设定表中P211、P212、P321、P322、P323的设定非常重要。

给定值　采用变频器规定使用的4.7K多圈电位器进行给定值模拟量输入，输入类型为0～10V模拟量信号。

系统运行参数估算如下：

水泵正常运行上下限转速 n_1、n_2 过 P_1、P_2 两点作相似抛物线，分别交 IS50-32-160 $Q \sim H$ 曲线于 M_1（14.3，29.5）、M_2（4.7，37.5）两点。由 IS50-32-160 样本查得 n_0 = 2900r/min，根据水泵叶轮相似定律

$$\frac{Q_0}{Q'} = \frac{n_0}{n'}$$

可得：

$$n_1 = \frac{Q_1}{Q_0}n_0 = \frac{14.0}{14.3} \times 2900 = 2893(\mathrm{r/min})$$

$$n_2 = \frac{Q_2}{Q_0}n_0 = \frac{4.0}{4.7} \times 2900 = 2468(\mathrm{r/min})$$

上述计算表明，水泵在用户流量上限 14.0m^3/h 时的转速为 2839r/min，流量下限 4 时 m^3/h 时的转速为 2468r/min。

变频器正常运行上下限频率 f_1、f_2 虽然正常工作转速的下限 2468r/min 与额定转速 2900r/min 相比相差不是很大，但此时水泵电机的功率已下降，此时转差率 s 也已经改变。但由于转差变化对频率估算影响并不很大，可大致按频率与转速成正比关系估算频率的近似值：

$$f_1 = \frac{n_1}{n_0}f_0 = \frac{2849}{2900} \times 50 = 49.1\mathrm{Hz}$$

$$f_2 = \frac{n_2}{n_0}f_0 = \frac{2468}{2900} \times 50 = 42.6\mathrm{Hz}$$

由以上近似计算可知，水泵的 $Q \sim H$ 特性对电动机的频率非常敏感。在供水压力不变的条件下，流量从 4m^3/h 变化至 14m^3/h，水泵电机的供电频率仅约变化了 49.1 − 42.6 = 6.5（Hz）。

调节器给定值　当水泵正常运行时，用户要求管道压力 P_0 为 28 ± 1mH_2O，因变频器 PID 工作状态下调节器的给定方式为最大反馈值的百分数，故先调节 4.7K 电位器，将给定值先调节在 50%。此时水泵工作时将压力稳定在约 25m H_2O 左右。

比例增益　比例增益应在自控系统试运行时，经参数整定过程后最终确定。调试前预先设定为 1。

积分增益　积分增益应在自控系统试运行时，经参数整定过程后最终确定。调试前预先设定为 0.1。

微分增益　微分增益应在自控系统试运行时，经参数整定过程后最终确定。调试前预先设定为 0。

上述参数设定完成后，可开机试运行。经运行实验最终整定比例增益、积分增益和微分增益，必要时还可改变有关反馈值的参数的设定。

运行整定参数结束后，最终确定比例增益为 1.2、积分增益为 0.2、微分增益为 10.0。经实际运行验证，系统可能出现最大波动的调节时间不超过 20s。

4.4 城市给水管网计算机监控系统简介

随着给水排水工程技术与计算机技术的不断发展，已有越来越多的城市或小区给水管网采用了计算机监控系统。与传统给水管网的运行管理方式相比，计算机给水管网监控系统能自动地采集反映管网运行状态的各种参数，并能做到及时地将这些参数以高度集中的方式进行显示，使管理者能及时、全面地对管网的运行参数进行监测、分析、调控和信息存储；能自动地实现管网事故状态报警与事故应急处理；可以采用先进的计算机网络技术使管网运行参数的收集方式更加简捷、参数的传递更加安全可靠。应用给水管网计算机监控系统，有利于提高给水管网的供水的质量，降低供水成本，减轻劳动强度，是目前给水管网管理的最先进的手段。

给水管网计算机监控及管理系统通常由若干子系统组成，如集中监控子系统、管网信息处理子系统、设备与管网管理子系统等。图4.11为某城市计算机给水监控系统中，管网总平面主监控画面。画面下方是该系统所具有各种功能的按钮，需要执行该功能时，只要点击相关按钮即可。

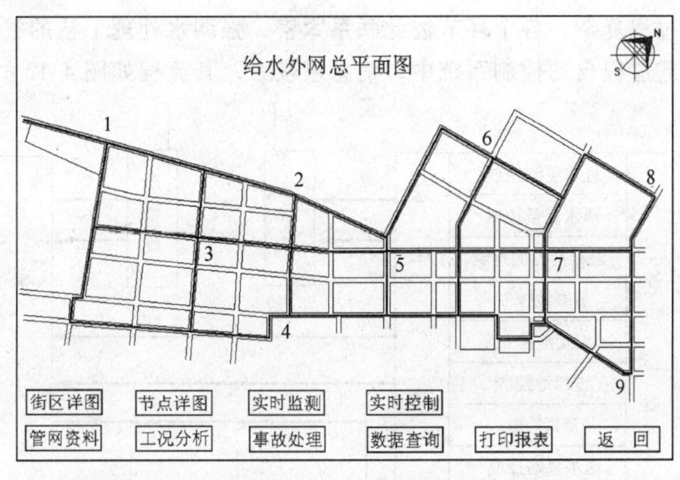

图4.11　某城市计算机给水监控系统外网总平面图

1. 集中监测控制子系统

集中监测控制子系统的主要功能是：完成各种供配水设施运行实时参数监视画面的显示（如管网系统总图、各节点设备与管道联接示意图、节点参数设定与实时运行图、节点参数设定与实时运行时间曲线对比记录图、事故报警图等）；完成各节点设备事故的监视与事故状态的应急处理（管网压力超过给定的上下限值、流量大小超过给定的上下限值、管网中出现如火灾、爆管等突发事故等）；完成供水泵站（二级泵站）、加压泵站、管网中的控制阀门的日常调度；完成所有管网运行监测参数向系统数据库的录入工作。

2. 管网信息处理子系统

管网信息处理子系统的主要功能是：将管网运行实时参数可靠地利用数据库形式进行存储；利用数据库数据整理完成各种报表（如班报表、日报表、周报表、月报表、年报表、事故状态运行报表、专项统计报表等）并实施打印；管网运行工况及参数（流量、压力、水质等）的分析与预测。

3. 设备与管网管理子系统

设备管理子系统的主要功能是：完成管网中各种配套设备（如电气设备、机械设备、检测仪表等）基础数据（名称、型号、使用日期等）的建帐；使用管理情况（如维修、换件、年检情况等）的建帐；运行状态（优良等级、设备折旧、存在问题等）的建帐等。

管路管理子系统的主要功能是：完成管网中各种阀件与管段基础数据（如名称、型号、规格、材质、使用日期等）的建帐；完成敷设与使用信息（管段的带状详图与地质条件、敷设地点的交通情况等）的建帐；建立阀门与管段运行状态（阀门的启闭状态、优良等级、设备折旧、存在问题等）的建帐等。

总之，计算机给水管网监控系统可以根据工程的规模、使用者的要求、技术经济条件、现有管理水平等确定系统的实际功能。否则，尽管系统的功能很强，但技术和管理水平跟不上，反而会影响给水管网的正常运行。

4.5 水厂自动控制技术基础

水处理工艺过程复杂，各个环节彼此联系紧密，强调水处理工艺的整体协调性非常重要。在水处理工艺过程自动控制系统中，信息量较大，其流程如图 4.12 所示。

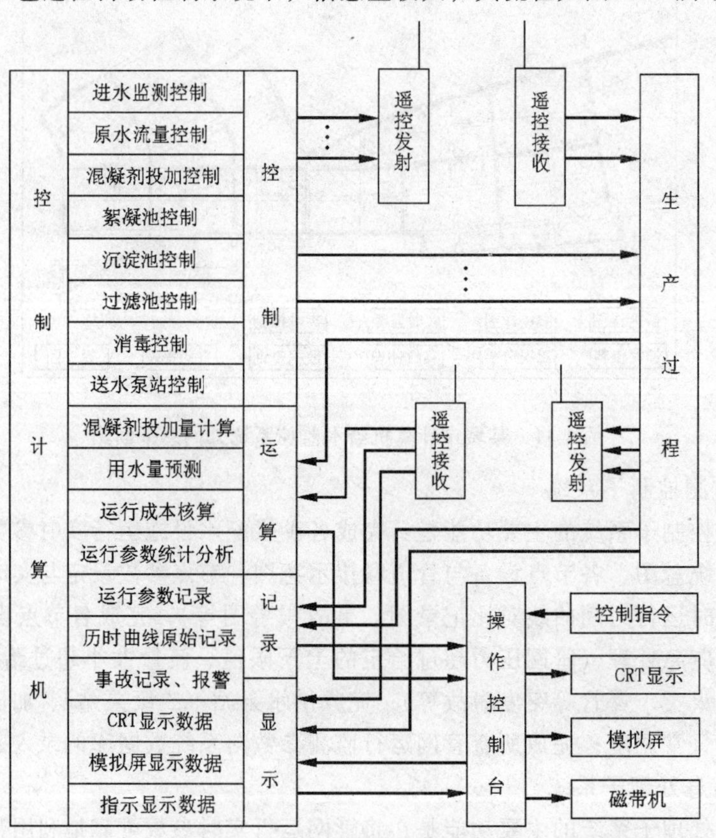

图 4.12　自动控制信息流程图

4.5.1 混凝投药工艺的自动控制

在水处理工艺技术中，混凝工艺是传统净化工艺中最为重要的环节。在该环节中，准确控制投药量是取得良好混凝效果的前提。混凝控制技术总的发展趋势是由经验、目测、烧杯试验等以人工操作方法向模拟滤地、数学模型、流动电流等自动控制方法方向发展。特别是近 20 ~ 30 年来，新的混凝投药自动控制方法不断涌现且发展较快，这是与自控技术、尤其是计算机技术的发展密切相关的。目前人类已进入新的世纪，随着计算机技术的飞速发展与普及，混凝投药工艺自动控制技术一定会有更快的发展。

经验目测法　经验目测法是最原始的人工混凝投药控制方法。由于该方法可靠性、准确性、快速性都较差，使得水厂水质得不到保证，混凝剂投量大而导致产水经济性差，已被逐渐淘汰。

烧杯试验法　烧杯试验法是基于混凝实验基础上的一种人工间歇式检测、然后决定投药量的混凝剂投加调节方法。这种方法不能适用于工业过程的连续控制，目前往往作为实验室工艺过程水质评价的一种补充手段。

模拟滤池法　模拟滤池法是将投药混合后的原水分出一部分，让其进入一个小型模拟滤池，根据滤池出水浊度的情况对投药量的多少进行判断，然后进行投药量的控制调节。这种方法的调节效果，很大程度取决于模拟滤池与原型生产系统的相似性。由于小型模拟滤池有大约 10 ~ 15 min 的时间滞后，所以对工艺过程的准确控制还是有影响，因此只适用于一些原水水质较为稳定的水厂。但由于原水水质一般变化较慢，且这种方法简单实用，故仍得到了一定的应用。国外文献报导，该方法在原水浊度较高时精度较差。再则，模拟滤池法测定的唯一参数是滤后水的浊度，因此解决低浊度水连续测定的可靠性，是该方法成败的一个关键。

总之，模拟滤池法是适用于特定场合的有一定发展前途的方法。

数学模型法　数学模型法是以原水水质、水量参数为变量，建立其与投药量之间的相关函数，即数学模型，由计算机自动投药控制系统根据该数学模型进行投药量的控制。数学模型法是投药控制技术上的一个重要进展。

前馈控制数学模型是将原水水质及水量参数（如水温、浊度、pH 值、碱度、流量等）作为数学模型中的自变量，根据自变量的数值运用数学模型计算得到投药量，并以此计算结果对投药控制系统进行混凝剂投加的自动控制。这种方法能迅速响应原水水质及水量参数的变化，滞后小。但因其考虑的自变量范围有限，且没有考虑水处理工艺过程对其的影响，因此可靠性较差。

由前馈控制加反馈微调组成的数学模型，是让前馈控制先根据原水参数的变化及时调整投药量，把各主要因素对水质的影响在水处理工艺过程之前引入系统，起到一个“预报”的作用，然后，因前馈模型的精度等因素所产生的小偏差则由反馈微调进行修正，从而进一步保证了出水的质量，如图 4.13 所示。

目前，由于数学模型法对所有与变量有关的水质检测仪表的精度有较高的依赖性，一旦某一仪表出现问题，就会造成模型计算结果的偏差，从而导致控制失灵。所以，该方法的应用还有一定的局限性，我国迄今仅有极少的大水厂有成功的应用；再则，目前从纯理论角度出发研究的数学模型尚未出现，也没有统一的数学模型的模式可供运用，只是针对

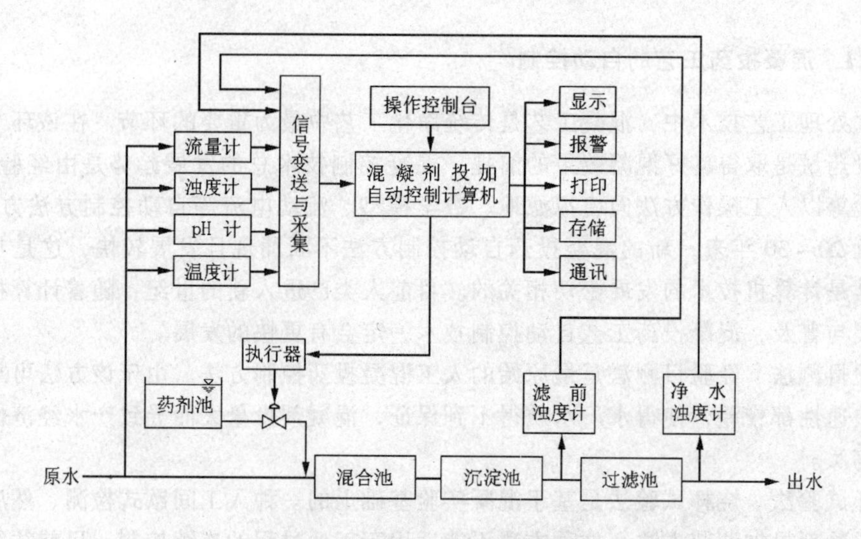

图 4.13 前馈—反馈混凝剂投加计算机自动控制系统

具体的水厂建立特定的经验数学模型，由于其数据往往来自于未进行精确控制的工艺过程，并与生产结果有较大出入，故建立的模型还要在使用实践中进行长时期的修改和完善；另外，作为一种经验模型，完全是在特定条件建成的，有机强的针对性，一旦原始条件中任一因素发生变化，如混凝剂的类型、混凝剂的质量、水质季节要求的变化、水厂构筑物的更新改型等，数学模型就将失去其准确性，都需要进行数学模型的修改。上述问题给教学模型法的应用与推广造成了一定的困难。但从能连续且较准确地对混凝剂投加进行控制这一角度出发，数学模型法仍不失为一种较先进的混凝剂投加控制方法。随着仪器仪表、计算机技术的继续发展，特别是水厂现代化水平的提高，各工序环节自动监测及数据自动采集的逐步实现，以及供水行业经济条件的逐步改善，数学模型法仍将得到进一步的发展。

胶体电荷法　胶体电荷法是以胶体电荷为中间参数进行混凝剂控制投加的技术，它抓住了影响混凝剂投量的最关键的微观本质因素，与其他控制方法有着根本差别。胶体电荷的测定，有 ζ 电位法、胶体滴定法和流动电流法。胶体电荷法技术的关键是解决胶体电荷在线连续检测的问题。ζ 电位法与胶体滴定法目前还难以实现连续检测，因此实际应用受到限制。流动电流法不仅可以实现胶体电荷的连续检测。而且系统简单、应用灵活、可靠性高。流动电流法混凝剂投加自动控制系统如图 4.14 所示。该方法在国内外均已获得成功，为混凝投药控制技术的发展展现了光明的前景。流动电流法检测参数少，适用范围广，使用较方便，易调整，投资少，有显著的技术经济效益，特别适合我国现阶段水厂技术设备条件与资金条件。尤其是流动电流复合控制系统不仅能迅速响应各种干扰因素的影响，对投药量作出及时调节，解决了“滞后”问题，而且实现了流动电流控制器设定值的自动调节，可以自行修正

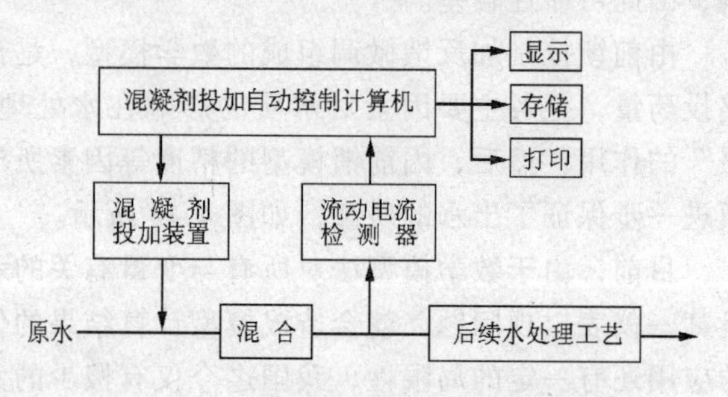

图 4.14 流动电流法混凝剂投加自动控制系统

多种因素造成的流动电流设定值与实际要求值的偏差。此种控制系统以其完善的控制作用，能够满足生产应用中对处理水质稳定性及可靠性的更高的要求。可以预计，流动电流控制技术的研究与应用必将推动水处理工艺过程自动化的进程。使之朝向优化控制运行的方向发展，并促进水处理技术水平的提高。

简单反馈控制　简单反馈控制系统突出的优点是精度高，不论什么干扰，只要受控变量的实际值偏离设定值，控制系统即会纠正这一偏差。但是，当干扰已经发生，受控变量尚未变化或尚未测出其偏差时，反馈控制总是起不到校正的作用，而偏差总是在受控变量受到干扰后才获得，所以，采用处理后水质参数反馈控制投药量，就存在着采集处理后的水质参数要滞后一段时间的问题，这是这种控制系统致命的弱点。因为在常规水处理工艺中，投药混凝是第一个工艺环节，从投药点至沉淀池末端一般经过混合、反应、沉淀几个工序，水的流程时间在几十分钟至数小时，而原水水质等因素的变化却是瞬时的，有时是很剧烈的。例如，杭州钱塘江水原水浊度可在不足10min的时间内由几十度跃升至上千度，等到这个变化反映到沉淀水浊度上再去调节混凝剂投量为时已晚，势必造成水质事故。所以，在这样一个大滞后系统中，简单的沉淀水浊度反馈控制是难以满足水质控制要求的。

中间参数反馈控制　采用中间参数反馈控制大大缩短了滞后时间，只要能够选择相关性好、易于检测的中间参数，这种控制系统是有很大发展前途的。

前馈控制　前馈控制具有滞后小的优点，在理论上这种方法控制作用最好。但由于混凝过程复杂，仅包括几项主要影响因素的数学模型很难概括全部因素的影响，模型难以完善，因而精度和可靠性难以保证。一般前馈模型不宜单独使用。

复合控制　各种复合控制系统具有优于简单控制系统的控制性能。前馈－反馈复合控制系统可以弥补单纯前馈控制精度的不足；串级控制系统则可以通过复合调节作用改进中间参数反馈控制系统的性能。因此，复合控制系统将有更好的发展前景。

4.5.2　沉淀池运行的自动控制

在水处理工艺流程中，沉淀池的主要任务是去除水中的絮凝体及粗大杂质。沉淀地运行的自动控制，主要是沉淀池的排泥控制。沉淀池沉泥若不及时排出，将影响沉淀池的正常运行，导致出水浊度升高，发生水质事故。排泥控制主要是通过控制排泥周期与排泥历时完成的。排泥周期是指两次排泥的时间间隔。排泥历时是指一次排泥所经历的时间。目前，沉淀池的排泥主要是靠沉淀池内的静水压力完成的，所以，沉淀池排泥时所消耗的水量较大。排泥所消耗的水量是水厂自用水的重要组成部分，排泥周期过短或者排泥历时过长，都会造成水量的浪费。因此，沉淀池排泥控制的优化，不仅能影响到出水的水质，而且是水厂经济运行的重要内容。

排泥控制的主要任务是监测沉淀池池内的积泥量，并以此决定排泥周期和排泥历时。排泥控制的技术关键是如何确定地内的积泥量，以及如何合理的确定排泥历时。积泥量可以通过污泥界面计量装置测量池内的泥位间接确定，或者根据进出水的浊度与泥量间的关系计算确定、也可根据经验确定。在一次排泥过程中，排泥浊度变化曲线如图4.15所示。在排泥初期，浊度呈迅速上升，当其达到最大值后，又逐渐下降，直至趋向稳定。如果过早地结束排泥，排泥历时不足，则积泥不能充分排净，排泥不彻底；但盲目地延长排泥历时，则会造成排泥浊度低，浪费排泥水。较为经济合理的排泥历时应位于图 4.15 中曲线趋向平缓处，即图中的 C 点。

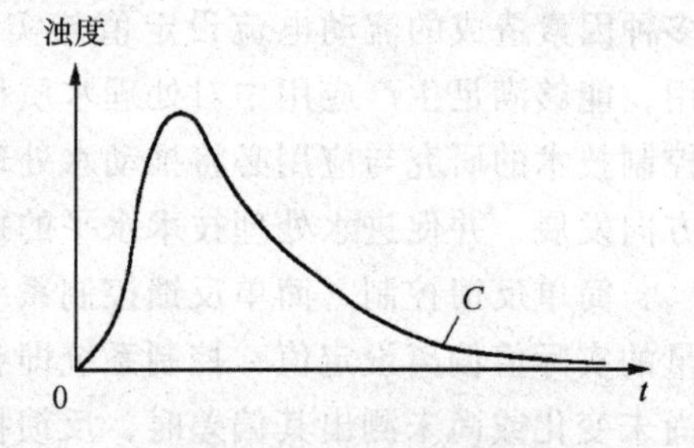

图 4.15 排泥浊度变化曲线

按采用的监控方法不同，沉淀地排泥控制技术主要分为下面几种。

(1) 按池底积泥积聚程度控制。采用污泥界面计进行在线监测，池底积泥达到规定的高度后，启动排泥机排泥；积泥降至某一规定的高度后，停止排泥。这种方法目前在生产上采用较少，主要问题在于沉泥界面的检测往往受到一些干扰，影响测定的准确性。提高泥水界面检测的准确性与可靠性，是该方法应用的关键。

(2) 用沉淀池的进水浊度和出水浊度建立积泥量的数学模型，计算积泥量达到一定程度后自动排泥，并决定排泥历时。数学模型的准确性是这种方法有效性的关键。

(3) 根据生产运行经验，确定合理的排泥周期、排循历时，进行定时排泥。这种方法简单易行，但不够准确。

以上几种排泥方法可以单独使用，也可以组合使用。例如：建立积泥量数学模型，并根据生产经验确定允许的最大排泥周期。当按数学模型计算的排泥间隔小于允许最大周期时，按计算时间排泥；否则，按允许的最大周期排泥。依生产经验确定排泥历时允许的最短时间和最长时间，并在线检测排泥水浊度。若排泥水浊度达到规定值的时间短于允许的最短时间，则取允许最短时间为排泥历时；若排泥水浊度达到规定值的时间超过了允许的最短时间并短于允许的最长时间，则取该实际时间为排泥历时；否则，取允许的最长时间为排泥历时，并自动报警，提示值班人员查找超时原因。

沉淀池刮泥机控制系统通常情况下是刮泥机的配套设备，其行走速度一般靠减速机构来调节；刮泥机的启停及间隔时间、正反转等多由继电控制完成，可选择自动或手动。在水处理流程采用计算机控制的系统中，要求刮泥机控制系统给出反映其工作状态的开关信号。

沉淀池排泥阀多采用气动快开阀、气动对夹式蝶阀等阀门，其特点是启闭迅速、全程排泥较大流速持续时间相对较长，对顺畅排泥、减少淤积有利。气动阀门的控制是由控制器给出开关信号控制压缩空气管道上的电磁阀，用压缩空气推动气动阀门动作。采用气动阀门另外的优点，是价格便宜、故障率低。

4.5.3 滤池运行的自动控制

滤池自动控制的基本任务是控制滤池进行过滤和反冲洗。由于各种滤池的构造、原理不同，控制方式也彼此有所差异。滤池的控制技术，主要有水力控制与机电控制两类。滤池的水力控制需结合池型在构造设计时考虑，以下主要介绍滤池的机电控制和微电脑智能控制技术。

滤池控制的主要内容是反冲洗控制，控制要点是如何判断何时开始反冲洗和何时反冲洗结束。

反冲洗开始可以采用滤后水浊度监控、滤池水头损失监控和根据运行经验定时控制的的控制方法。反冲洗结束可以采用反冲洗水浊度监控和定时控制的控制方法。滤池的反冲洗开始与结束的控制方式可以采用单一的判断方式，也可以采用组合判断方式。组合判断方式是指当判断条件中的某一指标达到时，即可发出控制滤池开始或结束的指令。除自动控制外，滤池控制应有人工强制进行反冲洗的功能。

滤池的反冲洗可以各池连续顺序进行,也可以各滤池分别按各自的条件控制进行。受滤池出水限制,一般不允许多座滤池同时反冲洗,因此,滤池的控制系统应有相应的控制手段。

虹吸滤池的控制方式传统上以水力控制为主，但在实际运行中发现尚存在以下不足：滤池在反冲洗前池内约 1.5m 水深的待滤水要被排水虹吸排掉；反冲洗时，要等池内水位下降至进水虹吸的破坏管露出水面，进水虹吸才能被破坏，这段时间内的进水也要被排掉；经常会出现两格或两格以上的滤池同时进行冲洗，造成反冲洗水量不足，使冲洗强度不够，不但浪费待滤水，而且容易使滤料板结，缩短滤池使用周期；冲洗时间不好调节，时间控制精度也不够，容易造成过冲洗或欠冲洗。

上述存在问题，可采用机电自动控制系统予以解决。根据不同的工艺条件，可以采用以下方法：根据各格滤池水位（即滤池水头损失）上升到达反冲洗水位的先后顺序依次自动控制滤池的反冲洗；根据每格滤池的过滤时间（16~24h 可调）定时控制进行反冲洗；由值班人员根据具体生产情况，手动选定某格滤池，由控制装置发出指令自动完成反冲洗。

滤池强制自动控制运行过程如下：

1. 根据每格滤池的液位检测信号判断是否到达反冲洗水位，当有多个滤池到达时依次排队，保证只冲洗一格；

2. 选定一个滤池进行反冲洗，由控制装置给出开关信号，破坏进水虹吸；

3. 当水位下降至一定水位时，水位计给出开关信号，由控制器启动排水虹吸；

4. 当水位继续下降至反冲洗开始水位时，水位计给出开关信号，通知控制器进行反冲洗计时；

5. 反冲洗计时时间到，由控制器发出指令，破坏排水虹吸；

6. 由控制器发出指令，形成进水虹吸，反冲洗完毕，滤地恢复正常过滤。

与自动控制方式相比较，定时控制方式和手动控制方式仅控制指令方式不同，反冲洗过程完全相同。

上述过程的控制可由可编程控制器完成，其优点是功能丰富、工作可靠、维修方便、使用简单。

移动冲洗罩滤池的反冲洗系统有虹吸式和泵吸式两种，这两种反冲洗方式均通过控制罩体的移动，使滤池逐格进行冲洗。移动冲洗罩滤池的控制目前多采用可编程序控制器进行控制。

以泵吸式为例，对一组滤池，输入输出信号主要包括以下内容：

输入信号：滤池限位信号，格校正信号 I，格校正信号，真空形成信号，行车返回/前进启动号，反冲洗时间信号，停车时间信号，报警清除信号，共 8 点。

输出位号：开 I 泵信号，开Ⅱ泵信号，行车前进信号，行车返回信号，漏格报警信号，真空未形成信号，真空破坏信号，池子两端转弯信号，共 8 点。

以 24 格滤池控制流程为例，对一组滤池的反冲洗过程是按照时序逐格进行的。一般来说从第 1 格到第 12 格（排列在一排上）由 I 泵冲洗，行车前进；从 13 格到第 24 格由Ⅱ泵冲洗，行车返回。因此，在程序设计中，可以认为从 1 格到 12 格和从 13 格到 24 格其控制处理流程是相同的，只是行车前进返回不同、工作泵不同罢了。但在处理第 12 格时。

由于行车已走到此排的最后一格，故冲洗完第 12 格后，行车不再前进，在延时后应由 I 泵切换到Ⅱ泵开始冲洗第 13 格，然后行车返回；在处理第 24 格时，同样由于行车已走到此排的起端，故冲洗完第 24 格后，行车不再返回，在延时后应换开 I 泵重新冲洗第 1 格，然后行车前进。控制流程如图 4.16 所示。

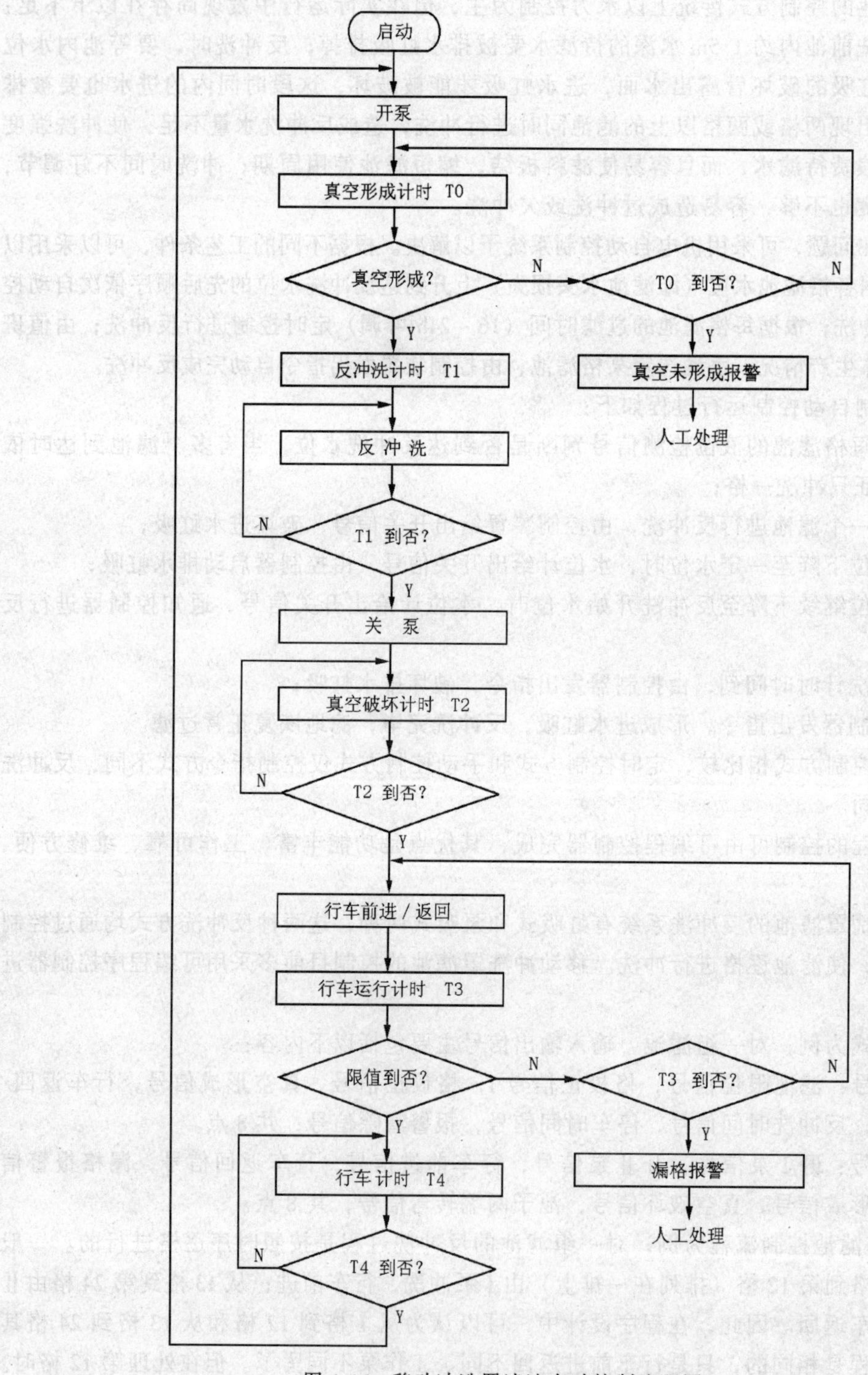

图 4.16 移动冲洗罩滤池自动控制流程图

4.5.4 氯气投加自动控制

加氯是现行常规水处理过程中确保水质不可缺少的重要环节。水处理的氯气投加分为前加氯和后加氯。前加氯在原水的管路上进行投加，其目的在于杀死原本中的微生物或氧化分解有机物；而后加氯则一般在滤后水的管路上投加，其目的主要是起消毒作用。

正确选择和使用可靠的加氯设备，是保证加氯安全和计量准确的关键。为了满足不断提高的城市供水水质标准的要求，提高加氯系统的安全可靠性，降低操作工人的劳动强度，提高水质的余氟合格率，应积极采用先进的氯投加设备与控制技术。

在水处理过程中，一般都用液态氯作为消毒剂，氯气的投加方式主要为正压投加和真空投加。传统的加氯方式多采用正压投加。正压投加时，由于所有的投加管线都处于正压状态，一旦发生故障或者管线破裂，容易出现氯气泄漏事故，安全可靠性低、设备维护量大。同时，氯气投加主要依靠经验，精度不高，难以保证水质和余氯合格率，也难以满足现代化水厂的管理要求。而真空投加，由于所有的投加管线都处于真空状态，即使管道出现破裂，也不会出现泄氯现象，具有很好的安全可靠性。以某水厂为例，整个加氯系统如图 1.16 所示。该投加工艺为：液氯分装在 8 个氯瓶中，每 4 个氯瓶为一组，分为两组，一用一备。采用自然蒸发和电阻加热丝辅助加热的方式向系统供气。在氯瓶压力下，氯由某一组工作气源流出。流经氯瓶的出口管道时，由管道上缠绕的电阻加热丝加热，以提高液态氯的气化速度，然后经过气液分离器，将液氯中的杂质分离出来。加氯时，依靠水射器所产生的真空作用，氯气通过真空调节器、自动切换装置进入加氯机，加氯机控制器给出的控制信号调节输气量，使氯气顺着水射器形成的真空管路送到投加点，在投加点处与水形成氯溶液注入管道中。当工作气源气压降低到一定程度时．自动切换装置动作，同时关闭工作气源，启用备用气源，以保证供气的连续性。加氯系统如图 4.17 所示。

4.5.5 水处理厂自动监控系统

早期水厂的自动控制系统一般是由基地式仪表或单元式组成的。根据各工艺过程的需要用其组成自动控制系统，各个工艺环节之间彼此相对独立。各工艺环节根据本工艺的需要采集信息并实施控制。这种各自为战控制方式，只适于解决本工艺过程的控制调节问题，而对各环节之间应有的有机联系却难以协调。若要各工艺环节彼此协调工作，往往还需人工加以干预。这样的自动控制系统，属于分散式控制系统。

随着计算机及控制技术的发展，出现了集中式自动控制系统。这种集中式控制系统的形式，是由中心控制室的一台计算机系统对整个工艺流程各个环节的参数进行巡回检测、数据处理、控制运算，然后发出控制指令，直接控制被控对象。在这种控制系统中，一台计算机往往同时控制多个回路，即多个水处理工艺环节，集中检测、控制运算工作量大，因此，要求控制计算机功不仅功能强大，而且有很高的可靠性。否则，一旦控制中心出现故障，整个系统就会陷于瘫痪。

进入 20 世纪 70 年代以来，以微处理器为核心的各种控制设备发展迅速，尤其是各种工控系统及智能控制仪表的迅猛发展，使得控制系统的控制形式也发生了相应的变化，结构组成种类很多。当前水厂采用的自动控制系统的结构形式，从自控的角度可以划分为 SCADA 系统、DCS 系统、IPC + PLC 系统、总线式工业控过机构成的系统等。

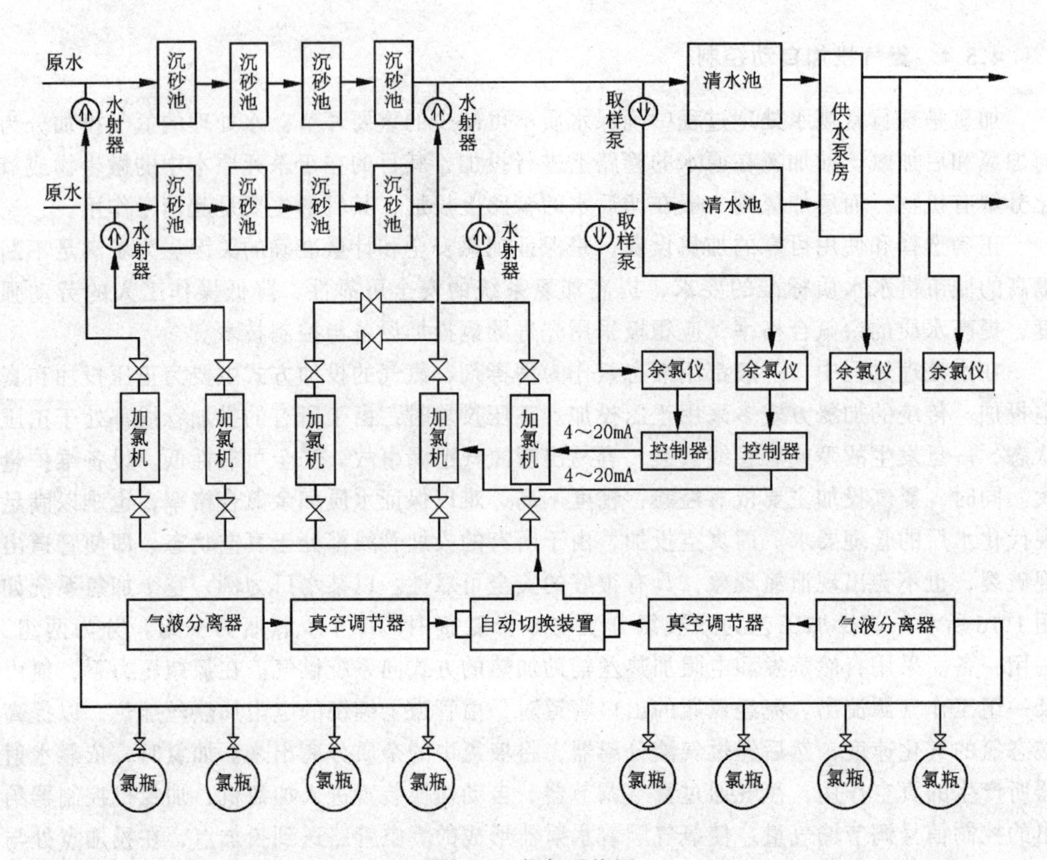

图 4.17　加氯系统图

4.5.5.1　水处理厂自动监控系统

(1) SCADA 系统

SCADA (Supervisory Control and Data Acquisition) 系统是由一个主控站 (MTU) 和若干个远程终端站 (RTU) 组成。该系统联网通讯功能较强而且灵活。通讯方式可以采用无线、微波、同轴电缆、光缆、双绞线等，组网范围大，可监测点数多，控制功能强。一般适用于被测点的地域分布较广的场合，如无线管网调度系统等。但该系统的实时性较低，不适于大规模和复杂系统的控制。

(2) DCS 系统

DCS (Distributed Control System) 称为集散型控制系统。该系统由多台计算机和现场终端机联接组成。通过网络将现场控制站、监测站和操作管理站、控制管理站及工程师站联接起来，共同完成分散控制和集中操作、管理的综合控制系统。系统按不同功能组成分级分布子系统，各子系统自行处理信息和执行控制程序，减少了信息传输量。该系统实现了危险性的分散，使系统的可靠性进一步提高。借助网络技术，可以完成纵向和横向通讯及向高层的管理计算机通讯，系统的扩展方便。系统的响应时间短，实时性较好。DCS 侧重于连续性生产过程的控制。

(3) IPC + PLC 系统

该系统是由工业计算机 (IPC) 和可编程序控制器 (PLC) 组成的分布式控制系统。可以实现 DCS 的功能，其性能已达到 DCS 的要求，而价格比 DCS 低很多，开发方便，可与工业现场仪表信号直接相连，易于实现机电一体化。在国内水厂自动化中得到最广泛的应用。

(4) 总线式工业控制计算机系统

该系统是由总线结构的工业计算机及系列产品组成。工业控制机一般由若干块模扳插在某一总线（如 STD）上组成。

该系统具有较高的可靠性，软硬件丰富，响应时间短，可以与不同厂家的产品互连的优点，但开发周期较长。

4.5.5.2 水处理厂自控系统的组成

以 IPC + PLC 系统为例，集散式水厂自控系统的组成如图 4.18 所示。

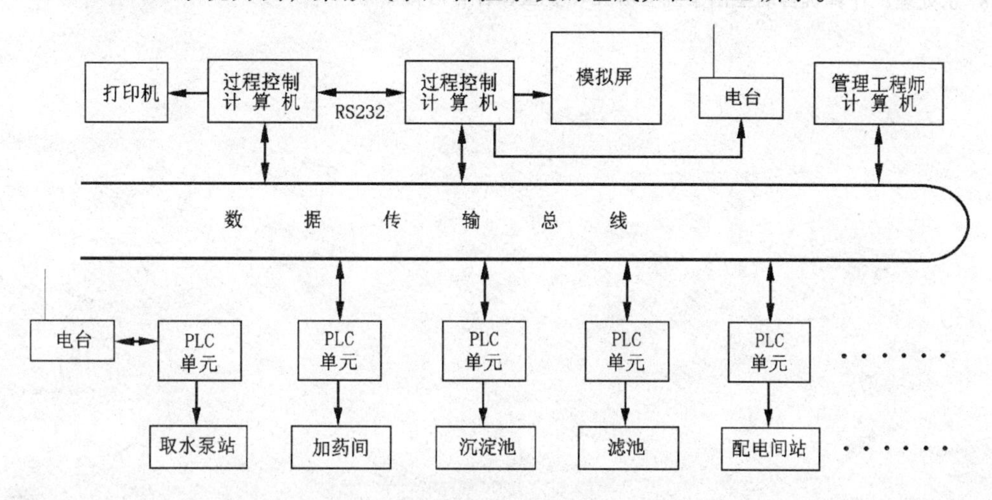

图 4.18 IPC + PLC 自控系统的组成

系统由取水泵站、加药间站、沉淀池站、过滤池站、送水泵站、配电房站等几个控制单元以及中央控制室等组成。控制系统组成应考虑一下因素：

(1) 若取水泵站与水厂相里放远，可以采用无线和有线方式与中控室联系；若两者相距较近，则直接上网。

(2) 加药间站可包括加药、加氯、加石灰炭等，还可包括反应池的排泥阀控制等。

(3) 滤池站的控制可以采用多种方案：可用一台 PLC 控制所有的滤池运行，这种配置价格较低，但每个滤池不能单独自控操作，而且 PLC 出现故障时整个滤池不能自控工作；可用一台 PLC 控制公共反冲洗系统，而每格滤池用一台较小的 PLC 进行控制，这种配置有较高的可靠性，但价格较高；可用一台 PLC 控制公共反冲洗和每格滤池的过滤，而每格滤池配置一操作屏对其进行操作，这种配置便于现场操作控制，价格介于以上两者之间。

(4) 为了防止自控系统的故障影响正常生产，系统网络通信线应考虑冗余备份。

(5) 系统应实现现场手动控制、车间 PLC 控制、中控室联网控制的三级控制，确保系统的安全、可靠运行。

(6) 中控室的模拟屏，可以采用 PLC 驱动，也可以采用计算机驱动，相比之下，用计算机驱动价格较低，但编程量大，应综合考虑。

思 考 题

1. 图4.3系统位式控制电原理图中，能否将K3、DL两回路串联合并，为什么？
2. 火灾探测器有哪几种类型，各自适用于那些场合？
3. 火灾探测器有哪些布线方式，优缺点如何？
4. 如何实现火灾报警与消防给水的联动控制？
5. 水箱恒水位调节阀比例调节系统与水箱位式控制系统比较，控制效果有何异同？
6. 试比较调节阀恒流供水与水泵变频调速供水方案的异同点。
7. 水处理厂有哪些工艺环节可以采用自动控制系统进行控制，各环节控制系统的要求有何特点？
8. 水处理厂计算机自动控制系统有哪几种类型，各有何特点？

主要参考文献

1. 金以慧主编．过程控制．北京：清华大学出版社，第1版．1993
2. 邵裕森主编．过程控制及仪表．上海：上海交通大学出版社，第1版．1995
3. 崔福义、彭永臻编著．给水排水工程仪表与控制．北京：中国建筑工业出版社，第1版．1999
4. 张燕宾编著．变频调速应用技术．北京：机械工业出版社，第1版．1999
5. 吴建强、姜三勇编著．可编程控制器原理及其应用．哈尔滨：哈尔滨工业大学出版社，第1版．1998
6. 师克宽、黄峨等编著．过程参数检测．北京：中国计量出版社，第1版．1990
7. 范玉久主编．化工测量及仪表．北京：化学工业出版社，第1版．1981
8. 潘圣铭、茆冠华编．温度计量．北京：中国计量出版社，第1版．1991
9. 苏彦勋、李金海编．流量计量．北京：中国计量出版社，第1版．1991
10. 李良贸、张以民编著．常用测量仪表实用指南．北京：中国计量出版社，第1版．1988
11. 刘光荣编．自动化仪表．北京：石油工业出版社，第1版．1990
12. 张子慧主编．热工测量与自动控制．北京：中国建筑工业出版社，第1版．1996
13. 陈彦萼主编．水质分析仪．北京：化学工业出版社，第1版．1993
14. 李学琪、贾峰扁．自动控制基础与调节仪表．北京：中国计量出版社，第1版．1991
15. 黎连业编著．智能大厦智能小区．北京：科学出版社，第1版．2000